单片机基础与 Arduino 实战教程

主　编：陈丽娜　冯　嵩　肖　琼
主　审：孙　军
副主编：宋非非　邓鑫华　雷　利
　　　　孙　雪　金增楠

哈爾濱工業大學出版社
HITP HARBIN INSTITUTE OF TECHNOLOGY PRESS

内 容 简 介

本书从 Arduino 的基础知识讲起，以实物和仿真的方式，针对 Arduino 各个功能模块进行了大量的实例讲解，还介绍了 Arduino 的基本使用方法和各种扩展模块的用法，并通过高级实验篇综合案例，系统、完整地对全书的内容进行了实战演练。

本书内容由易到难，循序渐进，更有真实完整的实作步骤说明，适合应用型本科、高职高专院校相关专业学生及 Arduino 编程爱好者阅读。

图书在版编目（CIP）数据

单片机基础与 Arduino 实战教程 / 陈丽娜，冯嵩，肖琼主编. -- 哈尔滨：哈尔滨工业大学出版社，2023. 10（2025.3重印）

ISBN 978-7-5767-1091-5

Ⅰ. ①单… Ⅱ. ①陈… ②冯… ③肖… Ⅲ. ①单片微型计算机-教材 Ⅳ. TP368. 1

中国国家版本馆 CIP 数据核字（2023）第 212373 号

策划编辑　闻　竹
责任编辑　王会丽
装帧设计　博鑫设计
出版发行　哈尔滨工业大学出版社
社　　址　哈尔滨市南岗区复华四道街 10 号　邮编 150006
传　　真　0451-86414749
网　　址　http：//hitpress. hit. edu. cn
印　　刷　哈尔滨圣铂印刷有限公司
开　　本　787 mm×1092 mm　1/16　印张 15. 75　字数 390 千字
版　　次　2023 年 10 月第 1 版　2025 年 3 月第 2 次印刷
书　　号　ISBN 978-7-5767-1091-5
定　　价　78. 00 元

前言

随着电子技术的发展，单片机越来越受到国民经济各机构部门的重视，其以体积小、功能全、性价比高等诸多优点，在数据采集、工业控制、家用电器、通信设备、信息处理、航空航天等各个领域得到了广泛应用。目前，市场上的单片机品种繁多，功能越来越多，速度越来越快，为了让学生更好地了解市场上广泛流行的单片机的种类和特点，以及更好地使用Arduino，本书对单片机及Arduino进行讲解，学生通过学习可较全面地掌握单片机的应用技术，从而使用Arduino进行实践制作。

本书共分为8章内容，第1章介绍单片机的基础知识同时引入Arduino；第2章通过Arduino开发板、Arduino IDE软件开发环境，以及Arduino编程基础详细介绍Arduino；第3章是关于数字接口、调音函数、中断函数、模拟接口、PWM的概念及应用、脉冲宽度测量函数的应用介绍；第4章与第5章介绍基础通信与Modbus通信；第6章与第7章介绍蓝牙与网络；第8章是高级实验篇，主要介绍单片机与Arduino的应用实验。

本书详解了基本概念，逻辑性强、结构新颖、突出实践环节，注重理论与实际相结合，务求实用，希望为使用者提供实际的帮助。限于时间与经验有限，书中难免有疏漏和不足之处，恳请广大读者批评指正。

编者

2023年7月

目录

第1章　单片机简介

1.1　单片机概述

单片机是单片微型计算机的简称，是典型的嵌入式微控制器（Embedded Microcontroller Unit，EMCU），它由运算器、控制器、存储器、输入输出设备构成，相当于一个微型的计算机（最小系统），与计算机相比，单片机缺少了外围设备等。单片机的体积小、质量轻、价格便宜，为学习、应用和开发提供了便利条件。同时，学习使用单片机是了解计算机原理及结构的最佳选择。

1.1.1　单片机的概念

随着微型计算机技术的高速发展，微处理器、微型计算机、单片机、嵌入式系统和 SOC（系统级芯片，也称片上系统）等新系统不断涌现。为了掌握单片微型计算机工作原理，从概念上弄清这些系统之间的关系是十分重要的。

1. 微处理器的概念

微处理器（Microprocessor Unit，MPU），简称 MP。MPU 是集成在同一块芯片上的具有运算和控制功能逻辑的中央处理器。微处理器不仅是构成微型计算机、单片机、嵌入式系统的核心部件，而且也是构成多微处理器系统和现代并行结构计算机的基础。

2. 微型计算机的概念

微型计算机（Microcomputer）是指由微处理器加上采用大规模集成电路制成的程序存储器和数据存储器，以及与输入/输出（I/O）设备相连接的 I/O 接口电路，微型计算机简称 MC。如果将微处理器、存储器和 I/O 接口电路集成在一块电路芯片上，则称为单片机；如果将组成微型计算机的各功能部件集成在一块电路板上，则称为单板机；如果将各功能部件分别制作在多块电路板上，则称为多板机。图 1-1-1 所示为微型计算机基本组成框图。

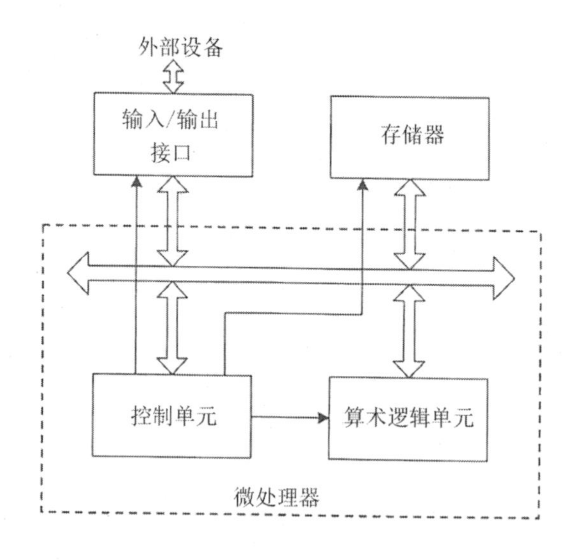

图 1-1-1 微型计算机基本组成框图

3. 单片机的基本概念

单片机是单片微型计算机的简称,也就是把微处理器(CPU)、一定容量的程序存储器(ROM)和数据存储器(RAM)、I/O 接口、时钟及其他一些计算机外围电路,通过总线连接在一起并集成在一块芯片上,构成的微型计算机系统。

单片机的另外一个名称是嵌入式微控制器,因为它可以嵌入任何微型或小型仪器或设备中,故而得名。英特尔(Intel)公司在单片机出现时,就给其取名为嵌入式微控制器。单片机最明显的优势是可以嵌入各种仪器、设备中,这一点是其他机器和网络所不能做到的。因此了解单片机知识,掌握单片机的应用技术,具有更重要的意义。

单片机具有体积小、质量轻、价格低和可靠性高等许多优点。因此经常应用在家用电器、智能仪器仪表中,并且在工业控制领域可以很方便地实现多机和分布式控制。

4. 嵌入式系统的基本概念

嵌入式系统是以应用技术产品为核心,以计算机技术为基础,以通信技术为载体,以消费类产品为对象,引入各类传感器,进入互联网(Internet)技术的连接,而适应应用环境的产品。嵌入式系统是计算机技术、通信技术、半导体技术、微电子技术、语音图像数据传输技术,甚至传感器等先进技术和具体应用对象相结合后的更新换代产品,因此往往是技术密集、投资强度大、高度分散、不断创新的知识密集型系统,其反映当代最新技术的先进水平。针对具体应用而设计的嵌入式系统之间差别也很大。一般的嵌入式系统功能简单,且在兼容性方面要求不高,但是在大小、成本方面限制较多。

嵌入式系统泛指嵌入宿主设备的系统,嵌入的目的主要是用智能化提升宿主设备的功能。嵌入式系统可大可小,位数可多可少,完全由能满足宿主设备的功能要求而定。一般的嵌入式系统都具有计算机的功能。

嵌入式系统的核心是嵌入式微处理器。嵌入式微处理器一般具有以下三个特点。

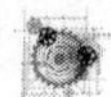

(1)嵌入式微处理器对实时多任务有很强的支持能力,能完成多任务并且有较短的中断响应时间,而使内部的代码和实时内核心的执行时间减少到最低限度。可扩展的处理器结构,能迅速地开展出满足应用的高性能嵌入式微处理器。

(2)嵌入式微处理器具有很强的存储区保护功能。这是由于嵌入式系统的软件结构已模块化,而为了避免在软件模块之间出现错误的交叉作用,因此需要设计强大的存储区保护功能,同时也有利于软件诊断。

(3)嵌入式微处理器功耗很低,因为嵌入式微处理器用于便携式的无线及移动的通信设备中,是靠电池供电的,因此它的功耗只有毫瓦甚至微瓦级。

嵌入式系统一般都具有在系统中编程的功能。其可靠性高、成本低、体积小、功耗低,因此已广泛地应用到各种不同类型设备当中,且具有不断创新的特征,系统中采用SOC将是其发展趋势。

5. SOC的基本概念

SOC技术是一种高度集成化、固件化的系统集成技术。使用SOC技术设计系统的核心思想,就是要把整个应用电子系统全部集成在一个芯片中。在使用SOC技术设计应用系统时,除了那些无法集成的外部电路或机械部分以外,其他所有的系统电路全部集成在一起。

在传统的应用电子系统设计中,根据设计要求选择适合的集成电路组合在一起,对整个系统进行综合,这种设计是一个以功能集成电路为基础的器件分布式应用电子系统结构。因此传统应用电子系统的实现采用的是分布功能综合技术。

对于SOC来说,应用电子系统的设计也是根据功能和参数要求来设计,但与传统方法有着本质的差别。SOC是以功能IP为基础的系统固件和电路综合技术。首先,功能的实现不再针对功能电路进行综合,而是针对系统整体固件实现进行电路综合,也就是利用IP技术对系统整体进行电路综合;其次,电路设计的最终结果与IP功能模块和固件特性有关,使设计的电磁兼容特性得到极大的提高。

1.1.2　单片机的发展概况

从单片机走过的40多年的发展历程可以看出,单片机的发展趋势是向大容量化、高性能化、外围电路内装化等方向发展。单片机技术的发展以微处理器(MPU)技术及超大规模集成电路技术的发展为先导,以广泛的应用领域为动力,表现出较微处理器更具个性的发展趋势。目前,把单片机嵌入式系统和Internet连接已是一种趋势。

1. 单片机的发展阶段

单片机的发展大致经历了以下三个阶段。

(1)单片机的初级阶段。

单片机始于20世纪70年代中期,这里将1978年以前的单片机称为单片机的初级阶段。这时,美国的仙童半导体公司(Fairchild Semiconductor)首先推出了第一款单片机F-8;随后,Intel公司推出了此阶段具有代表意义的MCS-48单片机,该阶段的单片机是8位机,有并行I/O接口,没有串行口,寻址范围小于4 K。

(2)单片机的中级(成熟)阶段。

将 1978—1982 年称为单片机的成熟阶段,在这个阶段,单片机的性能得到了很大的发展,硬件结构日趋成熟,指令系统逐渐完善。最具代表意义的单片机就是 Intel 公司的 MCS-51、摩托罗拉(Motorola)公司的 6801 及齐格洛(Zilog)公司的 Z8 等,这些单片机具有多级中断处理系统、16 位中断定时器/计数器、串行端口。存储器寻址范围可达 64 K,有些芯片还扩展了 A/D 转换器接口。因此,这类单片机的应用领域极其广泛,在我国工业控制领域和电子测量方面也得到了广泛的应用。

(3)单片机的高级(发展)阶段。

1982 年以后,单片机的发展进入了高级阶段,这一时期的主要特征是速度越来越快、功能越来越强、品种越来越多。8 位机进入改良阶段,16 位机和 32 位机相继出现,8 位、16 位、32 位单片机共同发展,这是当前单片机技术发展的另一动向。随着移动通信、网络技术、多媒体技术等高科技产品进入家庭,32 位单片机的应用得到了长足发展。而 16 位单片机无论从品种方面还是从产量方面,近年来都有较大发展。

2. 单片机技术的发展方向

目前,计算机系统的发展已明显地朝巨型化、单片化、网络化等三个方向发展。巨型机用以解决复杂系统计算和高速数据处理。单片机最明显的优势就是可以嵌入各种仪器、设备中,这一点是巨型机和网络不可能做到的。随着单片机需求的发展,各个生产厂家都在不断地改善单片机的功能,主要表现在内部结构上,除了增加了各种新的功能、提高了运算速度、降低了功耗、提高了存储能力、增加了与 Internet 连接的能力外,还在电源电压方面、工艺方面及抗干扰能力方面有了较大的进步和发展。

(1)内部结构。

单片机在内部已集成了越来越多的部件,这些部件包括一般常用的电路,如定时器、比较器、A/D 转换器、D/A 转换器、串行通信接口、Watchdog 电路、LCD 控制器等。

为了构成控制网络或形成局部网络,有些单片机内部设计了含有局部网络控制模块的 CAN。有些单片机内部设置了专门用于变频控制的脉宽调制控制电路,在这些单片机中,脉宽调制电路有 6 个通道输出,可产生三相脉宽调制交流电压,且内部含死区控制等,能形成最具经济效益的嵌入式控制系统。有些单片机使用了锁相环技术或内部倍频技术,使内部总线速度大大高于时钟产生器的频率。

目前单片机采用的最先进技术是三核(TrCore)结构。这是一种建立在 SOC 概念上的结构。这种单片机由三个核组成:①微控制器和数字信号处理(DSP)核,②数据和程序存储器核,③外围专用集成电路(ASIC)。这种单片机最大的特点在于把 DSP 和微控制器同时集成在一个片上。虽然从结构定义上讲,DSP 是单片机的一种类型,但其作用主要反映在高速计算和特殊处理上,如快速傅里叶变换。

 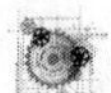

(2)功耗和电源电压方面。

单片机的进步还表现为单片机的功耗越来越低,许多单片机都设置了多种工作方式,这些工作方式包括等待、暂停、睡眠、空闲、节电等。例如飞利浦(Philips)公司的P87LPC762单片机在空闲时功耗为1.5 mA,而在节电方式时功耗只有0.5 mA。德州仪器(TI)公司的单片机MSP430系列是一个16位的系列,有超低功耗的工作方式,其低功耗方式有LPM1、LPM3、LPM4三种,当电源为3 V时,功耗达到微安级。几乎所有的单片机都有等待、暂停等省电运行方式。允许使用的电源电压范围也越来越宽。一般单片机都能在3~6 V范围内工作,采用电池供电的单片机不再需要对电源采取稳压措施。

(3)工艺的进步及抗干扰能力的提高。

互补金属氧化物半导体(CMOS)工艺的单片机代替N型金属氧化物半导体(NMOS)工艺的单片机,使得功耗大幅度下降,随着超大规模集成电路技术由3 μm工艺发展到1.5 μm、1.2 μm、0.8 μm、0.5 μm、0.35 μm,进而实现0.2 μm工艺,全静态设计使功耗不断下降。

为了提高单片机系统的抗电磁干扰能力,使产品能适应恶劣的工作环境,满足电磁兼容性方面更高标准的要求,各单片机厂家在单片机内部电路中采取了一些新的技术措施。如美国国家半导体公司的单片机内部增加了抗电磁干扰(EMI)电路,并增强了"看门狗"的功能。Motorola公司也推出了低噪声的LN系列单片机。

还可以采用EFT(Electrical Fast Transient)抗干扰技术。在振荡电路的正弦信号受到外界干扰时,其波形上会叠加各种毛刺信号,如果使用施密特电路对其进行整形,则毛刺会成为触发信号干扰正常的时钟,在交替使用施密特电路和RC滤波电路时,就可以消除这些毛刺,从而保证系统的时钟信号正常工作。这样,就提高了单片机工作的可靠性。

(4)存储能力和Internet连接。

过去的单片机存储器是以掩膜型为主的。由于掩膜需要一定的生产周期,为了降低产品的成本,一些生产厂家推出的单片机不再是掩膜型,而是具有在线可编程功能的单片机。目前,可多次编程(MTP)的单片机被普遍使用。一些单片机厂家如爱特梅尔(ATMEL)公司生产的AVR单片机,片内采用Flash,可多次编程。华邦公司生产的与8051兼容的单片机也采用了MTP性能。

有些公司把单片机为核心的嵌入式系统和Internet相连,给用户带来了更大的方便。这项技术包括三个主要部分,分别是emMicro、emGateway和网络浏览器。其中,emMicro是嵌入设备中的一个只占内存容量1 K字节的极小的网络服务器;emGateway作为一个功能较强的用户或服务器,用于实现对多个嵌入式设备的管理,还有标准的Internet通信接入及网络浏览器的支持;网络浏览器使用emObjects显示与嵌入式设备之间的数据传输。

1.1.3 单片机的特点和应用

从单片机的结构和发展概况上可以看出单片机的特点和应用。

1. 单片机的特点

(1)体积小、使用灵活、成本低、易于产业化,能方便地嵌入各种智能式测控设备及各种智能仪器仪表中。

(2)可靠性好、适应温度范围宽。由于单片机的生产厂商不断地提高产品的抗干扰能力,单片机芯片本身也是按工业测控环境要求设计的,因此能适应各种恶劣的环境,其抗工业噪声干扰能力优于一般通用的 CPU。

(3)易扩展,很容易构成各种规模的应用系统,控制功能强。I/O 接口多,指令系统丰富,易于单片机的逻辑控制功能的实现。

(4)系统内无监控或系统管理程序。单片机系统内部一般无监控或系统管理程序,使用简单,只有用户设计和调试好的应用程序。

2. 单片机的应用

(1)测控系统。用单片机可以构成各种工业控制系统、数据采集系统、分布式测控系统、机器人控制系统和机电一体化产品。

(2)智能仪器仪表。把单片机应用在智能仪器仪表中,促进仪表向数字化、智能化、多功能化、综合化方面发展。

(3)通信产品。用于调制解调器与程控交换技术。

(4)民用产品。用于家用电器、电子玩具、录像机、激光唱机等民用产品。

(5)军用产品。用于导弹控制、制导控制、智能武器装备、航天飞机导航系统等军用产品之中。

(6)计算机外部设备。用于打印机、硬盘驱动器与复印机等计算机外部设备之中。

单片机应用的意义不仅在于它的应用范围广及所带来的经济效益。更重要的意义在于,单片机的应用从根本上改变了传统的控制系统设计思想和设计方法。以前采用硬件电路实现的控制功能,现在用单片机的软件就可实现。这种以软件取代硬件的方式,提高了系统的性能。

1.1.4 单片机的数制表示法

在人们的日常生活和数学计算中,经常采用的是十进制数,但计算机只能“识别”二进制数,所以二进制数及其编码是所有计算机的基本语言。其基本信息只有“0”和“1”,这是因为数字电路中的开关只有“通”和“断”两个状态。如果计算机要进行十进制或其他进制的计算,那么都要转换成二进制进行计算。用“0”或“1”两种状态表示数字,鲜明可靠,容易识别,实现方便,计算机正是利用只有两种状态的双稳态电路来表示和处理信息的。但二进制的主要缺点是数位太长,书写和识读不便,在计算机软件编制过程中又常常需要用十六进制数表示。了解二进制数、十进制数、十六进制数之间的关系及相互转换和运算的方法,是学习计算机技术必备的基础知识。

1. 二进制、十进制、十六进制

(1)二进制。

以 2 为基数的数制称为二进制,它只包括“0”和“1”两个符号。进位规则是“逢二进一”。每左移一位,数值增大一倍;右移一位,数值减小一半。对于整数,从右往左各位的权依次是 1、2、4、8、16…;对于小数,从左往右各位的权分别是 1/2、1/4、1/8、1/16…。二进制数可以在数的后面放一个 B 作为标识符,表示这个数是二进制数。

如果 X_i 表示“0”和“1”两个数的任一个,那么一个含有 n 位整数,m 位小数的二进制数可表示为

$$N = X_{n-1} \times 2^{n-1} + X_{n-2} \times 2^{n-2} + \cdots + X_0 \times 2^0 + X_{-1} \times 2^{-1} + X_{-2} \times 2^{-2} + \cdots + X_{-m} \times 2^{-m}$$

也可以表示为

$$N = \sum_{i=-m}^{n=1} X_i \times 2^i \qquad (1\text{-}1\text{-}1)$$

式中,N 为二进制的值;X_i 为第 i 位的系数;2^i 为第 i 位的权。

例如:二进制数 101.101B 等于十进制数 5.625。

其各位数码代表的数值为 $1\times2^2+0\times2^1+1\times2^0+1\times2^{-1}+0\times2^{-2}+1\times2^{-3}=5.625$。

例如:十进制数 7 等于二进制数 111B。

(2)十进制。

以 10 为基数的数制称为十进制,十进制数用 0、1、2、3、4、5、6、7、8、9 共 10 个符号来表示。进位规则是“逢十进一”。十进制数可以在数的后面放一个 D 作为标识符,表示这个数是十进制数,也可以省略。

如果 X_i 表示 0、1、2、3、4、5、6、7、8、9 中的任意一个,那么一个含有 n 位整数,m 位小数的十进制数可表示为

$$N = X_{n-1} \times 10^{n-1} + X_{n-2} \times 10^{n-2} + \cdots + X_0 \times 10^0 + X_{-1} \times 10^{-1} + X_{-2} \times 10^{-2} + \cdots X_{-m} \times 10^{-m}$$

也可以表示为

$$N = \sum_{i=-m}^{n=1} X_i \times 10^i \qquad (1\text{-}1\text{-}2)$$

式中,N 为十进制的值;X_i 为第 i 位的系数;10^i 为第 i 位的权。

(3)十六进制。

尽管计算机内部采用二进制数来表示信息,但为了书写和阅读的方便,应用中经常采用十六进制数。以 16 为基数的数制称为十六进制,进位规则是“逢十六进一”。十六进制数可以在数的后面放一个 H 作为标识符,表示这个数是十六进制数。

十六进制数用 0、1、2、3、4、5、6、7、8、9、A、B、C、D、E、F 共 16 个符号来表示。如果 X_i 表示 0、1、2、3、4、5、6、7、8、9、A、B、C、D、E、F 中的任意一个,那么一个含有 n 位整数,m 位小数的十六进制数可表示为

$$N = X_{n-1} \times 16^{n-1} + X_{n-2} \times 16^{n-2} + \cdots + X_0 \times 16^0 + X_{-1} \times 16^{-1} + X_{-2} \times 16^{-2} + \cdots X_{-m} \times 16^{-m}$$

也可以表示为

$$N = \sum_{i=-m}^{n=1} X_i \times 16^i \qquad (1\text{-}1\text{-}3)$$

式中，N 为十进制的值；X_i 为第 i 位的系数；16^i 为第 i 位的权。

2. 数制的转换

(1)二进制→十进制的转换。

二进制→十进制的转换可用式(1-1-1)来进行。

例 1 $10011011B=1\times2^7+0\times2^6+0\times2^5+1\times2^4+1\times2^3+0\times2^2+1\times2^1+1\times2^0=155$

$1101.11B=1\times2^3+1\times2^2+0\times2^1+1\times2^0+1\times2^{-1}+1\times2^{-2}=13.75$

(2)十六进制→十进制的转换。

十六进制→十进制的转换可用式(1-1-3)来进行。

例 2 $3BH=3\times16^1+11\times16^0=59$

$1A6CH=1\times16^3+10\times16^2+6\times16^1+12\times16^0=6764$

(3)十进制→二进制的转换。

把一个十进制整数依次除以 2，并记下每次所得的余数(1 或 0)，最后所得的余数的组合即为转换的十进制数。第一位余数为最低位(LSB)，最后一个余数为最高位(MSB)。

例 3 将十进制数 0.318 转换成二进制数。

0.318=010100010…B。

溢出整数	小数部分×2	剩余小数部分
0	0.318×2=0.636	0.636
1	0.636×2=1.272	0.272
0	0.272×2=0.544	0.544
1	0.544×2=1.088	0.088
0	0.088×2=0.176	0.176
0	0.176×2=0.352	0.352
0	0.352×2=0.65	0.65
1	0.65×2=1.3	0.3

这是一个无限循环的二进制数。

如果十进制数包含整数和小数两部分，则必须将整数和小数分别进行转换。

(4)十六进制→二进制的转换。

十六进制→二进制的转换非常简单，因为十六进制数的每位都与四位二进制数相对应，要将十六进制转换成二进制，只要将每位十六进制数转换成相应的四位二进制数即可。

例 4 8AH=10001010B

E46AH=1110010001101010B

(5)二进制→十六进制的转换。

由于四位二进制数正好与一位十六进制数相对应，那么进行二进制→十六进制的转换时，只需从二进制数的最低位算起，每四位一个数，到最高位不够四位填 0，即可按位转换成十六进制数。

例 5 10011101000110=0010、0111、0100、0110=2746H

1100111000101011=1100、1110、0010、1011=CE2BH

 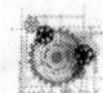

3. 原码、反码与补码

在数学中,“+”“-”表示数的正与负。在计算机中,为了运算的方便,数的最高位用来表示正、负数。最高位为“0”表示正数,最高位为“1”表示负数。8 位微型计算机中约定,最高位 D7 用来表示符号,其他 7 位用来表示数值,如图 1-1-2 所示。

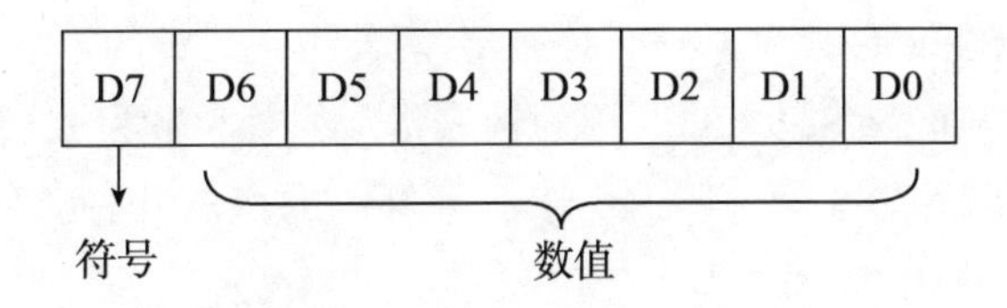

图 1-1-2　计算机符号表示法

例如:7 位数+1011001B 在计算机中表示为 01011001B(59H);而-1011001B 在计算机中表示为 11011001B(D9H)。为了区别原来的数与其在计算机中的表示形式,将已经数码化了的带符号数称为机器数,把原来的数称为机器数的真值。那么上例中 1011001B 为真值,而 01011001B、11011001B 为机器数。

在计算机中,机器数有三种表示方法:原码、反码、补码。

(1)原码。

在符号位用 0 表示正数,用 1 表示负数,而数值位保持原样的数,这样的机器数称为原码。由于最高位为符号位,因此 8 位二进制原码表示的数的范围为-127~+127。

①正数。正数的原码与原来的数相同。

例 6　+6=+00000110B

$[+6]_{原}$=00000110B

②负数。负数的原码为符号位置 1,而数值位不变。

例 7　-6=-00000110B

$[-6]_{原}$=10000110B

③0。0 的原码表示法有两种,即正 0 和负 0。

$[+0]_{原}$=00000000

$[-0]_{原}$=10000000

(2)反码。

由于最高位为符号位,因此 8 位二进制反码表示的数的范围为-127~+127。

①正数。正数的反码与正数的原码相同。

例 8　+6=+00000110B

$[+6]_{反}$=00000110B

②负数。负数的反码为数值位的值按位求反后,符号位取“1”。

例 9　-6=-00000110B

$[-6]_{反}$=11111001B

③0。0 在反码中也有两种表示法,正 0 和负 0。

$[+0]_{反}$=00000000

$[-0]_{反}$=11111111

(3)补码。

在计算机中,用补码来表示数使得计算机的加减运算十分简单,因为它不必判断正负数,只要让符号位参加运算即可得到正确的结果。8 位二进制补码表示的数的范围为-128~+127。

为了进一步理解补码的意义,现以一个钟表为例来进行说明。假设现在正确的时间为 5 时,而钟表却错误地指在 8 时。为了校准时钟,有两种拨正时针的方法:一种是倒拨 3 格(8-3=5),第二种是顺拨 9 个格(8+9=5)。因为钟表指示的最大数为 12,从 12 开始又重新计数了。因此模为 12,而 9 就是-3 的补码。由于有了补码的概念,因此可以将减法转换为加法进行计算了。

①正数。正数的补码与正数的原码相同。

例 10 +6=+00000110B

$[+6]_{补}$=00000110B

②负数。负数的补码由它的绝对值求反加 1 后得到。

例 11 -6=-00000110B

$[-6]_{补}$=11111010B

③0。0 的补码表示只有一种,其表达式为

$[+0]_{补}=[-0]_{补}$=00000000B

④补码的运算。将一个数按位求反后,再在末位加 1,就可以得到这个数的正数相对应的负数的补码表示了,这种运算称为求补运算。

补码的加法规则是

$[X+Y]_{补}=[X]_{补}+[Y]_{补}$

补码的减法规则是

$[X-Y]_{补}=[X]_{补}+[-Y]_{补}$

4. 计算机中常用的编码

(1)BCD(8421)码。

BCD 码最常用的编码为 8421 码。由于人们在工作中习惯上用十进制数进行数据的输入/输出,而计算机又必须用二进制数进行分析运算,因此就要求计算机将十进制数转换成二进制数,这将会影响计算机的工作速度。为了简化硬件电路和节省转换时间,可用二进制数对每一位十进制数进行编码,这种编码方式称为 BCD 码,用标识符$[\cdots\cdots]_{BCD}$表示,这种编码方式的特点是保留了十进制的权,数字则用二进制数表示。

①BCD 码的表示。8421 码的编码原则是将一个十进制数的每一位用 4 位二进制数来表示,8421 代表了每一位的权。而 4 位二进制数有 16 种状态,在这种编码里将 1010、1011、1100、1101、1110 和 1111 这 6 个编码舍去不用,用余下的 10 种状态表示 0~9。如何用 BCD 码表示十进制数见表 1-1-1。

表 1-1-1　十进制数与 BCD 码对照表

十进制数	BCD 码	十进制数	BCD 码
0	0000	5	0101
1	0001	6	0110
2	0010	7	0111
3	0011	8	1000
4	0100	9	1001

②BCD 码的换算。在 BCD 码与二进制的换算中,要注意的是,不能把$[0101\ 0101]_{BCD}$误认为是二进制码,0101 0101B 转换为十进制后的值为 85,而$[0101\ 0101]_{BCD}$的值为 55,显然两者是不一样的。

BCD 码用 4 位二进制数表示,而 4 位二进制数可表示 16 种状态,余下的 6 种状态1010~1111 在 BCD 编码中称为非法码或冗余码。在 BCD 码的运算中将会出现冗余码,需要做某些修正才能得到正确的结果。

③BCD 码加法。由于 BCD 码的低位与高位之间是“逢十进一”,而 4 位二进制数是“逢十六进一”。因此,当两个 BCD 码相加时,若各位的和均在 0~9 之间,则其加法运算规则完全与二进制数加法的规则一样;若相加后的低 4 位(或高 4 位)二进制数大于 9,或大于 15(即低 4 位或高 4 位的最高位有进位),则应对低 4 位(或高 4 位)加 6 修正。

(2) ASCII 码。

在计算机中,除了做数字运算外,还有一些其他的字符需要表示。如用来组织、控制或表示数据的字母(英文 26 个字母等)。计算机与外围设备之间通信,需要识别许多特殊的符号,这些字母和符号统称字符,它们也必须按特定的规则用二进制编码才能在计算机中表示。

目前,在微型计算机系统中,世界各国普遍采用美国信息交换标准代码(American Standard Code for Information Interchange,ASCII 码)。

ASCII 码用 7 位二进制数表示,可表达 128 个字符,其中包括数字 0~9、英文大小写字母、标点符号和控制字符等。7 位 ASCII 码分成两组:高 3 位组和低 4 位组,分别表示这些符号的列序和行序,ASCII 码的分组如图 1-1-3 所示。

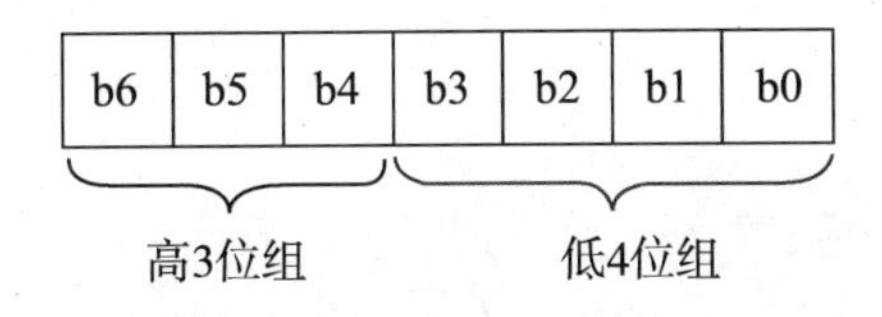

图 1-1-3　ASCII 码的分组

1.2 初识 Arduino

随着物联网应用的迅猛发展,软硬件整合这个话题又被人们津津乐道,如今已有不少成功案例,如 Jawbone Up、Pebble 手表等可穿戴设备,它们可与用户的手机同步,实现软件与硬件的结合。通过硬件创新与软件整合的概念还有许多,但是如何将创意变为现实,则是一个难题。许多大公司均选择闭源硬件,从而形成技术壁垒与专利版权,阻碍着小规模创新者的发展。而开源硬件,让创业者可以更轻松地将创意转化为现实。

目前,常用的三款开源平台分别是 Arduino、BeagleBone 和 Raspberry Pi。这三款平台各有所长,对于爱好者来说都非常有价值。

首先,Arduino 和 Raspberry Pi 非常便宜,不到 40 美元,BeagleBone 的价值几乎是 Arduino 的三倍,而 Arduino 的每秒周转速率大约是另外两款的 1/40。三者的主要区别是 Arduino 和 Raspberry Pi 价格较低,而 Rasphberry Pi 与 BeagleBone 功能较强。Rasphberry Pi 似乎是最好的选择,但事实没有这么简单。首先它的价格并不如第一眼看到的那么美好,因为要想运行 Raspberry Pi,就需要提供 SD(Secure Digital,安全数字)卡,而这额外增加了 5% ~10%的成本。此外,抛开每秒运转速率的相似性能不谈,在测试中,BeagleBone 的运转速度几乎是 Raspberry Pi 的两倍。BeagleBone 和 Raspberry Pi 还有一个有意思的特性,就是它们可以在 Flash 卡上运行(Raspberry Pi 使用 SD 卡,BeagleBone 使用 microSD),这就意味着可以通过更换存储卡来实现系统移植。在不同的储存卡上,可以储存不同的设定值,只要更换储存卡,就可以继续之前正在开发的项目。

对于初学者来说,Arduino 也许性能更好。这是因为 Raspberry Pi 和 BeagleBone 都是基于 Linux 系统的。这个系统让它们可以在小型计算机上运行多个程序,并支持使用多语言编程。Arduino 的设计非常简单,它一次只能运行一个程序,而且只支持低阶的 C++语言编程。

本节从初识 Arduino、Arduino 的由来、Arduino 作为开发平台三个方面对 Arduino 进行概述,为后续学习打下基础。

1.2.1 Arduino 的概述

1. Arduino 简介

Arduino 是一款便捷灵活、方便上手的开源电子原型平台,包含硬件(各种型号的 Arduino 板)和软件(Arduino IDE)。其由一个欧洲开发团队于 2005 年冬季开发。该团队成员包括 Massimo Banzi、David Cuartielles、Tom Igoe、Gianluca Martino、David Melli 和 Nicholas Zambetti。

Arduino 构建于开放源代码的 Simple I/O 界面版,并且具有使用类似 Java、C 语言的 Processing/Wiring 开发环境。主要包含两个主要的部分:一部分是硬件部分,可以用来做电路连接的 Arduino 电路板;另一部分则是 Arduino IDE,为计算机中的程序开发环境。只要在 IDE 中编写程序代码,再将程序上传到 Arduino 电路板后,程序便会告诉 Arduino 电路板要做些什么了。

Arduino 能通过各种各样的传感器来感知环境,通过控制灯光、电动机和其他的装置来反馈、影响环境。电路板上的微控制器可以通过 Arduino 的编程语言来编写程序,编译成二进制文件,烧录进微控制器。对 Arduino 的编程是利用 Arduino 编程语言(基于 Wiring)和 Arduino 开发环境(基于 Processing)来实现的。

2. Arduino 功能

Arduino 可以与 Adobe Flash、Processing、Max/MSP、Pure Data、SuperCollider 等软件快速结合,做出互动作品;可以使用现有的电子元件,如开关、传感器其他控制器件、LED、步进电动机等;也可以独立运行,并与软件进行交互,如 Macromedia Flash、Processing、Max/MSP、Pure Data、VVVV 等。Arduino 的 IDE 界面基于开放源代码,可以免费下载使用,能开发出具有更多功能的互动作品。

3. Arduino 开发板分类

Arduino 开发板分入门级、高级类、物联网类、教育类和可穿戴类。

入门级开发板包括 UNO、Leonardo、101、Esplora、Micro、Nano 等。

高级类开发板包括 Mega2560、Zero、Due、Mega ADK、MKRZero 等。

物联网类开发板包括 Yun、Ethernet、MKR1000 等。

教育类开发板包括 CTC101、EgsinceringKIT 等。

可穿戴类开发板包括 Gemma、LilyPad、LilyPad USB、LilyPad SimpleSnap 等。

建议 Arduino 初学者选用入门级产品,如果要完成复杂功能,则选用性能较高、速度较快的高级类开发板。采用物联网类开发板便于设备互联。教育类开发板可以使教师利用必要的软硬件工具,充分激发读者的兴趣和热情,引导读者进行编程和电子设计创新实践。可穿戴类开发板可以使开发者感受将电子产品穿戴在身上的神奇。表 1-2-1 列出了部分开发板的主要性能指标。

表 1-2-1 部分开发板的主要性能指标

开发板名称	处理器	操作/输入电压/V	CPU速度/MHZ	模拟 I/O 引脚数	数字(I/O)/PWM 引脚数	EEPROM/KB	SRAM/KB	Flash/KB	USB 类型	串口个数
101	Intel Curie	3. 3/7~12	32	6/0	14/4		24	196	Regular	—
Gemma	ATtiny85	3. 3/4~16	8	1/0	3/2	0. 5	0. 5	8	Mircro	0
LilyPad	ATMega168V ATMega328P	2. 7~5. 5	8	6/0	14/6	0. 512	1	16	—	—
LilyPad SimpleSnap	ATMega328P	2. 7~5. 5	8	4/0	9/4	1	2	32	—	—
LilyPad USB	ATMega32U4	3. 3/3. 8~5	8	4/0	9/4	1	2. 5	32	Mircro	—

续表1-2-1

开发板名称	处理器	操作/输入电压/V	CPU速度/MHZ	模拟 I/O 引脚数	数字(I/O)/PWM 引脚数	EEPROM /KB	SRAM /KB	Flash /KB	USB 类型	串口个数
Mega2560	ATMega2560	5/7~12	16	16/0	54/15	4	8	256	Regular	4
Micro	ATMega32U4	5/7~12	16	12/0	20/7	1	2.5	32	Mircro	1
MKR1000	SAMD21 Cortex-M0+	3.3/5	48	7/1	8/4	—	32	256	Micro	1
UNO	ATMega328P	5/7~12	16	6/0	14/6	1	2	32	Regular	1
Zero	ATSAMD21G18	3.3/7~12	48	6/1	14/10	—	32	256	2Micro	2
Due	ATSAM3X8E	3.3/7~12	84	12/2	54/12	—	96	512	2Micro	4
Esplora	ATMega32U4	5/7~12	16	—	—	1	2.5	32	Micro	—
Ethernet	ATMega328P	5/7~12	16	6/0	14/4	1	2	32	Regular	—
Leonardo	ATMega32U4	5/7~12	16	12/0	20/7	1	2.5	32	Micro	1
Mega ADK	ATMega2560	5/7~12	16	16/0	54/15	4	8	256	Regular	4
Nano	ATMega168 ATMega328P	5/7~9	16	8/0	14/6	0.512 1	1 2	16 32	Mini	1
Yun	ATMega32U4 AR9331 Linux	5	16 400	12/0	20/7	1	2.5 16 MB	32 64 MB	Micro	1
MKRZero	SAMD2ICortex-M0+32 bit low powerARM MCU	3.3	48	7(ADC8/10/12 bit)/1(DAC 10 bit)	22/12	NO	32	256	1	1

1.2.2 Arduino 的由来

Massimo Banzi 之前是意大利 Ivrea 一家高科技设计学校的老师。他的学生经常抱怨找不到便宜适用的微控制器。2005 年冬天,Massimo Banzi 和 David Cuartielles 讨论了这个问题。David Cuartielles 是一个西班牙籍晶片工程师,当时在这所学校做访问学者。两人决定设计自己的电路板,并让 Banzi 的学生 David Mellis 为电路板设计编程语言。两天以后,David Mellis 就写出了程序码,又过了 3 天,电路板就完工了。Massimo Banzi 喜欢去一家名为 di Re Arduino 的酒吧,该酒吧是以 1 000 年前意大利国王 Arduino 的名字命名的。为了纪念这个地方,他将这块电路板命名为 Arduino。

随后 Banzi、Cuartielles 和 Mellis 把设计图放到了网上。版权法可以监管开源软件,却很难用在硬件上,为了保持设计的开放源码理念,他们决定采用 Creative Commons(CC)的授权方式公开硬件设计图。在这样的授权下,任何人都可以生产电路板的复制品,甚至还能重新设计和销售原设计的复制品。人们不需要支付任何费用,甚至不用取得 Arduino 团队的许可。然而,如果重新发布了引用设计,就必须声明原始 Arduino 团队的贡献。如果修改了电路板,则最新设计必须使用相同或类似的 Creative Commons(CC)的授权方式,以保证新版本的 Arduino 电路板也一样是自由和开放的。唯一被保留的只有 Arduino 这个名字,它被注册成了商标,在没有官方授权的情况下不能使用它。

Arduino 发展至今,已经推出了多种型号及众多衍生控制器。

1.2.3 Arduino 的优势

(1)Arduino 是一类平台。

Arduino 平台包含很多硬件及编程软件(IDE 即编程环境)。同时还有各种各样周边的硬件去兼容 Arduino 平台,并且这些硬件通常都已经带有兼容 Arduino 控制器的函数库。

(2)Arduino 便捷灵活。

Arduino 的设计初衷是让人们更加方便地控制机器人,但是无心插柳柳成荫,现在的 Arduino 已经在更多的领域展现出它的价值。现在的 Arduino 拥有几乎任何单片机都难以比拟的函数库,且各种传感器都具有惊人的通用性,在 Arduino 体系下,几乎每款控制器都能兼容。这种巨大的优势,相信运行过不同单片机的工程师们一定有更深刻的体会。这些兼容性设计,使得 Arduino 虽然更多的是硬件,但是比传统硬件离程序员甚至大众更近了,所以现在的 Arduino 是程序员直接与硬件交互的最好方法之一(也许还有树莓派)。

(3)Arduino 具有开源优势。

Arduino 是一种同时包括硬件和软件的开源电子开发平台。软件开源在程序员眼中早就见怪不怪了,很多著名软件都是开源的,包括 Linux 操作系统。开源带来的好处也是有目共睹的,人们一般认为无利不起早,但是在开源下,这个命题显然是伪命题,一旦开源并鼓励分享,在没有任何实际利益的驱动下,仍会有大量的人贡献出自己的力量,这大概是人希望得到认同,以及帮助他人的本能吧。

第 2 章　Arduino 基础篇

2.1　Arduino 开发板

Arduino 发展至今，已有多种型号及众多的衍生控制器，如 Arduino UNO、Arduino Mega2560、Arduino Nano、Arduino Due、Arduino Leonardo 等型号。这里以最常用的两款 Arduino UNO、Arduino Mega2560 控制器为例进行介绍。

2.1.1　Arduino UNO

Arduino UNO(实物图中为 ARDUINO UNO，本书为阅读方便统一表述为 Arduino UNO 形式)是 Arduino USB 接口系列的最新版本，作为 Arduino 平台的参考标准模板，其实物图如图 2-1-1 所示。UNO 的处理器核心是 ATMega328，同时具有 14 路数字输入/输出口(其中 6 路可作为 PWM 输出)、6 路模拟输入、一个 16 MHz 晶体振荡器、一个 USB 接口、一个电源插座、一个 ICSP Header 和一个复位按钮。UNO 已经发布到第三版，与前两版相比具有以下新特点。

①在 AREF 处增加了两个引脚 SDA 和 SCL，支持 C 接口。

②增加 IOREF 和一个预留引脚，扩展板将能兼容 5 V 和 3.3 V 核心板。

③改进了复位电路设计。

④USB 接口芯片由 ATMega16U2 替代了 ATMega8U2。

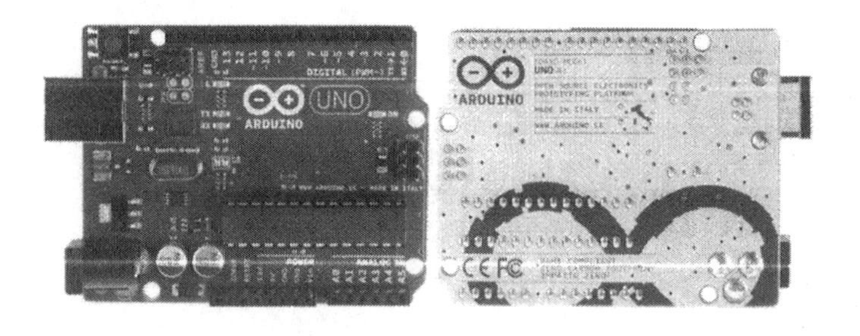

图 2-1-1　Arduino UNO 实物图

Arduino UNO 的主要特性包括：处理器 ATMega328；工作电压 5 V；输入电压(推荐)7～12 V；输入电压(范围)6～20 V；数字 I/O 脚 14 个(其中 6 路作为 PWM 输出)；模拟输入脚 6

个;I/O 脚直流电流 40 mA;3.3 V 脚直流电流 50 mA;Flash Memory 32 KB(ATMega 328,其中 0.5 KB 用于 Bootloader);SRAM 2 KB(ATMega328);EEPROM 1 KB(ATMega328);工作时钟 16 MHz。

由于本书所用到的开发板是 Arduino UNO,现对 Arduino UNO 开发板上的所有资源配上图片进行详细讲解,以便读者能够更深刻地了解这款 Arduino 开发板,为以后的开发和设计打下坚实的基础。Arduino UNO 开发板板载资源如图 2-1-2 所示。

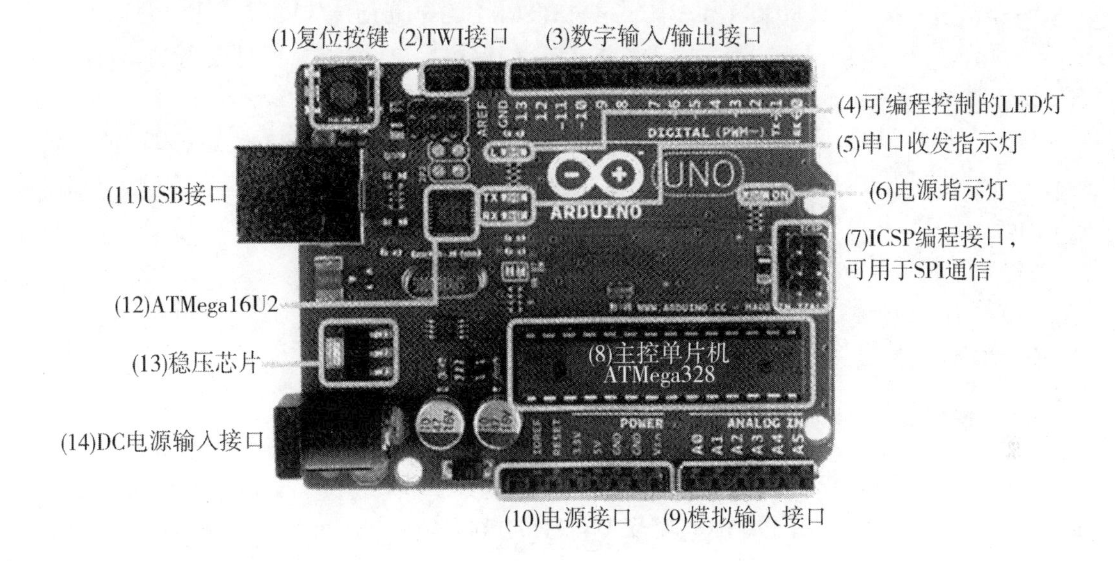

图 2-1-2　Arduino UNO 开发板板载资源

1. 电源

Arduino UNO 可以通过 3 种方式供电,而且能自动选择供电方式。

(1)直流电源插孔。可以使用电源插孔为 Arduino 开发板供电,电源插孔通常连接到一个适配器。开发板的供电范围可以是 5~20 V,但制造商建议将其保持在 7~12 V。高于 12 V 稳压芯片可能会过热,低于 7 V 可能会供电不足。

(2)VIN 引脚。该引脚用于使用外部电源为 Arduino UNO 开发板供电。电压应控制在上述提到的范围内。

(3)USB 电缆。连接到计算机时,提供 500 mA/5 V 电压。

电源引脚说明:

(1)VIN:当外部直流电源接入电源插座时,可以通过 VIN 向外部供电,也可以通过此引脚向 UNO 直接供电;VIN 有电时将忽略从 USB 或者其他引脚接入的电源。

(2)5 V:连接稳压器或 USB 的 5 V 电压,为 UNO 上的 5 V 芯片供电。

(3)3.3 V:连接稳压器产生的 3.3 V 电压,最大驱动电流为 50 mA。

(4)GND:接地。

2. 输入/输出

Arduino UNO 包括 14 路数字输入/输出和 6 路模拟输入。其中,14 路数字输入/输出的工作电压为 5 V,每一路能输出和接入的最大电流为 40 mA。每一路配置了 20~50 kΩ 的内部上拉电阻(默认不连接)。除此之外,部分引脚有特定功能,列举如下。

(1)串口信号 RX(0 号)、TX(1 号):与内部 ATMega8U2 USB 转 TTL 芯片相连,提供 TTL 电压水平的串口接收信号。

(2)外部中断(2 号和 3 号):触发中断引脚,可设成上升沿、下降沿或同时触发。

(3)脉冲宽度调制 PWM(3、5、6、9、10、11):提供 6 路 8 位 PWM 输出。

(4)SPI(10(SS)、11(MOSI)、12(MISO)、13(SCK)):SPI 通信接口。

(5)LED(13 号):Arduino 专门用于测试 LED 的保留接口,输出为高时点亮 LED;反之,输出为低时 LED 熄灭。

此外,6 路模拟输入 A0~A5:每一路具有 10 位的分辨率(即输入有 1 024 个不同值),默认输入信号范围为 0~5 V,可以通过 AREF 调整输入上限。除此之外,部分引脚的特定功能如下所述。

(1)TWI 接口(SDA A4 和 SCL A5):支持通信接口(兼容 C 总线)。

(2)AREF:模拟输入信号的参考电压。

(3)RESET:信号为低时复位单片机芯片。

3. 通信接口

(1)串口:ATMega328 内置的 UART 可以通过数字口 0(RX)和 1(TX)与外部实现串口通信;ATMega16U2 可以访问数字口,实现 USB 上的虚拟串口。

(2)TWI(兼容 C)接口。

(3)SPI 接口。

4. 程序下载方式

(1)Arduino UNO 上的 ATMega328 已经预置了 Bootloader 程序,因此可以通过 Arduino 软件直接下载程序到 UNO 中。

(2)可以直接通过 UNO 上的 ICSP Header 下载程序到 ATMega328。

(3)ATMega16U2 的 Firmware(固件)也可以通过 DFU 工具升级。

5. 使用时的注意事项

(1)Arduino UNO 上 USB 口附近有一个可重置的保险丝,对电路起到保护作用。当电流超过 500 mA 时会断开 USB 连接。

(2)Arduino UNO 提供了自动复位设计,可以通过主机复位。这样通过 Arduino 软件下载程序到 UNO 中,软件可以自动复位,不需要再按复位按钮。在印制板上丝印 RESETEN 处可以使用和禁止该功能。

以下是 UNO 开发板中各部分的功能。

(1)复位按键:按下复位按键,开发板复位(硬件复位)。

(2)TWI(C)接口:用于连接 C 协议的外部设备,需要把各自模块的 SDA 和 SCL 分别并接在 Arduino UNO 的 SDA 和 SCL 上(A4 和 A5),加上拉电阻,共用电源。通过调用相关库函数实现 C 通信。

(3)数字输入/输出接口:14 个数字输入/输出接口,可通过软件配置相应接口的输入/输出功能。其中带有“~”符号的引脚支持 PWM 功能(3、5、6、10、11 引脚),通过相应的函数配置操作 PWM 的相关参数。

(4)可编程控制的 LED 灯:可通过程序控制灯的亮灭、闪烁等状态。

(5)串口收发指示灯:指示串口的收发状态。

(6)电源指示灯:指示电源状态,上电灯亮。

(7)ICSP 编程接口:ICSP 编程接口,也可用于 SPI 通信。

(8)主控单片机 ATMega328:Arduino UNO 开发板的主控芯片。

(9)模拟输入接口:6 个模拟量输入接口,可通过调用相关的函数实现 A/D 采样。

(10)电源接口:提供 5 V 和 3.3 V 电源。

(11)USB 接口:Arduino UNO 通过 USB 接口连接计算机,实现 Arduino UNO 开发板和计算机之间的通信。

(12)ATMega16U2:USB 转串口的控制芯片。

(13)稳压芯片:AMS1117 稳压芯片,5 V 和 3.3 V 电源稳压器。

(14)DC 电源输入接口:Arduino UNO 可以使用外接电源进行输入,外接电源范围为 7~12 V,原则上越靠近 7 V 越好。

(15)存储器:ATMega328 包括片上 32 KB Flash,其中 0.5 KB 用于 Bootloader。同时还有 2 KB SRAM 和 1 KB EEPROM。

2.1.2　Arduino Mega2560

Arduino Mega2560 实物图如图 2-1-3 所示(图中为 MEGA,本书为阅读方便统一表述为 Mega)。Arduino Mega2560 是采用 USB 接口的核心电路板,具有 54 路数字输入/输出,适合需要大量 I/O 接口的设计。处理器核心是 ATMega2560,同时具有 54 路数字输入/输出口(其中 16 路可作为 PWM 输出)、16 路模拟输入、4 路 UART 接口、一个 16 MHz 晶体振荡器、一个 USB 口、一个电源插座、一个 ICSP Header 和一个复位按钮。Arduino Mega2560 也能兼容 Arduino UNO 设计的扩展板。

图 2-1-3　Arduino Mega2560 实物图

1. 电源

Arduino Mega2560 可以自动选择 3 种供电方式：外部直流电源通过电源插座供电、电池连接电源连接器的 GND 和 VIN 引脚，以及 USB 接口直接供电。以下是开发板中各电源的引脚说明。

（1）VIN：当外部直流电源接入电源插座时，可以通过 VIN 向外部供电，也可以通过此引脚向 Mega2560 直接供电；VIN 有电时将忽略从 USB 或者其他引脚接入的电源。

（2）5 V：连接稳压器或 USB 的 5 V 电压，为 UNO 上的 5 V 芯片供电。

（3）3.3 V：连接稳压器产生的 3.3 V 电压，最大驱动电流 50 mA。

（4）GND：接地。

2. 输入/输出

54 路数字输入/输出口，工作电压为 5 V，每一路能输出和接入的最大电流为 40 mA。每一路配置了 20~50 kΩ 的内部上拉电阻（默认不连接）。除此之外，部分引脚的特定功能如下所述。

（1）4 路串口信号：串口 0 为 0（RX）和 1（TX）；串口 1 为 19（RX）和 18（TX）；串口 2 为 17（RX）和 16（TX）；串口 3 为 15（RX）和 14（TX）。其中串口 0 与内部 ATMega8U2 通过 USB 转 TTL 芯片相连，提供 TTL 电压水平的串口接收信号。

（2）6 路外部中断：引脚 2（中断 0）、3（中断 1）、18（中断 5）、19（中断 4）、20（中断 3）和 21（中断 2）。触发中断引脚可设成上升沿、下降沿或同时触发。

（3）14 路脉冲宽度调制 PWM（0~13）：提供 14 路 8 位 PWM 输出。

（4）SPI（53（SS）、51（MOSI）、50（MISO）、52（SCK））：SPI 通信接口。

（5）LED（13 号）：Arduino 专门用于测试 LED 的保留接口，输出为高时 LED 点亮，输出为低时 LED 熄灭。

此外，16 路模拟输入：每一路具有 10 位的分辨率（即输入有 1 024 个不同值），默认输入信号范围为 0~5 V，可以通过 AREF 调整输入上限。除此之外，TWI 接口（20（SDA）和 21（SCL））支持通信接口（兼容 C 总线）；AREF 为模拟输入信号的参考电压；RESET 信号为低时复位单片机芯片。

2.2 Arduino IDE 软件开发环境

2.2.1 Arduino IDE 下载和安装

使用 Arduino 的最小化配置为：一台计算机、一根 A 口公头转 B 口公头的 USB 线，以及一块 Arduino 板（如 Arduino UNO）。将 Arduino 板与计算机通过 USB 线连接，安装一款 Arduino IDE 软件就可以开始 Arduino 之旅了。

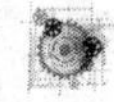

1. Arduino IDE 介绍

Arduino 是一款便捷灵活、容易操作的开源电子原型平台，包含硬件和软件两个部分：硬件部分是可以用来做电路连接的 Arduino 电路板；软件部分则主要是 Arduino IDE，它是计算机中的程序开发环境，是物联网应用的首选开发平台之一。

Arduino IDE 是 Arduino 开放源代码的集成开发环境，其启动界面如图 2-2-1 所示。Arduino IDE 具有软件界面美观、简单易学、容易上手、编写程序的语法简单及下载程序方便等优点，使得 Arduino 的程序开发变得非常方便直接。

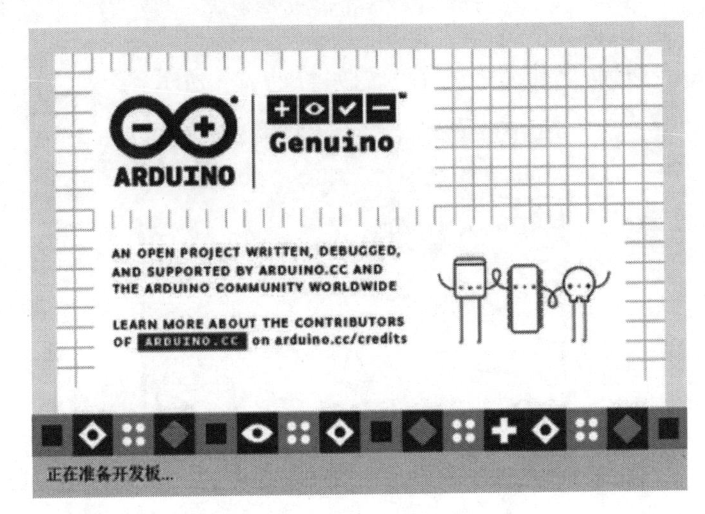

图 2-2-1　Arduino IDE 启动界面

2. 在 Windows 上安装 IDE

在 Windows 上安装 IDE 的步骤如下。

(1)下载安装包，官网网址：http://arduino.cc/en/main/software。

(2)双击 .exe 文件，出现 Arduino 安装界面，如图 2-2-2 所示。

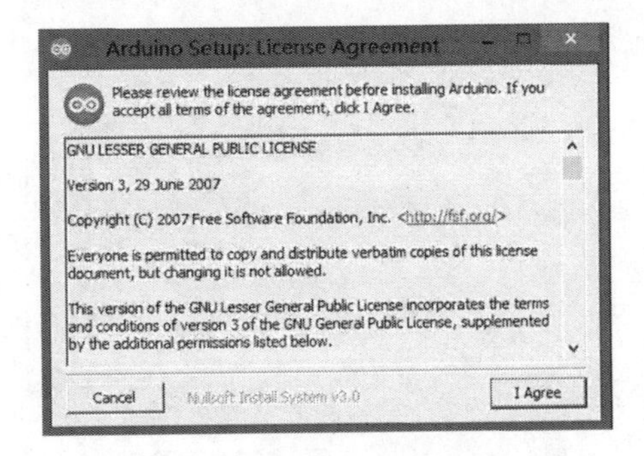

图 2-2-2　Arduino 安装界面

(3)单击“I Agree”按钮，出现 Arduino 安装选项，如图 2-2-3 所示。

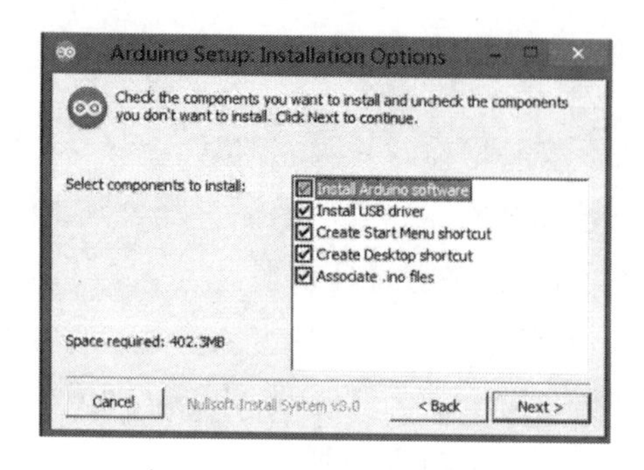

图 2-2-3　Arduino 安装选项

(4)单击“Next”按钮,出现选择安装路径,如图 2-2-4 所示。

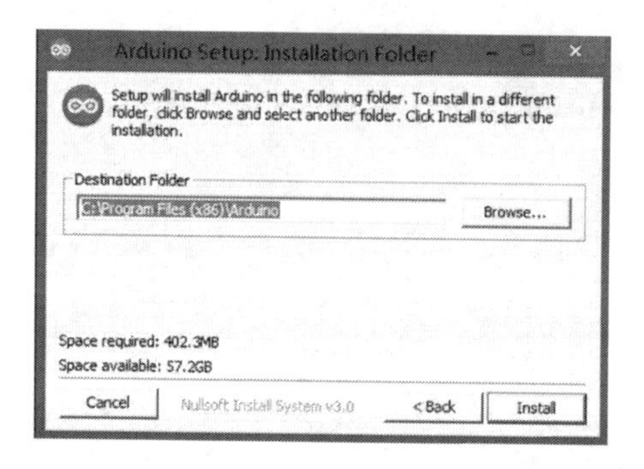

图 2-2-4　选择安装路径

(5)单击“Browse”按钮,选择需要安装的路径或者直接在 Destination 下键入所要的目录,图 2-2-5 所示为浏览安装路径。

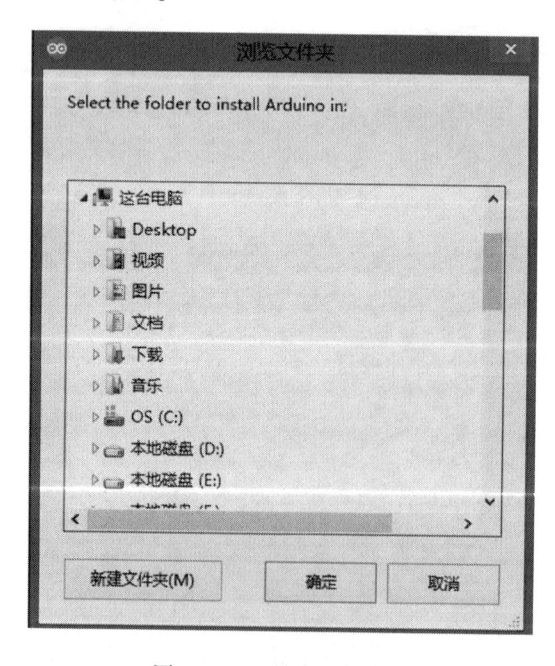

图 2-2-5　浏览安装路径

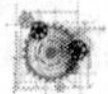

(6)单击“Install”按钮进行安装,如图 2-2-6 所示。

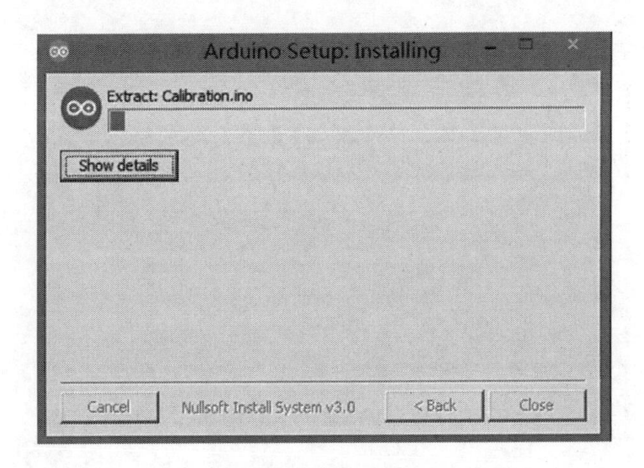

图 2-2-6　进行安装

(7)在最后会出现图 2-2-7 所示的界面,必须单击“安装 I”按钮才能进行正确开发。

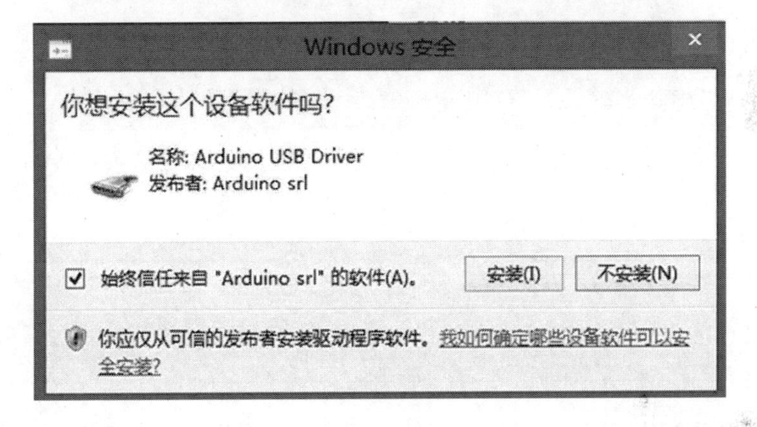

图 2-2-7　选择安装

(8)然后在桌面就会出现安装后的图标,如图 2-2-8 所示。

图 2-2-8　安装后的图标

(9)双击即可进入开发环境,如图 2-2-9 所示。

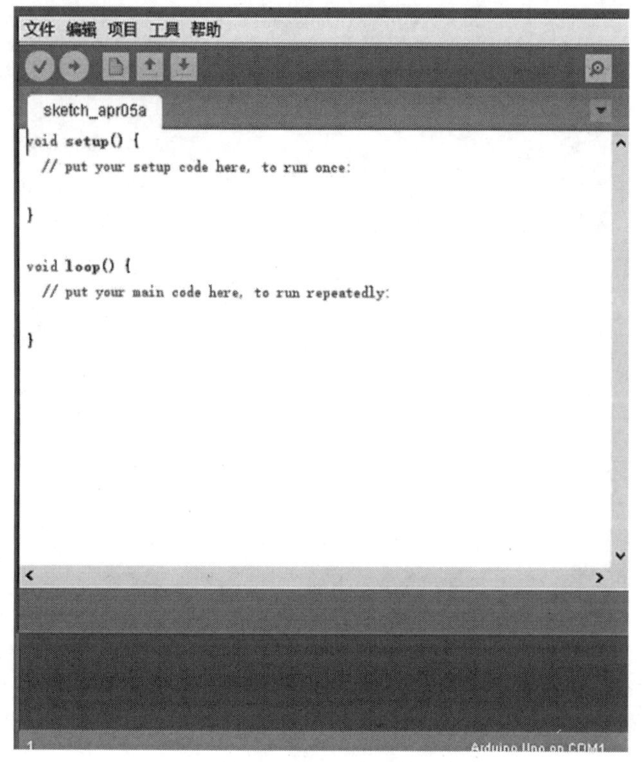

图 2-2-9　开发环境

3. 在 Mac OS 上安装 IDE

在苹果公司的 Mac 系统中安装 IDE 也非常简单，在官方网站下载后缀名为 .zip 的安装包后，解压缩到目标文件夹，如图2-2-10 所示。

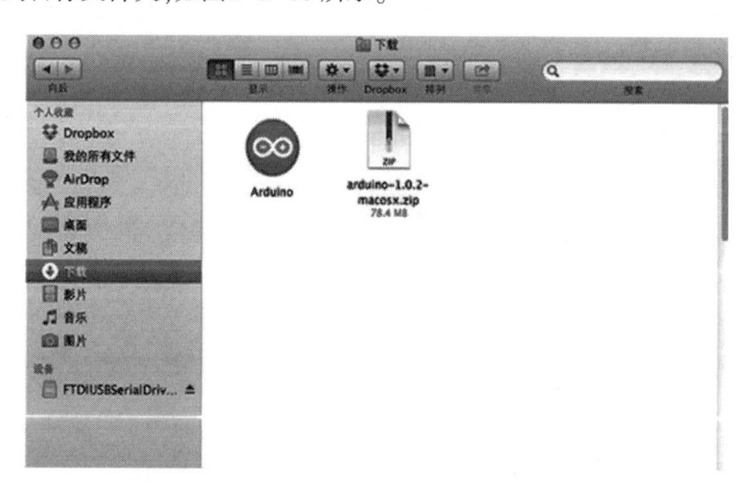

图 2-2-10　解压安装包

此时用鼠标将 Arduino 应用程序拖动到系统的应用程序菜单中，便安装成功了，如图2-2-11所示。

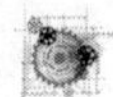

图 2-2-11　将程序添加到应用程序中

如果打开 Arduino IDE 时提示要安装 Java SE 6，则根据提示单击“安装”按钮进行安装就可以了，安装完毕即可打开 IDE。

2.2.2　Arduino IDE 操作界面

1. 用户界面

在安装完 Arduino IDE 后，进入 Arduino 安装目录，打开“arduino. exe”文件，进入初始界面。打开软件会发现这个开发环境非常简洁（上面提到的三个操作系统 IDE 的界面基本一致），依次显示为菜单栏、图形化的工具条、中间的编辑区域和底部的状态区域。Arduino IDE 用户界面的区域功能如图 2-2-12 所示。

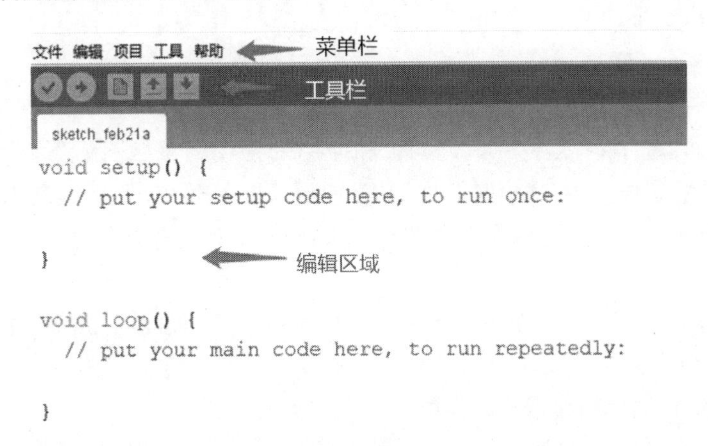

图 2-2-12　Arduino IDE 用户界面的区域功能

图 2-2-13 所示为 Arduino IDE 界面工具栏，从左至右依次为校验、上传、新建、打开、保存和串口监视器。一定要熟记这 6 个小按钮，后面的介绍不再给出图示，只说明是哪个按钮。

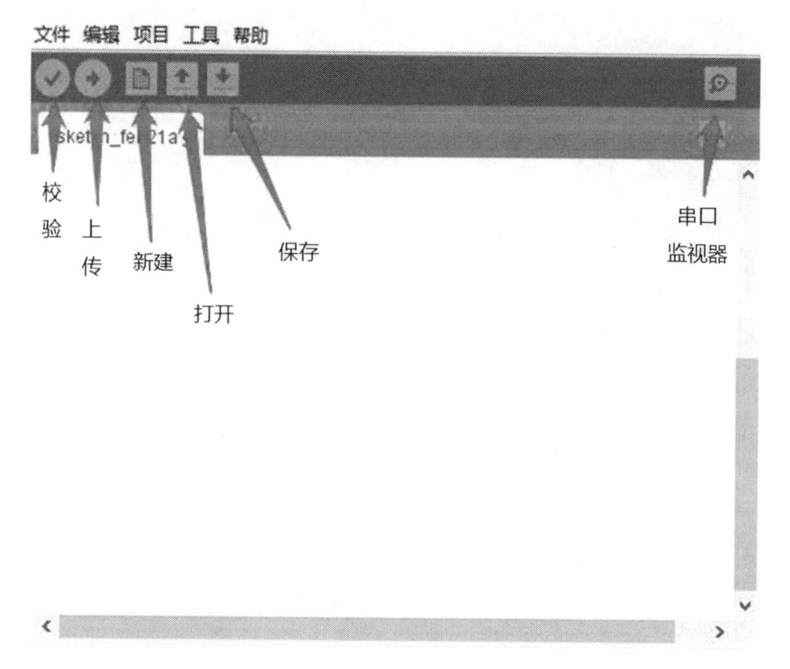

图 2-2-13 Arduino IDE 界面工具栏

(1)文件(File)菜单。

写好的程序通过文件的形式保存在计算机时,需要使用文件(File)菜单,文件菜单常用的选项包括:

新建文件(New);

打开文件(Open);

保存文件(Save);

文件另存为(Save as);

关闭文件(Close);

程序示例(Examples);

打印文件(Print)。

其他选项,如"程序库"是打开最近编辑和使用的程序,"参数设置"可以设置程序库的位置、语言、编辑器字体大小、输出时的详细信息、更新文件后缀(用后缀名 . ino 代替原来的 . pde 后缀)。"上传"选项是对绝大多数支持的 Arduino I/O 电路板使用传统的 Arduino 引导装载程序来上传。

工具栏中的"上传"按钮菜单项用于跳过引导装载程序,直接把程序烧写到 AVR 单片机里面。

(2)编辑(Edit)菜单和编辑关联菜单。

紧邻文件菜单右侧的是编辑(Edit)菜单,编辑菜单顾名思义是编辑文本时常用的选项集合。常用的编辑选项为恢复(Undo)、重做(Redo)、剪切(Cut)、复制(Copy)、粘贴(Paste)、全选(Select all)和查找(Find)。这些选项的快捷键也和 Microsoft Windows 应用程序的编辑快捷键相同。恢复为 Ctrl+Z、剪切为 Ctrl+X、复制为 Ctrl+C、粘贴为 Ctrl+V、全选为 Ctrl+A、查找为 Ctrl+F。此外,编辑菜单还提供了其他选项,如"注释(Comment)"和"取消注释

(Uncomment)",Arduino 编辑器中使用"//"代表注释。还有"增加缩进"和"减少缩进"选项、"复制到论坛"和"复制为 HTML"等选项。

(3)程序(Sketch)菜单。

程序(Sketch)菜单包括与程序相关功能的菜单项。主要包括:

"编译/校验(Verify)",与工具条中的编译相同。

"显示程序文件夹(Show Sketch Folder)",会打开当前程序的文件夹。

"增加文件(Add File)",可以将一个其他程序复制到当前程序中,并在编辑器窗口的新选项卡中打开。

"导入库(Import Library)",导入所引用的 Arduino 库文件。

(4)工具(Tools)菜单。

工具(Tools)菜单是一个与 Arduino 开发板相关的工具和设置集合。主要包括:

"自动格式化(Auto Format)",可以整理代码的格式,包括缩进、括号,使程序更易读和规范。

"程序打包(Archive Sketch)",将程序文件夹中的所有文件均整合到一个压缩文件中,以便将文件备份或者分享。

"修复编码并重新装载(Fix Encoding&Reload)",在打开一个程序时发现由于编码问题导致无法显示程序中的非英文字符时使用,如一些汉字无法显示或者出现乱码时,可以使用另外的编码方式重新打开文件。

"串口监视器(Serial Monitor)",是一个非常实用而且常用的选项,类似即时聊天的通信工具,计算机与 Arduino 开发板连接的串口"交谈"的内容会在该串口显示器中显示出来,如图 2-2-14 所示。在串口监视器运行时,如果要与 Arduino 开发板通信,则需要在串口监视器顶部的输入栏中输入相应的字符或字符串,再单击发送(Send)按钮就能发送信息给 Arduino。

波特率,也就是数据通信的速度,它是目前比较流行的传输速率。如果以这个速度通信,每发送一个字节(Byte)到控制端需要的时间大概是 1 ms。Arduino 支持的波特率包括:300、1 200、2 400、4 800、9 600、14 400、19 200、28 800、38 400、57 600 和 115 200。如果需要修改,相应的控制端也需要修改成一样的。在使用串口监视器时,则需要先设置串口波特率,当 Arduino 与计算机的串口波特率相同时,两者才能够进行通信。计算机串口波特率的设置应在其设备管理器中的端口属性中进行。

串口监视器图标位置如图 2-2-14 所示。

图 2-2-14　串口监视器图标位置

单击串口监视器图标,显示 IDE 串口监视器,如图 2-2-15 所示。设置波特率的方法是单击串口监视器右下角波特率选择图标。

图 2-2-15　IDE 串口监视器

“串口”是需要手动设置系统中可用的串口时选择的，在每次插拔一个 Arduino 电路板时，这个菜单的菜单项都会自动更新，也可手动选择哪个串口接开发板。串口选择方法如图 2-2-16 所示。

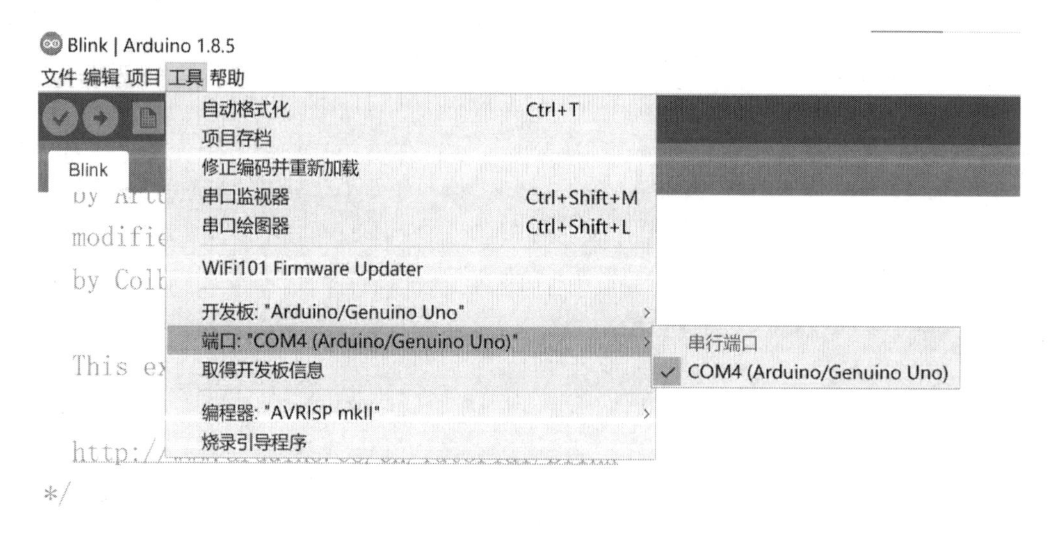

图 2-2-16　串口选择方法

“板卡”用来选择串口连接的 Arduino 开发板型号，当连接不同型号的开发板时需要根据开发板的型号到“板卡”选项中选择相应的开发板。板卡选择方法如图 2-2-17 所示，在工具→开发板：“Arduino/Genuino UNO”下选择实际连接的 Arduino 开发板型号。

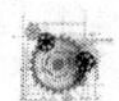

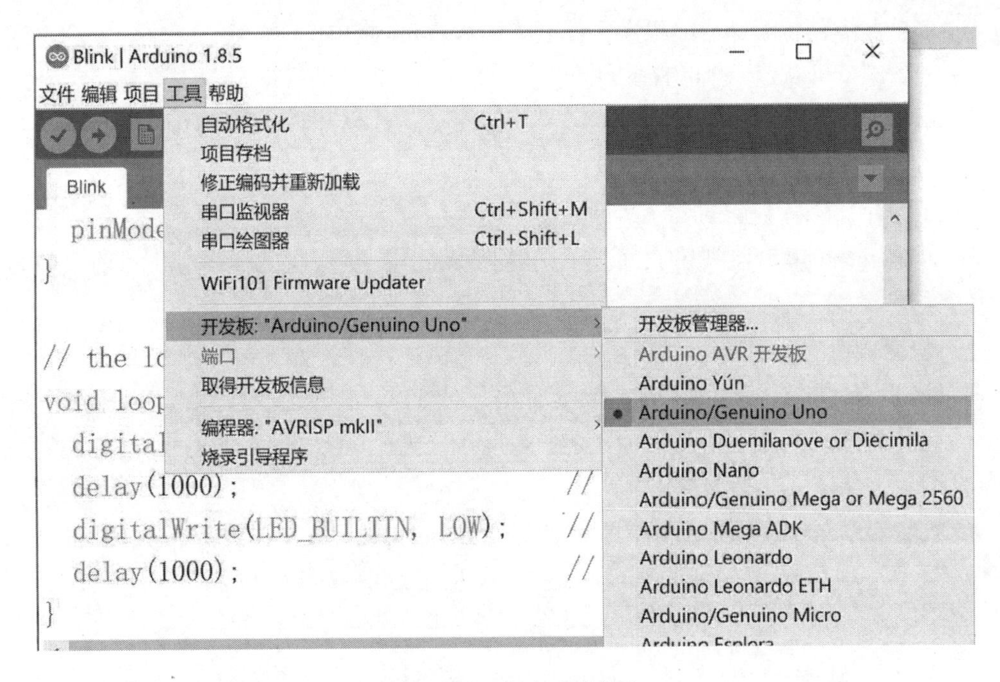

图 2-2-17　板卡选择方法

“烧写 Bootloader”是将 Arduino 开发板变成一个芯片编程器,也称为 AVRISP 烧写器,读者可以到 Arduino 中文社区查找相关内容。

(5)帮助(Help)菜单。

帮助菜单是使用 Arduino IDE 时可以迅速查找帮助的选项集合。包括快速入门、问题排查和参考手册,可以及时帮助了解开发环境,解决一些遇到的问题。访问 Arduino 官方网站的快速链接也在帮助菜单中,下载 IDE 后首先查看帮助菜单是个不错的习惯。

2. Arduino IDE 界面中的快捷按钮

(1)快捷按钮的介绍。

在开发环境中菜单栏下方有 6 个快捷按钮(左边 5 个,右边 1 个),它们依次是 Verify(校验)、Upload(上传)、New(新建)、Open(打开)、Save(保存)和 Serial Monitor(串口监视窗),如图 2-2-18 所示。

图 2-2-18　开发环境中的快捷按钮

快捷按钮的具体功能如下。

Verify(校验),用以完成程序的检查与编译。

Upload(上传),将编译后的程序文件上传到 Arduino 板中。

New(新建),可新建一个程序文件。

Open(打开),打开一个存在的程序文件,Arduino1.0 之后的开发环境中的程序文件后缀名为“.ino”。

Save(保存),保存当前的程序文件。

Serial Monitor(串口监视窗),可监视开发环境使用的串口收发的数据,目前只能显示 ASCII 字符。

(2)快捷按钮的使用。

下面选择控制板内带的 Blink 程序的示例来简单应用这些按钮。Blink 程序就是 Arduino 默认实现的功能,除了能实现接在 D13 口的发光二极管闪烁的效果外,也能够控制 Nano 控制板上测试灯 L 的闪烁。

在连接好 Arduino 控制板 UNO 之后,打开 Arduino 开发环境,单击 Open 按钮,依次选择“文件→示例→01. Basics→Blink”选项加载 Blink 程序,如图 2-2-19 所示。

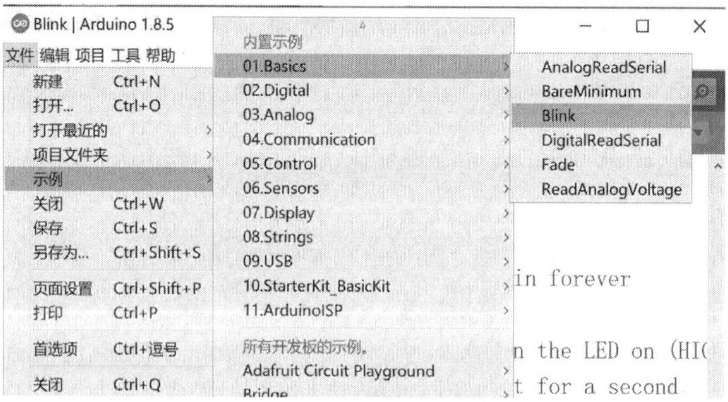

图 2-2-19　加载 Blink 程序

程序加载到程序区后,单击 Verify 按钮对程序进行编译(编译工作可以理解为检查程序错误的同时将读者能看懂的代码转换成计算机能看懂的代码),此时 Verify 按钮会变成黄色,同时在程序区与信息提示区之间会出现一个进度条,如图 2-2-20 所示。编译完成后状态栏会提示“编译完成”,信息提示区会显示程序编译完成后的大小,如图 2-2-21 所示。此例中 Blink 程序编译后的大小为 4 858 B。

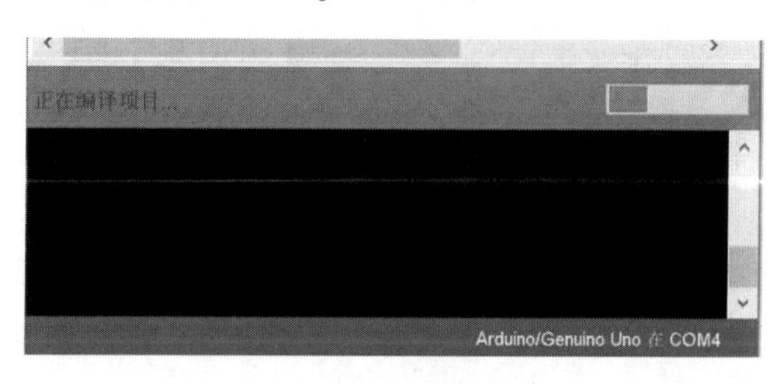

图 2-2-20　程序编译中

 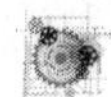

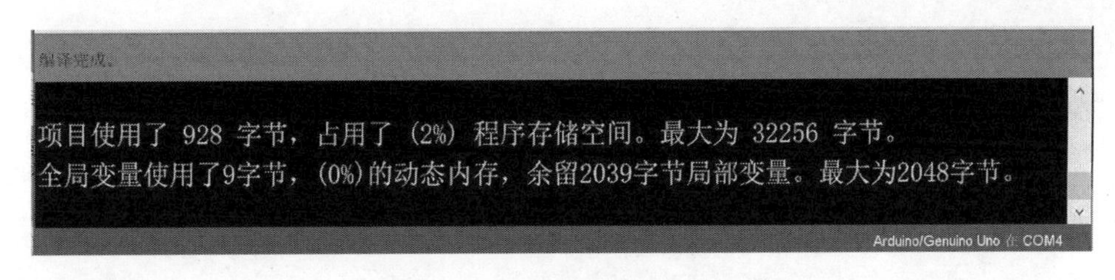

图 2-2-21　程序编译结束

编译完成后单击“Upload”按钮,将程序写入 Arduino 控制板中。上传一般要等待几分钟,此时控制板上的串口指示灯(TX 和 RX)会不停闪烁。

事实上,在单击“Upload”按钮之后开发环境也会执行编译的操作,如果程序存在问题,是无法写入控制板中的。

上传完成后状态栏会有“上传成功”的提示,如图 2-2-22 所示。此时 Arduino 控制板上的 LED 灯 L 在不停闪烁。

图 2-2-22　程序上传成功

2.3　实验:点亮第一盏小灯

本实验实现的功能:点亮开发板上的 L 灯。

1. 材料

Arduino 开发板、USB 数据线、计算机、软件 IDE。

2. 步骤

(1)连接 Arduino UNO 开发板。

用 USB 数据线将 Arduino UNO 与计算机的 USB 口连接。

(2)打开项目。

单击“文件→示例→01. Basics→Blink>”选项,打开 LED 灯闪烁样例,如图 2-3-1 所示。

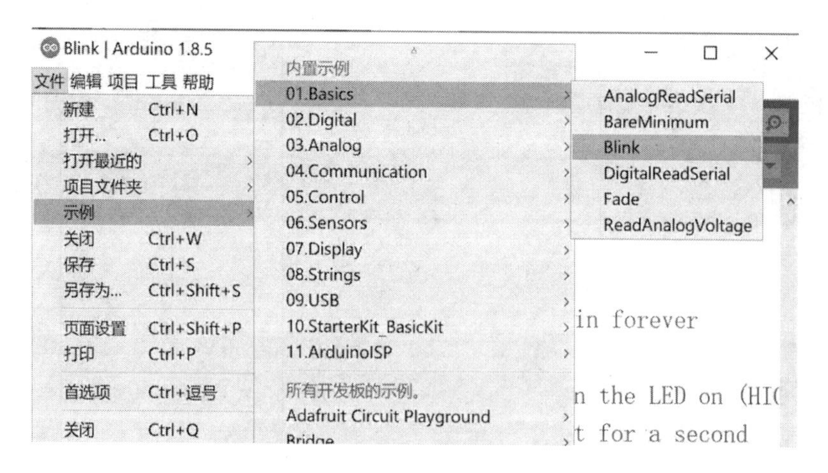

图 2-3-1　打开项目

(3)选择板的类型和通信端口。

单击“工具→开发板:"Arduino/Genuino UNO"”选项,选择板的类型,如图 2-3-2 所示。

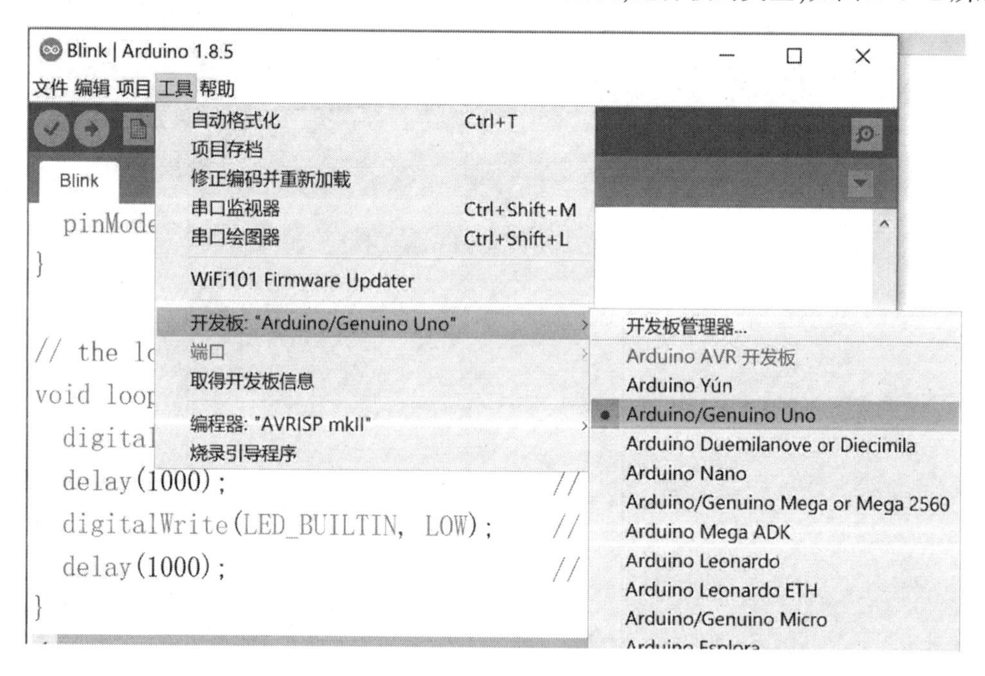

图 2-3-2　选择板的类型

单击“工具→端口:"COM6(Arduino UNO)"”,进行端口选择,如图 2-3-3 所示。

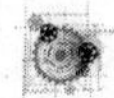

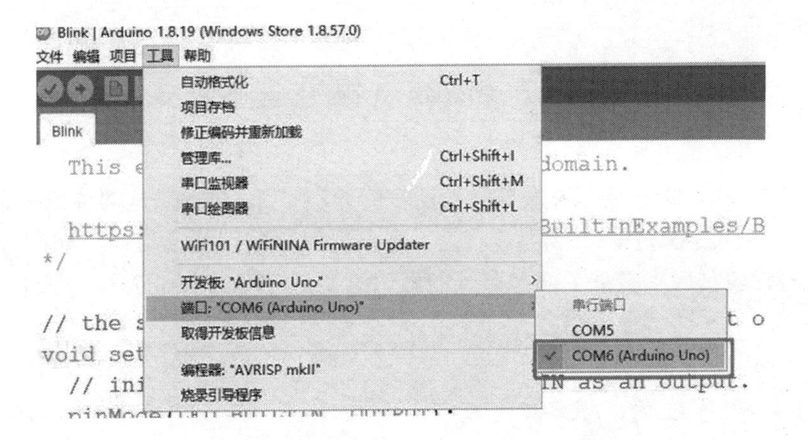

图 2-3-3　端口选择

(4)下载程序。

单击上传按钮下载程序,如图 2-3-4 所示。等待几秒,可以看到板子上 RX 和 TX 指示灯闪烁。

图 2-3-4　下载程序

3. 程序

本实验程序代码如下。

```
void setup() {
  //定义输出引脚
  pinMode(LED_BUILTIN,OUTPUT);
}

// loop 函数循环运行
void loop() {
  digitalWrite(LED_BUILTIN,HIGH);    // LED 引脚设为高电平
  delay(1000);                        //等待 1 s
  digitalWrite(LED_BUILTIN,LOW);     // LED 引脚设为低电平
  delay(1000);                        //等待 1 s
}
```

(4)实验结果

开发板上 L 灯间隔 1 s 闪烁。

2.4 Arduino 编程基础

Arduino 使用 C/C++语言编写程序,虽然 C++兼容 C 语言,但是这两种语言又有所区别。C 语言是一种面向过程的编程语言,C++是一种面向对象的编程语言。早期的 Arduino 核心库使用 C 语言编写,后来引进了面向对象的思想,目前最新的 Arduino 核心库采用 C 与 C++混合编程。

2.4.1 程序结构

学过 C 语言的朋友都知道 C 语言有一个主函数 main( ),那么 Arduino 语言的程序结构是怎样的呢?

打开 Arduino IDE,先选择“文件→示例→01.Basics→BareMinimun”菜单项,打开最小的 Arduino 程序:

```
void setup( )
{
  }
void loop( )
{
  }
```

这段程序中没有出现 main( ) 函数,取代它的是 setup( ) 和 loop( ) 两个函数。这里这两个程序体中没有任何代码,但编译却能通过,说明它已经是一个完整的 Arduino 程序了,用户可以试着删除其中任何一个函数,编译时就会提示出错了。

先以 setup( ) 函数为例说一下函数的结构,setup( ) 前的 void 表示这个函数没有返回值,函数体(即函数的代码)用大括号{}括起来。

setup( ) 函数是做一次性初始化的,通常执行配置 I/O 端口状态和串口初始化等操作,这个函数只在开机或复位后执行一次。如果用户没有任何东西需要设置,只要像上面一样写一个空函数就可以了。

setup( ) 函数执行完后,接下来 Arduino 就会执行 loop( ) 函数中的代码。loop( ) 函数是一个无限循环的函数,函数体中的代码被反复循环执行,即执行完最后一条代码后又回到第一条代码重新往下执行,如此反复。loop( ) 函数可完成程序的主要功能,如各种传感器数据的采集,各种模块设备的驱动等。

2.4.2 常量和变量

在计算机的高级语言中,数据有两种表现形式:常量和变量。

1. 常量

常量是指值不可以改变的量，在 Arduino 中自定义常量包括宏定义#define 和使用关键字 const 来定义。

(1)#define 称为宏定义命令，它也是 C 语言预处理命令的一种，宏定义就是用一个标识符来表示一个字符串，格式为#define 宏名 字符串；

例如：

#defineN 100;//N 为宏名，100 是宏的内容

在后面程序中，用 N 来代表常数 100。

(2)const 限定一个变量不允许被改变，可产生静态作用，格式为

const 数据类型 变量名=常数；

例如：

const float pi=3.14;//定义常量 pi=3.14

当定义 pi=5 时，程序就会报错，因为常量是不可以被赋值的。

下面介绍 Arduino 核心代码中自带的一些常用的常量，以及自定义常量时应该注意的问题。

(1)逻辑常量(布尔常量)：false 和 true。

false 的值为 0，true 通常情况下被定义为 1，但 true 具有更广泛的定义。在布尔含义(BooleanSense)里任何非零整数都定义为 true，所以在布尔含义中-1、2 和-200 都为 true。

(2)数字引脚常量：INPUT 和 OUTPUT。

首先要记住这两个常量必须是大写的。当引脚被配置成 INPUT 时，此引脚就从引脚读取数据；当引脚被配置成 OUTPUT 时，此引脚就向外部电路输出数据。程序中的 pinMode(ledPin，OUTPUT)，表示从 ledPin 代表的引脚向外部电路输出数据。

(3)引脚电压常量：HIGH 和 LOW。

这两个常量也是必须大写的。HIGH 表示的是高电位，LOW 表示的是低电位。例如：digital Write(pin，HIGH)；就是将 pin 这个引脚设置成高电位的。还要注意，当一个引脚通过 pinMode 被设置为 INPUT，并通过 digitalRead 读取(read)时，如果当前引脚的电压大于等于 3 V，微控制器将会返回为 HIGH，引脚的电压小于等于 2 V，微控制器将返回为 LOW。当一个引脚通过 pinMode 配置为 OUTPUT，并通过 digitalWrite 设置为 LOW 时，引脚电压为 0 V，当 digitalWrite 设置为 HIGH 时，引脚的电压应为 5 V。

2. 变量

变量可以在不同的情况下表示不同的量。通过赋值运算可以给变量指定不同的内容：

数据类型 变量名=变量值；

或者为

数据类型 变量名；

变量名：每个变量都必须有一个名字。变量的命名应遵循标识符的命名规则。

变量类型：变量的类型是变量所能存储数据的类型。

变量值：变量在程序运行过程中，占据一定的内存存储单元，用来存放变量的值。

例如：

```
int a;
float  A,C,D;
```

需要注意的是变量一定要先定义，后使用，并且分大小写，变量 a 和变量 A 是两个不同的变量。

(1)命名规则。

变量名要符合命名规则：只能是英文字母大写 A~Z，小写 a~z，数字 0~9 或者下画线“-”组成，需要注意以下几点：

①第一个字母必须是字母或者下画线开头；

②不能使用 Arduino 语言关键字来命名变量，以免冲突；

③变量名区分大小写。

变量名的写法约定为首字母小写，如果是单词组合则中间每个单词的首字母都应该大写，例如 ledPin、ledCount 等，一般把这种拼写方式称为小鹿拼写法(pumpy case)或者骆驼拼写法(camel case)。

(2)变量定义。

变量在使用前需要先对其进行定义或初始化，变量定义的方式如下。

数据类型 变量名；

例如：

```
int  a;
```

(3)变量初始化。

在定义变量的同时用赋值运算符“=”给变量赋初值，称为变量的初始化。

例如：

```
int a=4,b=3;
int x=1,y=1,z=1;
float f=4.56;
```

需要注意的是 int x=y=z=1;这种形式是错误的。

变量赋值具有覆盖性，即一个变量多次赋值后，以最后一次赋值为准。

例如：

```
int a=4,b=5;
a=a+b;
```

那么 a 的最终赋值结果为 9。

(4)变量赋值。

变量在定义或者初始化后可以使用，后期使用时，不需要再定义数据类型，可直接使用赋值的形式，如果前面已经定义或初始化变量 a，后期可直接对 a 进行赋值。

例如：

```
a=8;
```

变量最终的结果是其最后一次赋值的结果。

 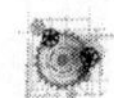

2.4.3　数据类型

在程序设计中,定义变量时必须指定数据类型,其数据类型代表着该数据在存储单元中存储的形式,以及数据存储的长度。表 2-4-1 所示为 Arduino 语言变量类型。

表 2-4-1　Arduino 语言变量类型

类型	存储空间占用(字节)	取值范围	说明
byte	1	0~255	字节型
int	2	-32 768~32 767	整型
unsigned int	2	0~65535	无符号整型
long	4	-2147483648~2147483647	长整型
unsignde long	4	0~4294967295	无符号长整型
boolean	1	取值为 false 和 true	布尔型
char	1	-128~127	字符型
float	4	-3. 4028235E+38~3. 4028235E+38	单精度浮点型
double	8	-3. 4028235E+38~3. 4028235E+38	双精度浮点型

1. 下面对常用的几种数据类型进行介绍

(1)整型。

整型即整数类型,使用方式如下:

int a;

Arduino 控制系统一般分配 2 个字节存储 int 类型数据,Arduino Due 一般分配 4 个字节存储 int 类型数据。

(2)浮点型。

浮点型数据用来表示具有小数点的实数,使用方式如下:

float x,y;//指定变量 x、y 为单精度变量

double z;//指定变量 z 为双精度变量

浮点型数据分为单精度型(float)和双精度型(double),对于单精度类型系统一般分配 4 个字节进行数据存储,双精度型相比于单精度型,扩大了数据范围,系统一般分配 8 个字节进行数据存储。

(3)字符型。

字符型变量用来存放字符常量,使用方式如下:

char c='A ';

注意,变量 c 中存放的是字符 A 的 ASCII 码,char 和 int 型可以进行运算。

例如:

char c='A ';

int b=c+5;

变量 b 的结果为 65+5=70。

(4)布尔型。

布尔值是一种逻辑值,其结果只能为真(true)或者假(false)。false 的值为 0,true 通常情况下被定义为 1,但 true 具有更广泛的定义。在布尔含义(BooleanSense)中任何非零整数都定义为 true,所以在布尔含义中-1、2 和-200 都为 true。

布尔值可以用来计算,最常用的布尔运算符是与运算(&&)、或运算(||)和非运算(!)。

2. 数据类型转换

自动类型转换:在运算时不必用户干预,系统自动进行的类型转换。

强制类型转换:当自动类型转换不能实现目的时,可以用强制类型转换。

例如:

(double)a	将 a 转换成 double 型
(int)(x+y)	将 x+y 的值转换成 int 型
(float)(5%3)	将 5%3 的值转换成 float 型
(int)x+y	只将 x 转换成整型,然后与 y 相加

又如:

```
int a;float x,y;double b;
a=(int)x
```

进行强制类型运算(int)x 后得到一个 int 类型的临时值,它的值等于 x 的整数部分,把它赋给 a,注意 x 的值和类型都未变化,仍为 float 型。该临时值在赋值后就不存在了。

注意:进行强制转换有可能会造成精度的丢失,如将 float 型转为 int 型。

2.4.4 变量的作用域和修饰符

变量的作用域用来限制变量可以被使用的范围,而变量的修饰符用来改变变量的一些特性。

1. 变量的作用域

变量的作用范围与该变量在哪儿声明有关,大致分为如下两种。

(1)全局变量。

在程序开头的声明区或在没有大括号限制的声明区,所声明的变量作用域为整个程序,即整个程序都可以使用这个变量代表的值或范围,不局限于某个括号范围内。

例如:

```
int a=1;
void setup() {
}
void loop() {
}
```

变量 a 在整个程序中都可以使用,初始化函数、主函数或者某个子函数都可以使用,而不局限于某个函数中。

(2)局部变量。

在大括号限制的声明区所声明的变量,其作用域将局限于大括号内。在主程序与各函数中都声明的相同名称的变量,当离开主程序或函数时,该局部变量将自动消失。

例如:

```
void setup() {
int a=1;
}
void loop() {
}
```

变量 a 只能在初始化函数 setup()中使用,离开这个函数时,变量 a 将不能使用。

2. 变量修饰符

在 Arduino 语言中,有 static、volatile 和 const 三个变量修饰符。static 和 const 的作用是修改变量的存储位置以适应不同的需求。

(1)使用 static 修饰的变量被存储在静态区域中,在整个程序的执行过程中都可以被访问。

static 关键字不仅可以用来修饰变量,还可以用来修饰函数。使用 static 关键字修饰的变量称为静态变量。静态变量的存储方式与全局变量一样,都是静态存储方式。静态变量属于静态存储方式,属于静态存储方式的变量却不一定是静态变量。

格式为:static　数据类型 变量名

(2)使用 const 修饰的变量被存储在常量区域中,这种变量的值定义后就不可以再被修改。

(3)volatile 修饰符的实际作用就是防止编译器对它认为不会改变的变量代码进行优化。

volatile 关键字是一种类型修饰符,用它声明的类型变量表示可以被某些编译器未知的因素更改,遇到这个关键字声明的变量,编译器对访问该变量的代码就不再进行优化,从而可以提供对特殊地址的稳定访问,当要求使用 volatile 声明的变量的值时,系统总是重新从它所在的内存读取数据,即使它前面的指令刚刚从该处读取过数据。而且读取的数据立刻被保存,本课程在中断函数中经常用到 volatile 来定义全局变量。

格式为:volatile　数据类型 变量名

2.4.5　运算符和表达式

运算符是一个特定的符号,它告诉计算机执行特定的数学或逻辑运算。在 C 语言中内置了丰富的运算符,包含以下类型。

(1)算术运算符。

(2)关系运算符。

(3)逻辑运算符。

(4)位运算符。

(5)混合运算符。

1. 算术运算符

算术运算符也就是常见的加减乘除、赋值运算和模数运算,下面假设变量 A 的值是 10,变量 B 的值是 20。

(1)赋值运算符“=”,表示将等号右边的值存储在等号左边的变量中,如 A=B。这里注意不能理解为等于符号。

(2)加法运算符“+”表示两个操作数相加。如 A+B,将会得到 30。

(3)减法运算符“-”表示两个操作数相减。如 A-B,将会得到-10。

(4)乘法运算符“*”表示两个操作数相乘。如 A*B,将会得到 200。

(5)除法运算符“/”表示两个操作数相除。如 B/A,将会得到 2。

(6)模数运算符“%”表示求整数除法中的余数。如 B%A,将会得到 0。

例如:

```
void loop () {
int a = 9,b = 4,c;
c = a + b;
c = a - b;
c = a * b;
c = a / b;
c = a % b;
}
```

代码输出:

```
a + b = 13
a - b = 5
a * b = 36
a / b = 2 //不计余数,取整数商;
a % b = 1 //余数是 1;
```

2. 关系运算符

关系运算符在 C 语言中主要起判断作用。同样的,先假设变量 A 的值是 10,变量 B 的值是 20。

(1)等于运算符“==”表示判断两个操作数的值是否相等,如果相等,则条件为真。如 A==B,结果不为真,会返回 false。

(2)不等于运算符“!=”表示判断两个操作数的值是否相等,如果值不相等,则条件为真。如 A!=B,结果为真,会返回 true。

(3)小于运算符“<”表示判断符号左边操作数的值是否小于右边操作数的值,如果是,则条件为真。如 A<B,结果为真,会返回 true。

(4)大于运算符“>”表示判断符号左边操作数的值是否大于右边操作数的值,如果是,则条件为真。如A>B,结果不为真,会返回false。

(5)小于等于运算符“<=”表示判断符号左边操作数的值是否小于或等于右边操作数的值,如果是,则条件为真。如A<=B,结果为真,会返回true。

(6)大于等于运算符“>=”表示判断符号左边操作数的值是否大于或等于右边操作数的值,如果是,则条件为真。如A>=B,结果不为真,会返回false。

例如:

```
void loop () {
int a = 9,b = 4
bool c = false;
if(a == b)
c = true;
else
c = false;
if(a ! = b)
c = true;
else
c = false;
if(a < b)
c = true;
else
c = false;
}
```

输出结果为

```
c = false
c = true
c = false
```

3. 逻辑运算符

同样的,先通过假设变量A的值是10,变量B的值是20。

(1)逻辑与“and”运算符“&&”,如果两个操作数都非零,则条件为真。如A && B,结果为真。

(2)逻辑或“or”运算符“ || ”,如果两个操作数中有一个非零,则条件为真。如:A || B,结果也为真。

(3)逻辑非“not”运算符“ ! ”用于反转操作数的逻辑状态。如果操作数的逻辑状态条件为真,则逻辑非的结果为假。如!(A && B),因为A && B结果为真,则逻辑非结果为假。

例如:

```
void loop () {
```

```
int a = 9,b = 4
bool c = false;
if((a > b)&& (b < a))
c = true;
else
c = false;
if((a == b)|| (b < a))
c = true;
else
c = false;
if( ! (a == b)&& (b < a))
c = true;
else
c = false;
}
输出结果为
c = true
c = true
c = true
```

4. 位运算符

Arduino 中的位运算符包括:按位与(&)、按位或(|)、按位异或(^)、取反(~),它们的运算对象都必须为整数,而且除了取反运算符,其余三种均为双目运算符。当然 Arduino 中还包括左移运算符(<<)和右移运算符(>>)。老惯例,假设变量 A 的值是 60(二进制 0011 1100),变量 B 的值是 13(二进制 0000 1101)。

(1)按位与(&):让参与运算的两个数相对应的二进制位相与。规则:只有对应的两个二进制位都为 1 时,结果位才为 1;只要有一个二进制位为 0,结果位就为 0。如 A&B,A 对应二进制为 0011 1100;B 对应二进制为 0000 1101,结果为 12,对应二进制运算结果为 0000 1100。

(2)按位或(|):让参与运算的两个数相对应的二进制位相或。规则:只有对应的两个二进制位都为 0 时,结果位才为 0;只要有一个二进制位为 1,结果位就为 1。如 A|B 对应的二进制位为 0011 1101,结果为 61。

(3)按位异或(^):让参与运算的两个数相对应的二进制位相异或。规则:当对应的两个二进制位相同(都为 1 或都为 0)时,结果位为 0;当对应的两个二进制位相异时,结果位为 1。如 A^B 对应的二进制位为 00110001,结果为 49。

(4)取反(~):用于求整数的二进制反码。规则:二进制位为 1 的取反后变为 0,二进制位为 0 的取反后变为 1。如~A 对应的二进制位为 1100 0011。

(5)左移运算符(<<):左操作数值由右操作数指定的位数向左移动,左边“抛弃”,右边补 0。如 A << 2 结果为 240,对应的二进制位为 1111 0000。

(6)右移运算符(>>):左操作数值按右操作数指定的位数右移,左边用 0 填充,右边丢弃。如 A >> 2 结果为 15,对应的二进制位为 0000 1111。

例如:

```
void loop () {
int a = 60,b = 13
int c = 0;
c = a & b;
c = a | b;
c = a ^ b;
c = a ~ b;
c = a << b;
c = a >> b;
}
```

输出结果:

```
c = 12
c = 61
c = 49
c = -60
c = 240
c = 15
```

5. 混合运算符

下面用实例来帮助理解,假设变量 A 的值是 10,变量 B 的值是 20。

(1)"++":增量运算符,将整数值增加 1。如 A++,结果为 11。

(2)"-":递减运算符,使整数值减少 1。如 A-,结果为 9。

(3)"+=":将右操作数添加到左操作数并将结果分配给左操作数。如 B += A,等价于 B = B+ A。

(4)"-=":将左操作数减去右操作数并将结果赋给左操作数。如 B -= A 等价于 B = B - A。

(5)"*=":将右操作数与左操作数相乘,并将结果赋给左操作数。如 B *= A 等价于 B = B * A。

(6)"/=":将左操作数与右操作数分开,并将结果分配给左操作数。如 B /= A 等价于 B = B / A。

(7)"%=":对两个操作数取模,并将结果赋给左操作数。如 B %= A 等价于 B = B % A。

注解:

单目运算符:只对一个变量进行操作。如 a++。

双目运算符:对两个变量进行操作。如 a=1;b=3;c=a+b;就是双目运算符。

多目运算符:对三个变量进行操作。如 int a = boolean ? b : c;。

6. 表达式

通过运算符连起来的式子称为表达式。

如a和b为定义的整型变量,则

a+b称为算数表达式;

a>b称为关系表达式。

2.4.6 控制结构

编程语言提供了三种基本的控制结构,有顺序结构、选择结构、循环结构,通过不同的控制结构,可实现程序复杂的执行路径。

1. 顺序结构

顺序结构(图2-4-1)是最基本、最简单的程序组织结构,程序由上而下运行,运行完上条语句再往下运行。

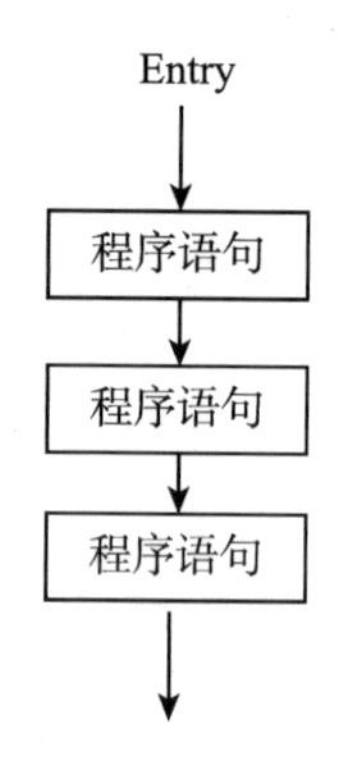

图2-4-1 顺序结构

2. 选择结构

选择结构(图2-4-2)又称为分支结构,其根据条件的不同,进入不同的分支程序。当条件成立时,执行A逻辑;当条件不成立时,执行B逻辑。

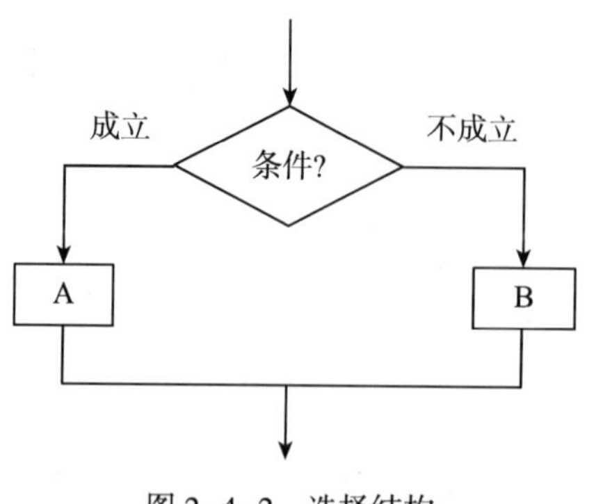

图2-4-2 选择结构

选择结构中主要有两种语句。

(1)if 语句。

if 语句是最常用的选择语句,if 语句表达式如下。

①if 语句单分支结构。

```
if (表达式 )
{
    语句块;
}
```

“表达式”可以是关系表达式、逻辑表达式,甚至是数值表达式,大括号里的语句块可以是一个简单的语句,也可以是一个复合语句,还可以是另一个 if 语句。

当表达式结果为真时,执行括号里语句;当表达式的结果为假时,不执行括号里的语句。

例如:

```
/* 定义全局变量 */
int A = 5;
int B = 9;
void setup () {
}
void loop () {
//判断逻辑条件;
if (A > B) //如果条件为真,则执行以下语句;
A++;
//判断逻辑条件;
if ( ( A < B ) && ( B ! = 0 )) //如果条件为真,则执行以下语句;
{
A += B;
B--;
}
}
```

因为 A=5,B=9,满足第二个执行条件,所以执行第二个 if 语句,结果为 A=14,B=8。

②if 语句双分支结构。if 语句后面可以跟一个可选的 else 语句,else 在条件为 false 时执行。

```
if (表达式) {
    语句块;
}
else {
    语句块;
}
```

if 先判断()内的条件,如果为真,执行{}内的代码;否则将执行 else 语句{}中的代码。

```
/* 定义全局变量 */
```

```
int A = 5;
int B = 9;
void setup () {
}
void loop () {
//判断逻辑条件;
if (A > B) //执行{}内的语句;
{
A++;
}else { //否则,执行 else 语句;
B -= A;
}
}
```

因为 A=5,B=9,不满足 if 执行条件,所以执行 else 语句,执行后 B=4。

if 可以没有 else 单独使用,但如果要用 else,它必须是 if 的一部分。else 绝对不可能脱离 if 而单独使用。

③if 语句多分支结构。if 语句后面可以跟一个可选的 else if …else 语句。这是一个多条件判断语句,相比单 if 语句,在多条件判断时更好用。它的结构如下:

```
if (表达式_1) {
语句块;
}
else if(表达式_2) {
语句块;
}
 ⋮
else {
语句块;
}
```

if…else if…else 比 if…else 复杂一点,if…else if…else 的意思就是:“如果”第一个成立,就执行第一个;“否则如果”第二个成立就执行第二个;“否则”就执行第三个。当使用 if…else if …else 语句时,需要记住以下规则:if 后面可以有多个 else if 语句,但 else if 必须位于 else 之前;只要第一个 else if 语句的条件为真,其余的 else if 或 else 语句都不会被执行。

(2)switch 语句。

从功能上说,switch 语句和 if 语句完全可以相互取代。但从编程的角度,它们又各有各的特点,所以至今为止也不能说谁可以完全取代谁。当嵌套的 if 比较少时(三个以内),用 if 编写程序会比较简洁。但是当选择的分支比较多时,嵌套的 if 语句层数就会很多,导致程序冗长,可读性下降。因此需要用 switch 语句来处理多分支选择。所以 if 和 switch 可以说是分工明确的。switch case 语法结构如下:

```
switch (表达式)
```

```
{
case 常量表达式 1：语句 1
case 常量表达式 2：语句 2
 ⋮
case 常量表达式 n：语句 n
default：语句 n+1
}
```

语法说明：

①switch 后面括号内的“表达式”必须是整数类型。也就是说可以是 int 型变量、char 型变量，也可以直接是整数或字符常量，哪怕是负数都可以。但绝对不可以是实数，float 型变量、double 型变量、小数常量通通不行，全部都是语法错误。

②switch 下的 case 和 default 必须用一对大括号{}括起来。

③当 switch 后面括号内“表达式”的值与某个 case 后面的“常量表达式”的值相等时，就执行此 case 后面的语句。执行完一个 case 后面的语句后，流程控制转移到下一个 case 继续执行。如果只想执行这一个 case 语句，不想执行其他 case，那么就需要在这个 case 语句后面加上 break，跳出 switch 语句。再重申一下：switch 是“选择”语句，不是“循环”语句。很多新手看到 break 就以为是循环语句，因为 break 一般都是跳出“循环”，但 break 还有一个用法，就是跳出 switch。

④若所有的 case 中的“常量表达式”的值都没有与 switch 后面括号内“表达式”的值相等的，就执行 default 后面的语句，default 是“默认”的意思。如果 default 是最后一条语句，那么其后就可以不加 break，因为既然已经是最后一句了，则执行完后自然就退出 switch 了。

⑤每个 case 后面“常量表达式”的值必须互不相同，否则就会出现互相矛盾的现象，而且这样写造成语法错误。

⑥“case 常量表达式”只是起语句标号的作用，并不是在该处进行判断。在执行 switch 语句时，根据 switch 后面表达式的值找到匹配的入口标号，就从此标号开始执行下去，不再进行判断。

⑦各个 case 和 default 的出现次序不影响执行结果。但从阅读的角度最好是按字母或数字的顺序写。

⑧当然也可以不用 default 语句，就与 if…else 最后不用 else 语句一样。但是最好加上，后面可以什么都不写。这样可以避免读者误以为忘了进行 default 处理，而且可以提醒读者 switch 到此结束了。

⑨default 后面可以什么都不写，但是后面的冒号和分号千万不能省略，省略了就是语法错误。

例如：

```
switch (phase) {
case 0: Lo();break;
case 1: Mid();break;
case 2: Hi();break;
default: Message("Invalid state!");
```

}

3. 循环结构

循环结构主要是指重复执行某一部分的操作。当条件成立时，反复执行语句块的内容；当条件不成立时，跳出循环，执行其他操作。

循环结构主要有三类语句：while 循环、do…while 循环和 for 循环。

（1）while 循环。

while 循环的执行顺序非常简单，它是一个顶部驱动的循环，格式是：

```
while（表达式）
{
语句;
}
```

当表达式为真时，则执行下面的语句；while 大括号里是循环体；语句执行完之后再判断表达式是否为真，如果为真，再次执行下面的语句；然后再判断表达式是否为真……就这样一直循环下去，直到表达式为假，跳出循环。这个就是 while 的执行顺序。

（2）do…while 循环。

do…while 是一种底部驱动的循环，结构如下：

```
do {
语句;
}
while（表达式）;
```

在表达式被执行之前，循环体语句首先被执行一次。与 while 和 for 循环不同，do…while 循环会确保循环体语句至少执行一次。如果控制表达式的值为 true，那么另一次循环就会继续；如果是 false，则循环结束。

（3）for 循环。

和 while 一样，for 循环也是一个顶部驱动的循环，但是它包含了更多的循环逻辑，每个 for 循环最多有三个表达式，如下所示：

```
for(表达式 1;表达式 2;表达式 3){
语句
}
```

for 循环结构的执行顺序如图 2-4-3 所示。

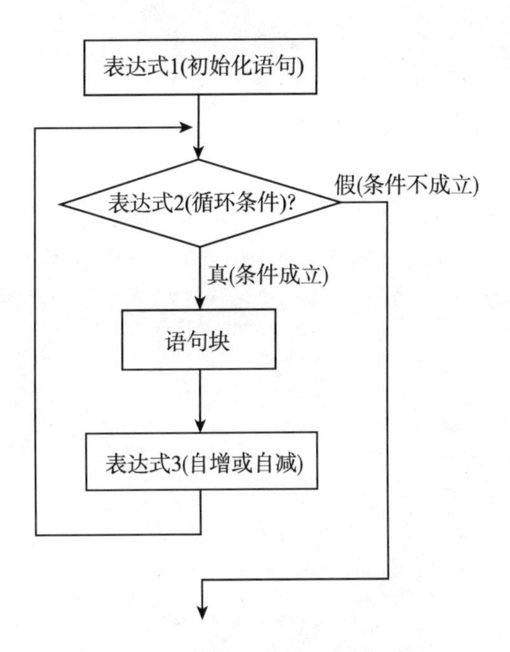

图 2-4-3　for 循环结构的执行顺序

在一个典型的 for 循环中，在循环体顶部，先后执行下述动作。

①表达式 1：初始化，只执行一次。在计算表达式 2 之前，先计算一次表达式 1，以进行必要的初始化，后面不再计算。

②表达式 2：控制表达式，每轮循环前都要计算控制表达式，以判断是否需要继续本轮循环。当控制表达式的结果为 false 时，结束循环。

③表达式 3：调节器，指计数器的自增或自减，在每轮循环结束后且表达式 2 计算前执行，即先运行调节器，再执行表达式 2，以此进行循环判断。

例如：

```
for( counter = 2;counter <= 9;counter++) {
//语句将被执行 10 次
}
```

(4)嵌套循环。

C 语言允许在一个循环中使用另一个循环。下面的例子说明了这个概念。

```
for (初始化;控制表达式;调节器增量或减量 ) {
//语句块
for (初始化;控制表达式;调节器增量或减量 ) {
//语句块
}
}
```

实际运用：

```
for( counter = 0;counter <= 9;counter++) {
//语句块将执行 10 次
for(i = 0;i <= 99;i++) {
```

```
    //语句块将执行 100 次
    }
    }
```

(5)无限循环。

无限循环也称为死循环,它是一个没有终止条件的循环,所以这个循环会无限地执行下去,语法如下。

①for 循环-无限循环。

```
for (;;) {
//语句块
}
```

②while 循环-无限循环。

```
while(1) {
//语句块
}
```

③do…while 循环-无限循环。

```
do {
语句块;
}
while(1);
```

也就是说,在 for 循环中如果设置初始化、控制表达式和调节器,它将进入无限循环;在 while 循环和 do…while 循环中,如果判断表达式不为 false,它也将无限循环下去。

(6)循环控制语句。

循环结构中都有一个表达式用于判断是否进入循环。通常情况下,当该表达式的结果为 false(假)时会结束循环。但有时却需要提前结束循环,或是已经达到了一定条件,可以跳过本次循环,此时可以使用循环控制语句 break 和 continue 实现。

①break 语句。

作用:使流程跳到循环体之外,接着执行循环体下面的语句。

注意:break 语句只能用于循环语句和 switch 语句之中,不能单独使用。

例如:

```
while(表达式 1)
{
语句 1
if(表达式 2) break;
语句 2
}
```

当图 2-4-4 所示表达式 1 成立时,会一直执行循环体里的语句,这时若表达式 2 不成立,则会继续执行循环体,若表达式 2 成立,则直接跳出 while 循环,执行 while 循环的下一条语句。

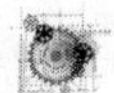

②continue。

作用:结束本次循环,即跳过循环体中下面尚未执行的语句,然后进行下一次是否执行循环的判定。

例如:

```
while(表达式 1)
{
语句 1
if(表达式 2) continue;
语句 2
}
```

当图 2-4-5 所示表达式 1 成立时,会一直执行循环体里的语句,这时若表达式 2 不成立,则会继续执行循环体,若表达式 2 成立,则跳过本次的 while 循环,即不执行语句 2,再次回到 while 循环的判断条件,若条件成立,会继续执行 while 循环。

continue 语句只结束本次循环,而非终止整个循环。break 语句结束整个循环,不再判断执行循环的条件是否成立。

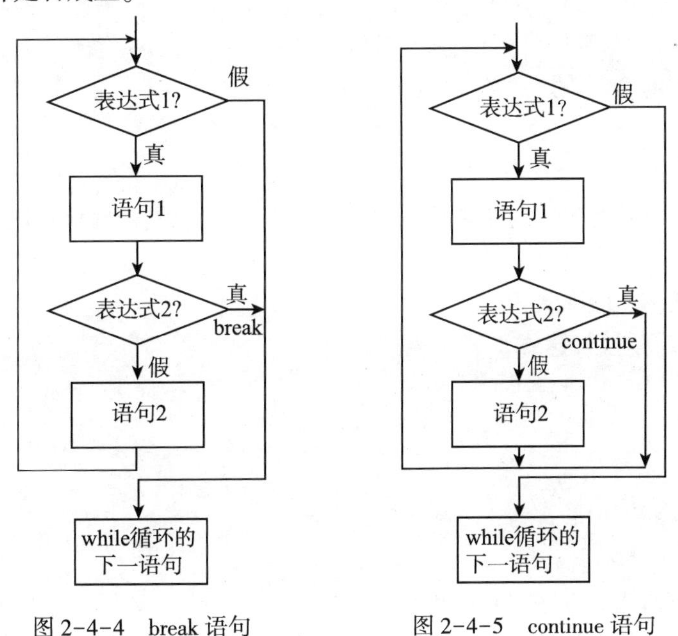

图 2-4-4　break 语句　　　　图 2-4-5　continue 语句

2.4.7　数组

数组是有序的元素序列,是相同数据类型的数据按一定顺序排列的集合,可以用相同的名字来代表,然后用编号区分不同的元素,这个名字称为数组名,编号称为下标。用了数组以后,可以有效地处理大批量的数据,提高程序的效率,使程序变得简洁、清晰。

1. 一维数组

一维数组是数组中最简单的,它的元素只要数组名加一个下标就能唯一地确定。要在

程序中使用数组,必须先进行定义。一维数组定义的一般形式为

类型　数组名[常量表达式];

方括号内的常量表达式用来表示元素的个数,即数组长度。

例如:

int a[10];

这是一个整数型的数组,数组名为 a,a 数组有 10 个元素,这 10 个元素是:a[0]、a[1]、a[2]、a[3]、a[4]、a[5]、a[6]、a[7]、a[8]、a[9]。注意数组下标从 0 开始,到 9 结束,没有元素 a[10]。

在定义数组时就可以对全体数组元素赋初值。

例如:

int a[10]={1,2,3,4,5,6,7,8,9,10};

数组中各元素的初值按顺序放在大括号内,数据间用逗号分隔,经上述初始化后,a[0]=1,a[1]=2,a[2]=3,a[3]=4,a[4]=5,a[5]=6,a[6]=7,a[7]=8,a[8]=9,a [9]=10。

数组的常量表达式也可以省略不写,如上述可写成:

int a[ ]={1,2,3,4,5,6,7,8,9,10};

在这种写法中,大括号中有 10 个数,虽然没有在方括号中指定数组的长度,但是系统会根据大括号内数据的个数确定数组 a 中有 10 个元素。

2. 二维数组

具有两个下标的数组称为二维数组。有些问题用一维数组处理比较困难,这时就要用到二维数组。

二维数组定义的一般形式为

类型符数组名[常量表达式][常量表达式];

例如:

int a[3][4];

定义 a 为 3×4(3 行 4 列)的数组。

二维数组元素的表达形式为

数组名[下标][下标]

给二维数组赋初值的方法主要有两种。

(1)按行给二维数组赋初值。

例如:

int a[3][4]={{1,2,3,4},{5,6,7,8},{9,10,11,12}};

(2)将所有数据写在一个大括号内,按数组排列的顺序赋初值。

例如:

int a[3][4]_{1,2,3,4,5,6,7,8,9,10,11,12};

经上述初始化后,各个元素的值分别为 a[0][0]=1,a[0][1]=2,a[0][2]=3,a[0][3]=4,a[1][0]=5,a[1][1]=6,a[1][2]=7,a[1][3]=8,a[2][0]=9,a[2][1]=10,a[2][2]=11,a[2][3]=12。注意数组 a[3][4]行下标的取值范围是 0~2,列下标的取值范围是 0~3。

 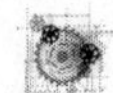

3. 字符数组

用于存放字符数据的数组称为字符数组。字符数组是数据类型为 char 的数组。

一维字符数组定义的一般形式为

char 变量名[常量表达式];

例如:

char s[10];

定义一个一维字符数组 s,其中可以存放字符的数量为 10,如果是字符串,则其最大的长度为 9,这是由于字符串以'\0'结束。

二维字符数组定义的一般形式为

char 变量名[常量表达式][常量表达式];

例如:

char c[5][10];

定义一个二维字符数组 c 用于存储 5 个字符串,它们的最大长度为 9。

字符数组初始化有两种方式。

(1)用字符常量初始化数组。

例如:

char c[6]={'h','e','l','l','o','\0'};

或

char c[]={'h','e','l','l','o','\0'};

这时字符数组 c 的长度自动定为 6。

(2)用字符串的方式对数组做初始化赋值。

例如:

char c[]={"hello"};

或

char c[]="hello";

二维字符数组可以存放多个字符串。

例如:

char s[3][6]={"zhang","zhao","li"};

2.4.8　string 字符串

字符串的定义方式有两种,一种是以字符型数组方式定义,另一种是使用 string 类型定义。

以字符型数组方式定义的语句为

char 字符串名称[字符个数];

使用字符型数组方式定义的字符串,其使用方法与数组的使用方法一致,有多少个字符便占用多少字节的存储空间。

而在大多数情况下是使用 string 类型来定义字符串的,该类型提供了一些操作字符串的

成员函数,使得字符串使用起来更为灵活。定义语句是:

string 字符串名称

例如:

String abc;

即可定义一个名为 abc 的字符串。可以在定义字符串时为其赋值,也可以在定义以后为其赋值。

例如:

```
string abc;
abc = "Arduino";//注意使用
```

又如:

```
string abc = "Arduino";
```

两个语句是等效的。相较于数组形式的定义方法,使用 string 类型定义字符串会占用更多的存储空间。

2.4.9 函数

Arduino 中使用函数可以将程序整合成代码段的形式来执行。什么情况下需要使用函数呢?当程序中需要多次执行相同的操作时,这些相同的操作就可以整合成函数。使用函数的优点如下:

(1)函数能帮助程序员更好地组织代码,也有助于提升程序的可读性。

(2)函数将一系列代码统一到一起,更利于调试。

(3)需要更改代码时,函数可以减少因修改代码而导致程序出错的可能。

(4)函数可以多次重复利用,使代码更紧凑更简洁。

1. 函数定义

定义函数最常用的语法如下。

Arduino 程序中需要两个函数,即 setup()和 loop()。当创建其他函数时,必须在这两个函数的括号之外进行创建。定义函数最常用的语法如下:

```
类型  名称(参数说明)  //函数头
{
    /*声明、语句*/     //函数块
}
```

函数包含了函数头和函数块,函数头又由类型、名称、参数说明组成;函数块包含声明和语句。

2. 函数声明

在 Arduino 中,可以用两种不同方式来声明函数,第一种方式要把函数头和函数体写到 loop()函数之前,示例如下:

```
int sum_func (int x,int y) //函数声明
```

 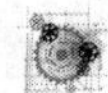

```
{
int z = 0;
z = x+y;
return z;//返回值
}
void setup () {
语句 // 语句块
}
void loop () {
int result = 0;
result = sum_func (5,6);//函数调用
}
```

在这里将 sum_func( ) 函数写到了 loop( ) 函数之前，参数声明中声明 x 和 y 为整型，函数体{ } 中声明了 sum_func( ) 函数的执行方法。在 loop( ) 函数中进行函数调用时，对 x 和 y 进行赋值。采用这种方法时，参数声明中必须要写参数名称，即 x 和 y。

第二种方式是将函数原型写到 loop( ) 函数之前，参数声明中不需要写参数名称，不写函数体，并以“;”结束。然后在 loop( ) 函数内对函数进行调用，并定义参数值，最后在 loop( ) 函数后再写出包含参数名称的函数头和函数体，示例如下：

```
int sum_func (int,int );//函数原型
void setup () {
语句 // 语句块
}
void loop () {
int result = 0;
result = sum_func (5,6);//函数调用
}
int sum_func (int x,int y) //函数定义
{
int z = 0;
z = x+y;
return z;//返回值
}
```

3. Arduino 常用函数介绍

(1)时间函数。

Arduino 中包含四种时间操作函数，分别是 delay( )、delayMicroseconds( )、millis ( ) 和 micros( )，它们可以分为两个大类，一类以毫秒为单位进行操作，另一类以微秒为单位进行操作。

①delay( )函数。

delay( )函数的工作方式非常简单。它接受单个整型数字参数,这个参数表示一个以毫秒为单位的时间,从字面意思理解就是延迟时间函数。程序执行中遇到这个函数时,等待设定的时间后,进入下一行代码。但是 delay( )函数并不是让程序执行等待的唯一方法,它也被称为“阻塞”函数。

delay( )函数格式如下:

```
delay (ms);
```

ms 是以毫秒为单位无符号长整型数。来看一下 LED 闪烁的例子:

```
/ * 闪烁 LED
  *
  * 每间隔 1 s 打开和关闭一个连接到数字引脚的 LED
  *
  * /
int ledPin = 13;// LED 连接到数字引脚 13
void setup( ) {
pinMode(ledPin,OUTPUT);//设置引脚为输出
}
void loop( ) {
digitalWrite(ledPin,HIGH);//打开 LED
delay(1000);//等待 1 000 ms
digitalWrite(ledPin,LOW);//关闭 LED
delay(1000);//等待 1 000 ms
}
```

②delayMicroseconds( )函数。

delayMicroseconds( )函数的作用是接受一个以微秒为单位的整型数字参数,执行等待。一毫秒等于一千微秒,一秒钟等于一百万微秒。相比 delay( )函数它的单位更小,也就是说可以更精确地执行控制。目前,delayMicroseconds( ) 函数能够支持的最大值是 16 383,这个值可能会在未来 Arduino 版本中发生变化。因此可以看到对于延迟时间超过几千微秒的情况,使用 delay( )函数似乎更简单一些。

delayMicroseconds( )函数格式如下:

```
delayMicroseconds (us);
```

③millis ( ) 函数。

millis( )函数可以用来获取 Arduino 运行程序的时间长度,该时间长度单位是毫秒,Arduino 最长可记录 50 天。如果超出记录时间上限,记录将从 0 重新开始。

millis( )函数格式如下:

```
millis ( );
```

获取 Arduino 开机后运行的时间长度,此时间数值以毫秒为单位(返回值类型:无符号长整型数)。看下面的例子:

```
unsigned long time;
```

 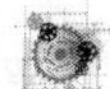

```
void setup() {
Serial.begin(9600);
}
void loop() {
Serial.print("Time:");time = millis();
//串口监视器显示程序运行的时间长度,毫秒读数
Serial.println(time);
//为避免连续发送数据,设置等待 1 000 ms
delay(1000);
}
```

④micros()函数。

micros()函数的作用是获取 Arduino 运行程序的时间长度,该时间长度单位是微秒。最长记录时间大约 70 min,溢出后回到 0。在主频 16 MHz 的 Arduino 板上,如 Due 和 Nano,这个函数的分辨率为 4 μs(即返回的值总是 4 的倍数)。在主频 8 MHz 的 Arduino 板上,这个函数的分辨率为 8 μs。

micros()函数格式如下:

micros ();

(2)串口函数。

Seriale 用来处理 Arduino 主控板与计算机或其他设备之间的通信。各种类型的 Arduino 主控板都至少有一个串口通信对象 Serial,它通过数字引脚 0(RX)、1(TX)与计算机 USB 端口连接通信。

在后续章节中会讲解串口通信,为调试方便,这边先讲解串口通信相关函数的使用。

①Serial.begin()函数。

功能:设置串口通信波特率。

波特率用来描述数据的传输速率。波特率即每秒钟传送二进制位数,单位为 bit/s。国际上规定一个标准波特率系列:110 bit/s、300 bit/s、600 bit/s、1 200 bit/s、1 800 bit/s、2 400 bit/s、4 800 bit/s、115 200 bit/s、14.4 kbit/s

语法:Serial.begin(speed)

参数:speed,波特率。

②Serial.print()函数。

功能:将数据输出到串口。数据会以 ASCII 码形式输出。如果想以字节形式输出数据,则需要使用 write()函数。

语法:Serial.print(val)

参数:val,需要输出的数据。

③Serial.println()函数。

功能:将数据输出到串口,并回车换行。数据会以 ASCII 码形式输出。

语法:Serial.println(val)

参数:val,需要输出的数据。

④Serial. read( ) 函数。

功能：从串口读取数据。与 peek( ) 函数不同，read( ) 函数每读取 1 个字节的数据，就会从接收缓冲区移除 1 个字节的数据。

语法：Serial. read( ) 函数

返回值：进入串口缓冲区的第 1 个字节；如果没有可读数据，则返回-1。

⑤Serial. write( ) 函数。

功能：输出数据到串口。以字节形式输出到串口。

语法：Serial. write(val)

参数：val，发送的数据。

返回值：输出的字节数。

第 3 章　I/O 口应用篇

本章主要介绍数字量 I/O 及模拟量 I/O 的操作和控制，结合传感器及常用函数的介绍，可以开发出更加丰富的应用功能。

3.1　数字接口

3.1.1　数字引脚的设置

数字信号是指信号幅度的取值是离散信号，是用 1、0 两种信号传送信息的，在计算机中数字信号可以用二进制数来表示。单片机电路中用 1 表示高电平，用 0 表示低电平，如图 3-1-1 所示。输入和输出只有这两种状态的端口称为数字 I/O 口。Arduino 控制器上 0~13 是数字 I/O 口。另外模拟输入引脚 A0~A5 也可以做数字 I/O 口用。

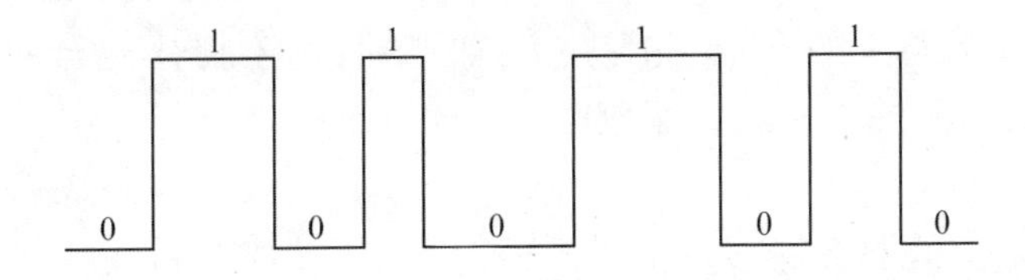

图 3-1-1　高低电平表示方法

1. 数字 I/O 函数库

Arduino 数字 I/O 函数包括 pinMode()、digitalWrite()、digitalRead()三个函数。在第 2 章中点亮小灯的实验中已经见过这几个函数，下面详细地介绍这些函数的使用。

(1) pinMode()函数。

功能：将指定的引脚配置成输入或输出模式。

语法：pinMode(pin,mode)

参数：

pin：指定配置引脚的编号。

mode：INPUT、OUTPUT、INPUT_PULLUP。

INPUT 是输入模式,OUTPUT 是输出模式。当将引脚设置成输入模式时,引脚基本处于悬浮状态,输入阻抗非常大,致使其输入状态是漂浮不定的,有可能是 1,也有可能是 0,因此往往要对电源(上拉)或对地(下拉)接一只电阻以决定它的初始状态。在单片机端口的内部也有一个上拉电阻,只是这个电阻平时并没有接入,这个电阻大小约 40 kΩ,在 pinMode()函数中选择输入上拉模式 IN-PUT_PULLUP 就可以通过内部的电子开关将这一电阻接入,这样外面的上拉电阻就可以省略了。

(2)digitalWrite()函数。

功能:设置指定的引脚输出高电平或低电平。

语法:digitalWrite(pin,value)

参数:

pin:指定设置的输出引脚编号。

value:输出的电平,HIGH(高电平)或 LOW(低电平)。

digitalWrite()函数使用前必须先用 pinMode()函数将对应引脚设置为输出引脚。

(3)digitalRead()函数。

功能:读取指定的输入引脚的电平,HIGH 或 LOW。

语法:digitalRead(pin)

参数:

pin:指定设置的输入引脚编号。

返回值:当指定输入引脚为低电平时,返回值为 LOW,当指定输入引脚为高电平时,返回值为 HIGH。

digitalRead()函数使用前必须先用 pinMode()函数将对应引脚设置为输入引脚。

digitalRead()函数通常配合 if 语句使用,例如判断 2 号引脚对地接的开关有没有按下时可用语句 if(digitalRead(2)= =LOW)来判断。

3.1.2 实验:花样流水灯

(1)材料:Arduino UNO 开发板、LED 各色小灯。

(2)硬件电路图如图 3-1-2 所示。

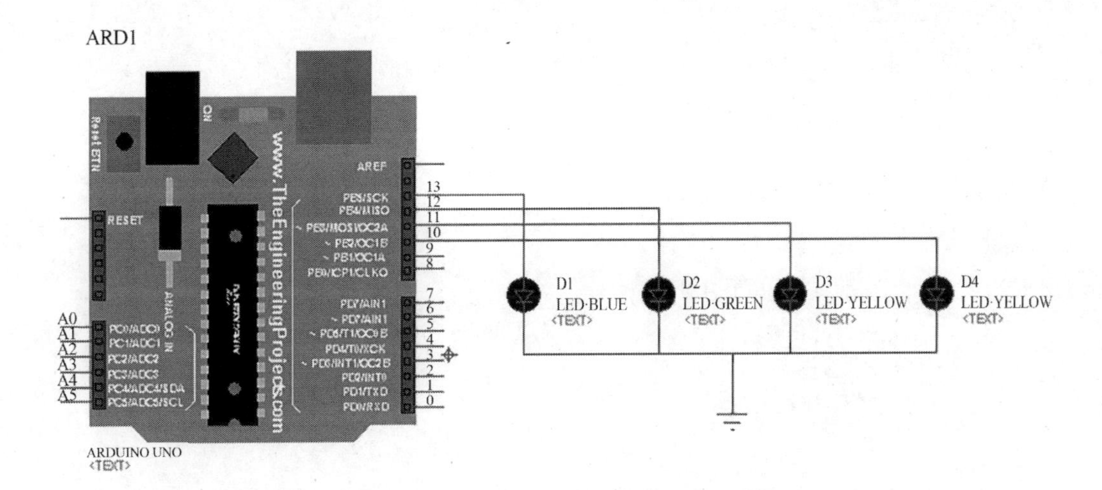

图 3-1-2　硬件电路图

(3)程序如下。

```
void setup( ) {
    /＊设置 10~13 口为输出 I/O 口＊/
    for( int i=10;i<=13;i++)
      {
        pinMode( i,OUTPUT) ;
      }
}
void loop( ) {
    /＊LED 灯全亮,等待 1 s 后,再全灭,等待 1 s,如此循环 10 次＊/
    for( int j=1;j<=10;j++)
      {
        for( int a=10;a<=13;a++)
          {
            digitalWrite( a,HIGH) ;//点亮 LED
          }
        delay( 1000) ;   //延迟函数,延迟 1 s
        for( int a=10;a<=13;a++)
          {
            digitalWrite( a,LOW) ;//熄灭 LED
          }
        delay( 1000) ;
    }
```

/＊LED 灯点亮等待 0.5 s 后熄灭,等待 0.5 s,再点亮下一盏 LED 灯,四盏灯全部点亮熄灭为一个循环,共循环 5 次＊/

```
    for(int j=1;j<=5;j++)
      {
        for(int b=10;b<=13;b++)
          {
            digitalWrite(b,HIGH);
            delay(500);
            digitalWrite(b,LOW);
            delay(500);
          }
      }
}
```

(4)实验结果。

运行程序后,可看到流水灯的效果,通过不同的控制可实现不同的点亮 LED 的方式。小灯全部被点亮状态如图 3-1-3 所示。

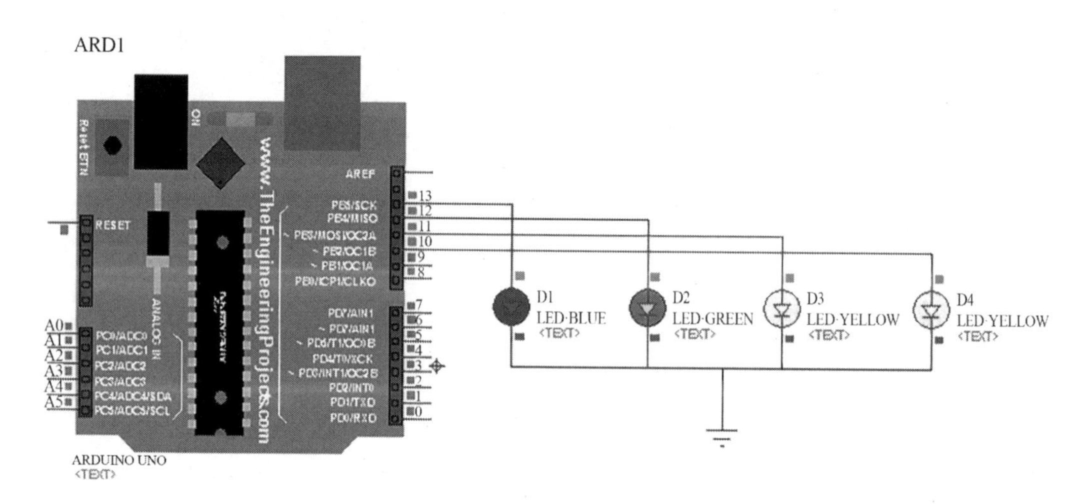

图 3-1-3　小灯全部被点亮状态

3.2 调音函数

3.2.1 调音函数库

调音函数有两个:tone()和 noTone()。

(1)tone()函数。

功能:可以在指定引脚输出音调。

语法:

tone(pin,frequency)

tone(pin,frequency,duration)

参数:

pin:在该引脚输出音调。

frequency:输出音调的频率,最低频率为31 Hz。数据类型为unsigned int。

duration:输出音调的持续时间,单位为毫秒,数据类型为unsigned long。如果没有duration参数,Arduino将持续输出音调,直到重新用tone()函数改变参数或者使用noTone()函数停止发声。

返回值:无。

注意:使用tone()函数会干扰3号引脚和11号引脚的PWM输出(Arduino Mega除外)。同一时间只能有一个引脚使用tone()函数。

(2)noTone()函数。

功能:停止指定引脚上的音调输出。

语法:noTone(pin)

参数:

pin:在该引脚停止产生音调。

返回值:无。

如果在调用tone()函数的过程中不指定持续时间(duration),那么tone()函数会一直持续执行,直到程序调用noTone()函数为止。noTone()函数用来停止tone()函数产生的方波。

3.2.2 蜂鸣器和按键的使用

1. 蜂鸣器

蜂鸣器是通过给压电材料供电来发出声音的。压电材料可以随电压和频率的不同产生机械变形,从而产生不同频率的声音。蜂鸣器可分为有源蜂鸣器和无源蜂鸣器两种。

有源蜂鸣器内部集成有振荡源,因此只要为其提供直流电源就可以发声。对应的无源蜂鸣器由于没有集成振荡源,因此需要接在音频输出电路中才可以发声。Arduino语言提供了前面介绍的tone()函数来驱动无源蜂鸣器。

无源蜂鸣器模块是一种一体化结构的电子讯响器,采用直流电压供电,广泛应用于计算机、报警器和电子玩具等电子设备中。

如果使用的是模块(图3-2-1),则可直接连接到扩展板;如果使用的是独立扬声器或者蜂鸣器,则只需在其正极与Arduino数字引脚之间连接一个100 Ω的限流电阻即可。

图3-2-1 无源蜂鸣器模块

2. 按键

按键如图3-2-2所示,按键在同一个纵方向上本就是连通的,按下后相邻引脚连通。

将按键开关连接到电路中有两种模式，一种是配下拉电阻(图 3-2-3)，按键两引脚一端接 5 V，一端接数字引脚(此引脚需设置为输入模式)，并连接下拉电阻至 GND。这种接法未按下按键时 9 号引脚读出为 0(低电平)，按下按键时读出为 1(高电平)。

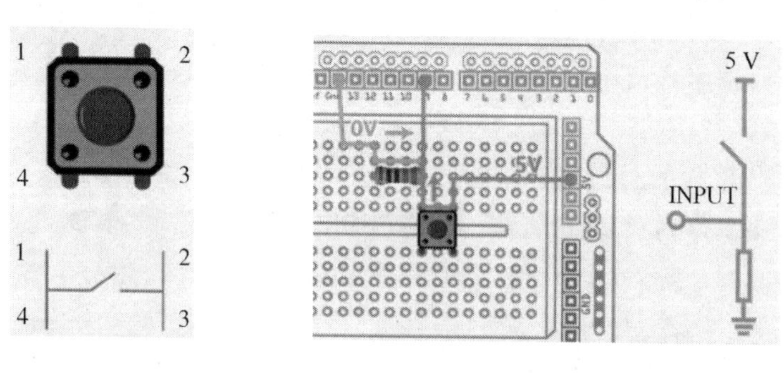

图 3-2-2　按键

图 3-2-3　按键配下拉电阻方式

另一种则是输入上拉模式，一端连数字引脚(此引脚需设置为 INPUT_PULLUP 模式)，另一端接地，这种模式下，按键开关未按下时数字引脚读出为 1(高电平)，按下时读出为 0(低电平)。

3.2.3　实验：电子琴的设计

本实验实现的功能为通过按键控制蜂鸣器发出不同音节的声音，实现电子琴的功能。声音是由物体振动产生的，只是由于物体的材料以及振幅、频率不同，因此产生不同的声音。声音的响度是由振幅决定的，而声调则是由频率决定的，那么只需要控制物体振动的频率，就可以发出固定的声调。表 3-2-1 所示为音乐中各个乐音的频率。

表 3-2-1　音乐中各个乐音的频率

音阶	1(Do)	2(Re)	3(Mi)	4(Fa)	5(Sol)	6(La)	7(Si)
频率/Hz	262	294	330	349	392	440	494

(1)材料：Arduino 开发板、蜂鸣器、电阻、开关。

(2)电子琴硬件电路图如图 3-2-4 所示。

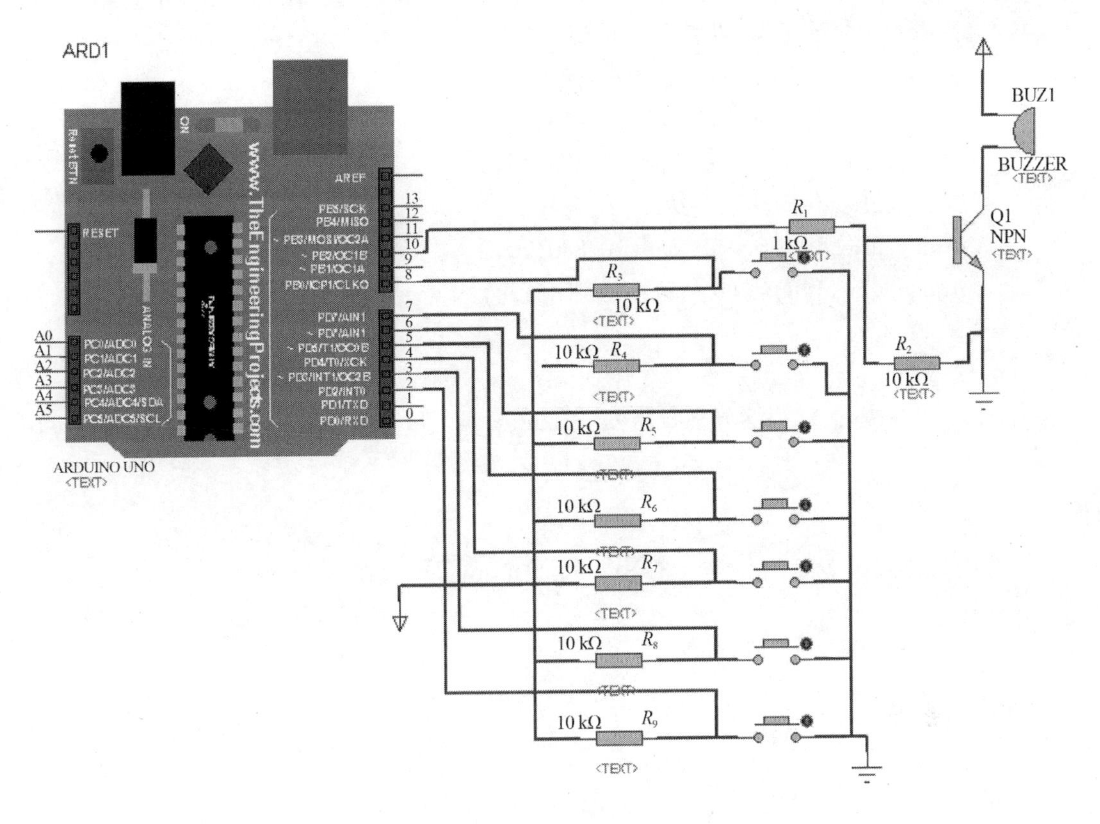

图 3-2-4　电子琴硬件电路图

(3)程序如下。

```
void setup()
{
    /*将 2~9 号引脚置为输入状态,以读取按键开关反馈的值*/
    pinMode(2,INPUT);//do
    pinMode(3,INPUT);//re
    pinMode(4,INPUT);//mi
    pinMode(5,INPUT);//fa
    pinMode(6,INPUT);//sol
    pinMode(7,INPUT);//la
    pinMode(8,INPUT);//si
    /*将 10 号引脚置为输出状态,向蜂鸣器输出信号*/
    pinMode(10,OUTPUT);
}
void loop()
{
    /*根据开关是否按下发出不同音调*/
```

if(digitalRead(2)= =0) tone(10,523,20);//如果 2 号引脚电压值为真(按下了对应键),就让无源音箱基于 10 号引脚输出 523 Hz 20 ms

```
    if(digitalRead(3)= =0) tone(10,587,20);
    if(digitalRead(4)= =0) tone(10,659,20);
    if(digitalRead(5)= =0) tone(10,698,20);
    if(digitalRead(6)= =0) tone(10,784,20);
    if(digitalRead(7)= =0) tone(10,880,20);
    if(digitalRead(8)= =0) tone(10,1046,20);
}
```

(4)实验结果。

按下不同的按键,蜂鸣器分别发出 do、re、mi、fa、sol、la、si 的声音,根据乐谱可演奏不同的曲子。

3.3 中断函数

3.3.1 中断

中断在人们的日常生活中非常常见,图 3-3-1 所示为中断的概念。

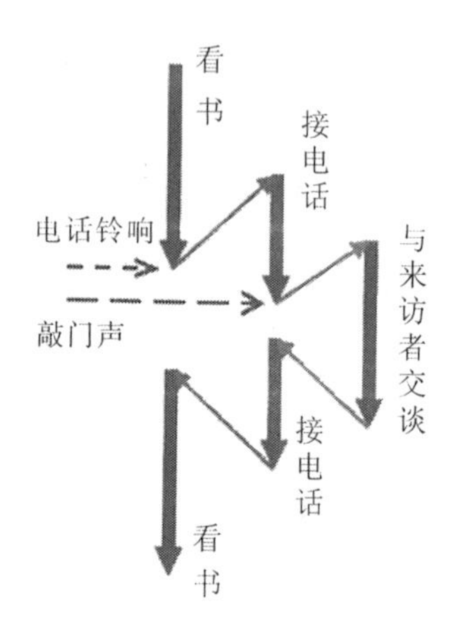

图 3-3-1 中断的概念

你在看书,电话铃响,于是你在书上做上记号,去接电话,与对方通话;门铃响了,有人敲门,你让打电话的对方稍等一下,你去开门,在门旁与来访者交谈,谈话结束,关好门;回到电话机旁,继续通话,接完电话后再回来从做记号的地方接着看书。

同样的道理,在单片机中也存在中断的概念。在计算机或者单片机中,中断是由于某个随机事件的发生,CPU 暂停原程序的运行,转去执行另一程序(随机事件),处理完毕后又自动返回原程序继续运行的过程,为管理众多的中断请求,需要按每个中断处理的紧急程度,对中断进行分级管理,这里称为中断优先级。在有多个中断请求时,总是相应处理优先级高的设备的中断请求。

在计算机中,中断包括如下几部分。

①中断源。引起中断的原因,或能发生中断申请的来源。

②主程序。计算机现行运行的程序。

③中断服务子程序。处理突发事件的程序。

Arduino 中的中断可以分为两类:外部中断和定时中断。

3.3.2 定时中断

1. 定时中断概念

主程序在运行的过程中过一段时间就执行一次中断服务程序,不需要中断源的中断请求触发,而是自动执行。在设计程序时,经常需要周期性地完成一些固定的任务,而用延时等待定时又占用程序时间,因为各种状况程序执行时间不是一定的,所以需要采用定时中断方式,优点是不占用 CPU 执行时间,完成周期性任务。

可以根据实际情况来确定使用什么样的中断。

Arduino 已经写好了定时中断的库函数,类库名为 MsTimer2,可以直接使用。

2. 定时中断函数

(1) MsTimer2::set() 函数。

功能:设置定时中断。

语法:MsTimer2::set(unsigned long ms,void(*f)0)

参数:

ms:以毫秒为单位的定时时间,即定时中断的时间间隔,unsigned long 类型。

void(*f)0:定时中断服务程序的函数名。

返回值:无。

(2) MsTimer2::start() 函数。

功能:定时开始。

语法:MsTimer2::start()

参数:无。

返回值:无。

(3) MsTimer2::stop() 函数。

功能:定时结束。

语法:MsTimer2::stop()

参数:无。

返回值:无。

3.3.3 外部中断

1. 外部中断概念

一般是指由外部设备发出的中断请求，即中断源在外部，如键盘中断、打印机中断等。外部中断需要外部中断源发出中断请求。

中断结构如图 3-3-2 所示，中断程序可以看作是一段独立于主程序之外的程序，当中断被触发时，控制器会暂停当前正在运行的主程序，而跳转去运行中断程序；当中断程序运行完后，会再回到之前主程序暂停的位置，继续运行主程序。如此便可收到实时响应处理事件的效果。

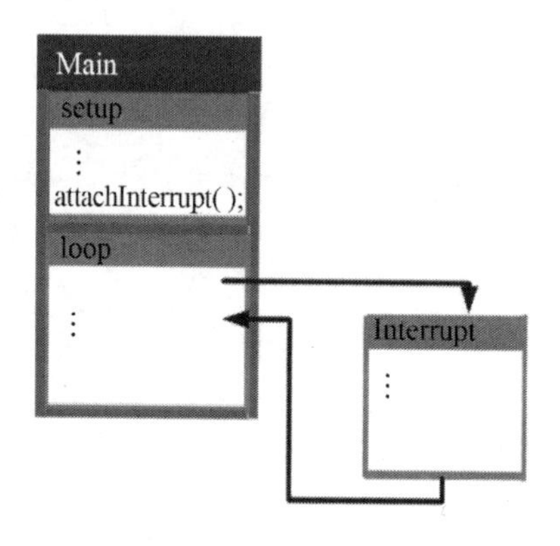

图 3-3-2　中断结构

2. 外部中断的使用

外部中断是由外部设备发起请求的中断。要想使用外部中断，就需了解中断引脚的位置，根据外部设备选择中断模式，以及编写一个中断被触发后需执行的中断函数。

(1) 中断引脚与中断编号。

在不同型号的 Arduino 控制器上，中断引脚的位置也不相同，只有中断信号发生在带有外部中断功能的引脚上，Arduino 才能捕获到该中断信号并做出响应，表 3-3-1 列举了 Arduino 常见型号控制器的中断引脚所对应的外部中断编号。

表 3-3-1　Arduino 常见型号控制器的中断引脚所对应的外部中断编号

Arduino 型号	int0	int1	int2	int3	Int4	Int5
UNO	2	3	–	–	–	–
Mega	2	3	21	20	19	18
Leonardo	3	2	0	1	–	–
Due	所有引脚均可使用外部中断					

(2) 中断模式。

为了设置中断模式，还需要了解设备触发外部中断的输入信号类型。中断模式也就是中断触发的方式。在大多数 Arduino 上支持表 3-3-2 中的 4 种中断触发模式。

表 3-3-2　可用的中断触发模式

模式名称	说明
LOW	低电平触发
CHANGE	电平变化触发,即高电平变低电平、低电平变高电平
RISING	上升沿触发,即低电平变高电平
FALLING	下降沿触发,即高电平变低电平

3. 外部中断函数

除了设置中断模式外,还需要编写一个响应中断的处理程序——中断函数,当中断被触发后,便可以让 Arduino 运行该中断函数。中断函数就是当中断被触发后要去执行的函数,该函数不能带有任何参数,且返回类型为空。

例如:

```
void Hello()
    {
        Serial.println("hello ");
    }
```

当中断被触发后,Arduino 便会执行该函数中的语句。

这些准备工作完成后,还需要在 setup()函数中使用 attachInterrupt()函数对中断引脚进行初始化配置,以开启 Arduino 的外部中断功能,其用法如下:

(1)attachInterrupt(interrupt,function,mode)函数。

功能:对中断引脚进行初始化配置。

参数:

interrupt:中断编号。注意,这里的中断编号并不是引脚编号。

function:中断函数名,当中断被触发后即会运行此函数名称所代表的中断函数。

mode:中断模式。

例如:

```
attachInterrupt(0,Hello,FALLING);
```

如果使用的是 Arduino UNO 控制器,则该语句即会开启 2 号引脚(中断编号 0)上的外部中断功能,并指定下降沿时触发该中断。当 2 号引脚上的电平由高变低后,该中断会被触发,而 Arduino 即会运行 Hello()函数中的语句。

如果不需要使用外部中断了,则可以使用中断分离函数 detachInterrupt()来关闭中断功能。

(2) detachInterrupt(interrupt)函数。

功能:禁用外部中断。

参数:

interrupt:需要禁用的中断编号。

3.3.4 振动传感器的应用

振动传感器模块如图 3-3-3 所示。当该模块振动时,I/O 口输出高电平;当该模块不振动时,I/O 口输出低电平。振动传感器可用于防盗报警、智能小车、电子积木等。

图 3-3-3 振动传感器模块

3.3.5 实验:振动传感器控制 LED 灯

本实验实现的功能为通过中断的方式实现振动传感器控制红灯的亮灭,当振动传感器不振动时,红灯灭;当振动传感器振动时,红灯亮。

(1) 材料:Arduino 开发板、振动传感器、红灯、330 Ω 电阻。

(2) 硬件电路图如图 3-3-4 所示。

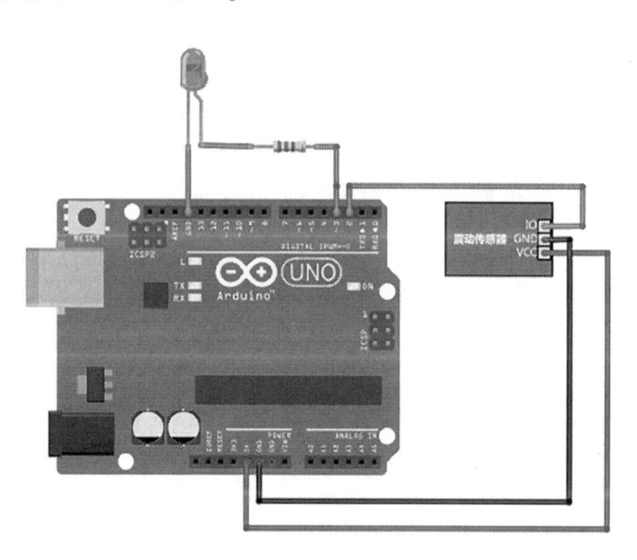

图 3-3-4 硬件电路图

(3) 程序如下。

```
#define KEY 2
#define LED 3
int count = 0;                    //计数变量
int flag = 0;                     //中断执行标志位
```

```
void setup()
{
    pinMode(KEY,INPUT_PULLUP);  //按键设置为输入带上拉
    pinMode(LED,OUTPUT);
    attachInterrupt(0,LedDi,FALLING);//设置 Arduino UNO 中断 0(数字 I/O 2),下降沿
触发中断函数 LedDi
    Serial.begin(9600);
}
void loop()
{
  if(flag == 1)                      //如果 flag 被置 1,说明有中断产生,则执行该段程序
  {
    flag = 0;                        //flag 清零
    digitalWrite(LED,HIGH);          //灯亮
    delay(1000);                     //延时 1 000 ms
  }
else
  {
    digitalWrite(LED,LOW);           //没有中断时,灯灭
  }
  Serial.println(count);             //串口显示中断次数
}
void LedDi()                         //中断函数 LedDi
{
  flag = 1;                          //置位标志位
  count++;                           //将中断次数加 1
}
```

(4)实验结果。

当振动传感器没有振动时,没有中断产生,红灯一直保持灭的状态(图 3-3-5);当振动传感器发生振动时,中断产生,进入中断处理程序,红灯会被点亮(图 3-3-6)。串口监视器中显示振动次数(图 3-3-7),红灯持续亮 1 s 后恢复灭的状态。

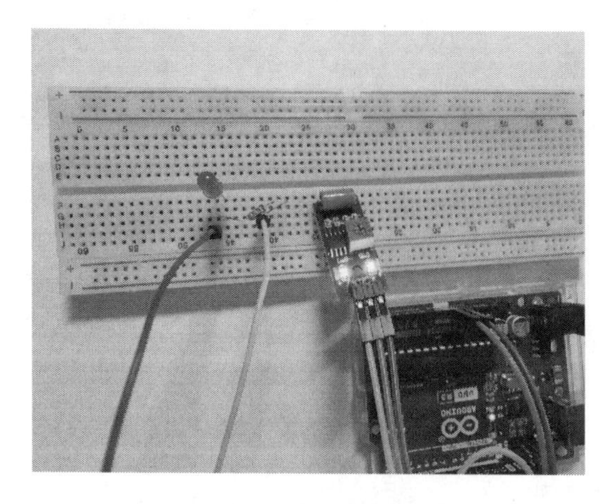

图 3-3-5　无振动状态

图 3-3-6　振动状态

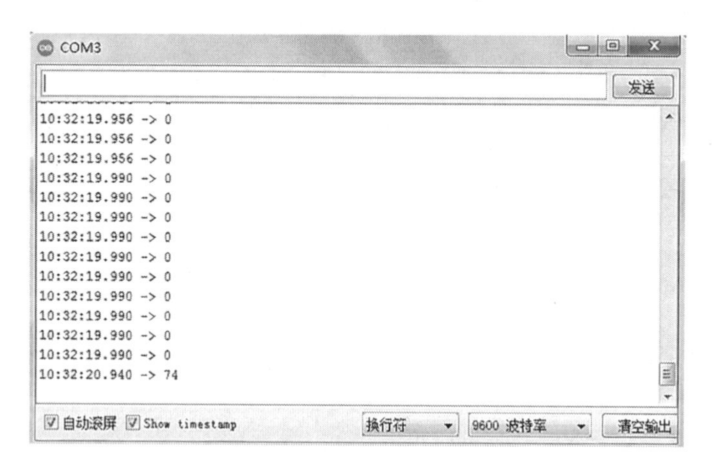

图 3-3-7　显示振动次数

3.4　模拟接口

3.4.1　模拟 I/O 函数库

1. 模拟量 I/O

生活中接触到的大多数信号都是模拟信号，如声音、温度等，模拟信号用连续变化的物理量表示信息。

在 Arduino 板上，编号带“A”的引脚为模拟引脚，可以用来做模拟量的读取和写入。模拟引脚为带有 ADC 功能的引脚，将外部输入的模拟信号转换成芯片运算时能够识别的数字信号，从而实现对模拟值的读取。

Arduino 模拟输入功能有 10 位精度,可以将 0~5 V 的电压信号转换为 0 ~ 1 023 的整数形式进行表示。

2. 函数库

(1) analogReference(type)函数。

描述:设定用于模拟输入的基准电压(输入范围的最大值)。

参数:type,使用哪种引用类型(DEFAULT、INTERNAL、INTERNAL1V1、INTERNAL2V56或者 EXTERNAL)。

DEFAULT:默认值 5 V(Arduino 板为 5 V)或 3 V(Arduino 板为 3.3 V)为基准电压。

INTERNAL:在 ATMega168 和 ATMega328 上以 1.1 V 为基准电压,在 ATMega8 上以 2.56 V为基准电压(Arduino Mega 无此选项)。

INTERNAL1V1:以 1.1 V 为基准电压(此选项仅针对 Arduino Mega)。

INTERNAL2V56:以 2.56 V 为基准电压(此选项仅针对 Arduino Mega)。

EXTERNAL:以 AREF 引脚(0~5 V)的电压作为基准电压。

注意事项:改变基准电压后,之前从 analogRead()函数读取的数据可能不准确。

警告:不要在 AREF 引脚上使用任何小于 0 V 或超过 5 V 的外部电压。如果使用 AREF 引脚上的电压作为基准电压,则在使用 analogRead()函数前必须设置引用类型为 EXTERNAL,否则将会改变有效的基准电压(内部产生)和损坏 AREF 引脚。

(2) analogRead()函数。

描述:从指定的模拟引脚读取数据值。Arduino 板包含一个 6 通道(Mini 和 Nano 有 8 个通道,Mega 有 16 个通道)、10 位模拟/数字转换器,这表示它将 0~5 V 的输入电压映像到0~1 023 的整数值,即每个读数对应电压值为 5 V/1 024,每单位 0.004 9 V(4.9 mV)。输入范围和精度可以通过 analogReference()函数改变,其大约需要 100 μs(0.000 1 s)来读取模拟输入,所以最大的阅读速度是每秒 10 000 次。

语法:analogRead(PIN)

数值的读取:从输入引脚(大部分板子从 0~5,Mini 和 Nano 从 0~7,Mega 从 0~15)读取数值。

返回:从 0 到 1 023 的整数值。

注意事项:如果模拟输入引脚没有连入电路,由 analogRead()函数返回的值将根据多项因素(如其他模拟输入引脚,手靠近板子等)产生波动。

(3) analogWrite()函数。

描述:从一个针脚输出模拟值(脉冲宽度调整,PWM),让 LED 以不同的亮度点亮或驱动电机以不同的速度旋转。analogWrite()函数输出结束后,该针脚将产生一个稳定的特定占空比的 PWM,该 PWM 输出持续到下次调用 analogWrite()函数(或在同一针脚调用 digitalRead()函数或 digitalWrite()函数)。

PWM 信号的频率大约是 490 Hz。大多数 Arduino 板(ATMega168 或 ATMega328)只有针脚 3、5、6、9、10 和 11 可以实现该功能。在 Arduino Mega 上,针脚 2~13 可以实现该功能。

旧版本的 Arduino 板(ATMega8)只有针脚 9、10、11 可以使用 analogWrite()函数。在使用 analogWrite()函数之前,不需要调用 pinMode()函数来设置针脚为输出针脚。analogWrite()函数与模拟针脚、analogRead()函数没有直接关系。

语法:analogWrite(pin,value)

参数:

pin,用于输入数值的针脚;

value,占空比,取值范围为 0(完全关闭)~255(完全打开)。

注意事项:针脚 5 和 6 的 PWM 输出将高于预期的占空比(输出的数值偏高),这是因为 millis()、delay()功能和 PWM 输出共享相同的内部定时器。这将导致大多时候处于低占空比状态(如 0~10),并可能导致在数值为 0 时,没有完全关闭针脚 5 和 6。

3.4.2 电位器和舵机的应用

1. 电位器

电位器(图 3-4-1)在电器产品中使用得非常广泛,如收音机的音量调节旋钮。电位器相当于一个可变阻值的电阻。通过中间引脚来调节阻值,随着电阻的变换,带动电压变化,电压的变换范围为 0~5 V。

电位器在旋转(旋转式电位器)和滑动(滑动式电位器)的过程中,会将更大或者更小的电阻接入电路,而对应的电压则变小或者变大。通过 Arduino 的模拟输入端口,可以读取到这个电压,并为其映射一个相应的值。在 Arduino 编程语言中可以使用 analogRead()函数读取这个值,该函数会返回 0~1 023 之间的值,也就是说 analogRead()函数会将 0~5 V 映射到 0~1 023。

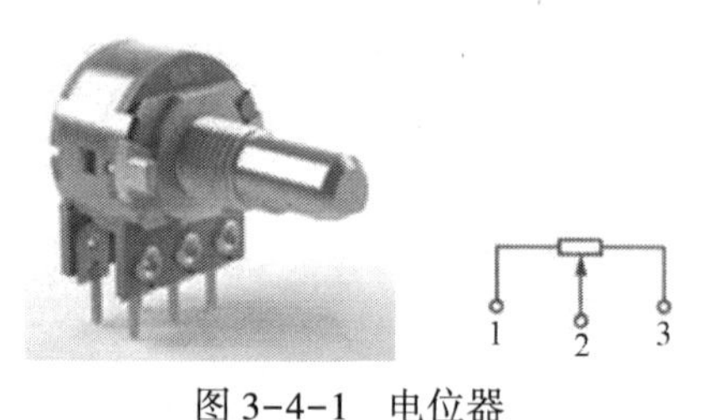

图 3-4-1 电位器

2. 舵机

(1)原理。

舵机是一种位置伺服的驱动器,主要是由外壳、电路板、无核心电机、齿轮与位置检测器所构成,是用来控制模型方向的方向舵,广泛应用于机器人控制领域。在工作中,它可以把所有接收到的电信号转换成电机轴上的角位移或角速度输出。其工作原理是由接收机或者单片机发出信号给舵机,其内部有一个基准电路,产生周期为 20 ms、宽度为 1.5 ms 的基准信号,将获得的直流偏置电压与电位器的电压进行比较,获得电压差输出。经由电路板上的 IC 判断转动方向,再驱动无核心电机开始转动,透过减速齿轮将动力传至摆臂,同时由位置

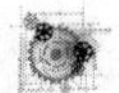

检测器送回信号,判断是否已经到达定位。适用于那些需要角度不断变化并可以保持的控制系统。当电机转速一定时,通过级联减速齿轮带动电位器旋转,使得电压差为0 V,电机停止转动。一般舵机旋转的角度范围是0°~180°。

舵机有很多规格,但所有的舵机都有外接三根线,分别用棕、红、橙三种颜色进行区分。由于舵机品牌不同,因此颜色也会有所差异,棕色为接地线,红色为电源正极线,橙色为信号线,舵机原理图如图3-4-2所示。

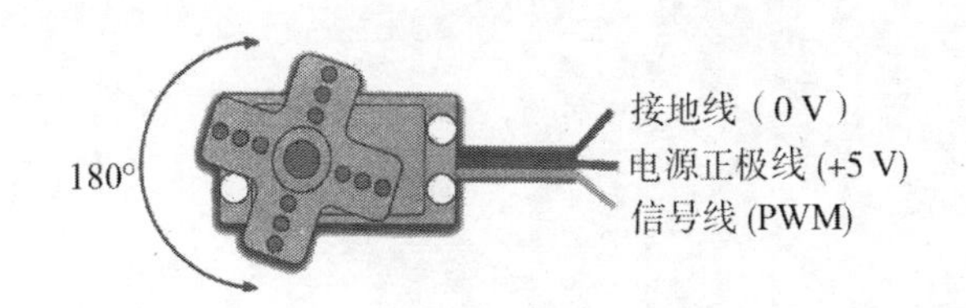

图3-4-2　舵机原理图

(2)函数库。

在Arduino中已经封装好了控制舵机的库函数Servo. h。

库函数Servo. h中包含的函数如下。

①attach( )函数设定舵机接口。

②write( )函数设定旋转角度。

③writeMicroseconds( )函数设定旋转时间。

④read( )函数读取舵机角度。

⑤attached( )函数判断参数是否发送到舵机的接口。

⑥detach( )函数舵机接口的分离。

在程序中,调用库函数Servo. h后,需要在程序中采用如下方式创建一个舵机对象。

```
Servo myservo;              //创建一个舵机对象
```

库函数调用格式:对象名．函数名( );

```
myservo. attach(9);        //将引脚9上的舵机与声明的舵机对象连接起来
myservo. write(pos);       //给舵机写入角度
```

3.4.3　实验:电位器控制舵机

本实验实现的功能为通过电位机来控制舵机位置。

(1)材料:Arduino控制板、电位器、舵机。

(2)硬件电路图如图3-4-3所示。

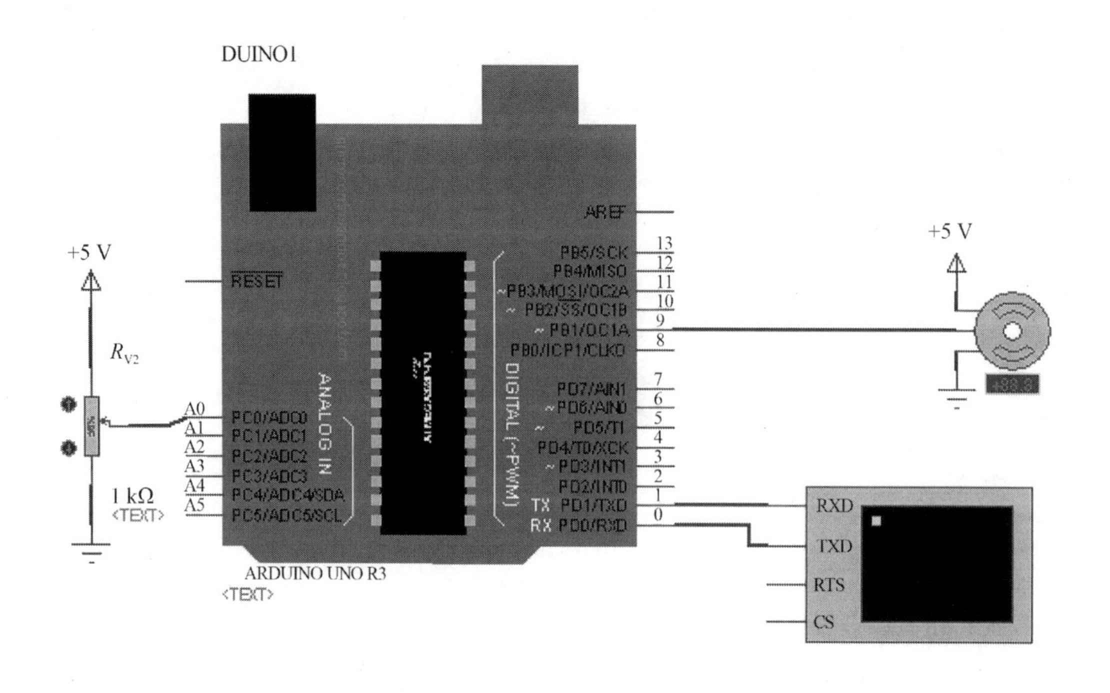

图 3-4-3 硬件电路图

(3)程序如下。

```
#include<Servo.h>          //声明调用库函数 Servo.h
Servo myservo;             //创建一个舵机对象
int pin=0;
int val;
int in;
void setup(){
    myservo.attach(9);   //将引脚 9 上的舵机与声明的舵机对象连接起来
    Serial.begin(9600);   //串口初始化
}
void loop(){
    val=analogRead(pin);            //pin 输入的 0~5 V 的电压采样转换为 0~1 023 的整数
    Serial.println(val);            //将读取到的数据输出到串口中
    in=map(val,0,1023,0,179);//map 为映射函数,将数据转换为舵机角度(0°~180°)
    Serial.println(in);             //将舵机的角度输出到串口中
    Serial.println("end");
    myservo.write(in);              //给舵机写入角度
    delay(1000);
}
```

(4)实验结果。

调整电位器电阻后,舵机摇臂跟着转动。串口监视器显示舵机的角度(图 3-4-4)。

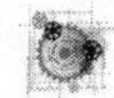

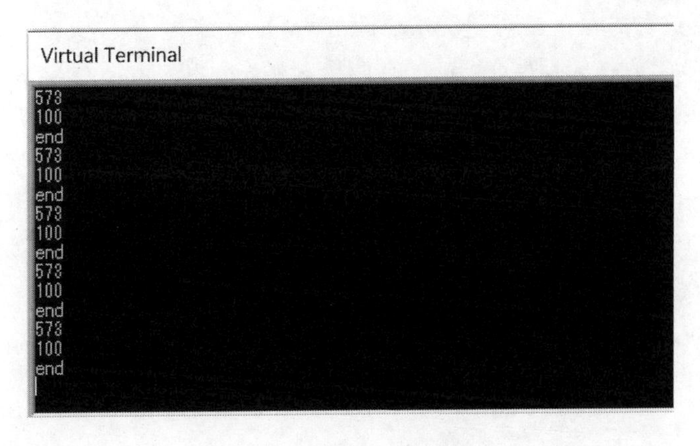

图3-4-4 串口监视器显示

3.5 PWM的概念及应用

3.5.1 PWM的概念

PWM全称Pulse Width Modulation,即脉冲宽度调制,简称脉宽调制。PWM是一种对模拟信号电平进行数字编码的方法,可以利用方波的占空比被调制的方法,来对一个具体模拟信号的电平进行编码。利用电平的通断时间,来控制输出电压的大小。占空比就是指在一个周期内,信号处于高电平的时间占据整个信号周期的百分比,如方波的占空比就是50%。PWM通俗讲就是通过占空比的方式来改变平均电压,从而使电机的转速或者LED的亮度发生改变(图3-5-1)。

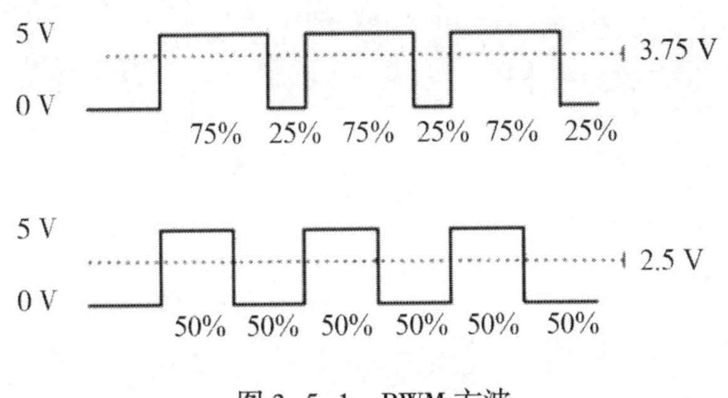

图3-5-1 PWM方波

3.5.2 PWM波形的产生

Arduino中产生PWM波的方式有以下几种。

(1)使用Arduino中的analogWrite()函数生产PWM波,这里analogWrite()函数可输入

的数字为 0~255,这种方法的缺点是无法修改 PWM 的频率。

analogWrite()函数是无返回值函数,有两个参数 pin 和 value,参数 pin 表示输出 PWM 的引脚,这里只能选择函数支持的引脚,这个函数支持的引脚为 3、5、6、9、10 和 11,参数 value 表示 PWM 占空比,因为 PWM 输出位数为 8,所以其范围为 0~255,对应占空比为 0~100%,带 PWM 功能的引脚标有波浪线。

测试代码如下:

```
int input1 = 5;        //定义 UNO 的 pin 5 向 input1 输出
int input2 = 6;        //定义 UNO 的 pin 6 向 input2 输出
int enA = 10;          //定义 UNO 的 pin 10 向输出 A 使能端输出
void setup() {
pinMode(input1,OUTPUT);
pinMode(input2,OUTPUT);
pinMode(enA,OUTPUT);
}
void loop() {
  digitalWrite(input1,HIGH);  //给高电平
  digitalWrite(input2,LOW);   //给低电平
  analogWrite(enA,100);
}
```

(2)使用延时函数来制作 PWM 波,这种方法大家可能比较熟悉,因为经常会用到 delay()函数,所以很简单。有一点需要注意的是,平时 PWM 波通常为 50 Hz 即为 20 ms,所以这里设置 PWM 时间为 20 ms,即高低电平时间加起来为 20 ms,也可以尝试不同的频率,试一下有什么效果。

测试代码如下:

```
int input1 = 5;        //定义 UNO 的 pin 5 向 input1 输出
int input2 = 6;        //定义 UNO 的 pin 6 向 input2 输出
int enA = 10;          //定义 UNO 的 pin 10 向输出 A 使能端输出
void setup() {
pinMode(input1,OUTPUT);
pinMode(input2,OUTPUT);
pinMode(enA,OUTPUT);
}
void loop() {
  digitalWrite(input1,HIGH);       //给高电平
  digitalWrite(input2,LOW);        //给低电平
  digitalWrite(enA,HIGH);
  delay(10);
  digitalWrite(enA,LOW);
  delay(10);
```

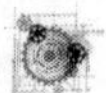

```
}
```

(3)使用可确定延迟到微秒的 delayMicroseconds()函数,其与 delay()函数不同,delayMicrosecends()函数可延迟的最小时间为1 μs,这样就可以充分地利用 PWM 波,因为上述第二种方法确定到毫秒(1 ms=1 000 μs),20 毫秒周期的 PWM 波相当于只有 20 种占空比方法。

测试代码如下:

```
int input1 = 5;        //定义 UNO 的 pin 5 向 input1 输出
int input2 = 6;        //定义 UNO 的 pin 6 向 input2 输出
int enA = 10;          //定义 UNO 的 pin 10 向输出 A 使能端输出
int pulsewidth;        //定义脉冲高电平微秒数
void setup() {
pinMode(input1,OUTPUT);
pinMode(input2,OUTPUT);
pinMode(enA,OUTPUT);
}
void loop() {
  pulsewidth=500;
  digitalWrite(input1,HIGH);        //给高电平
  digitalWrite(input2,LOW);         //给低电平
  digitalWrite(enA,HIGH);
  delayMicroseconds(pulsewidth);
  digitalWrite(enA,LOW);
  delay(20-pulsewidth/1000);
}
```

3.5.3 直流电机的应用

直流电机(Direct Current Machine)是指能将直流电能转换成机械能(直流电动机)或将机械能转换成直流电能(直流发电机)的旋转电机(图3-5-2)。它是能实现直流电能和机械能互相转换的电机。当它作为电动机运行时是直流电动机,可将电能转换为机械能;当它作为发电机运行时是直流发电机,可将机械能转换为电能。

图3-5-2 常见直流电机

方向:对于永磁直流电动机,通过改变电流方向,可以改变电动机的旋转方向。

调速:通过改变控制电机的电压,就可以改变电机的速度。

在 Arduino 中使用时需要注意:电机属于大电流设备,无法用 Arduino 引脚直接连接控制;电机电压高于 Arduino 的工作电压,注意隔离和接线,出错可能会导致 Arduino 烧毁;电机在不通电的情况下旋转将

产生逆电流，也会发生烧毁电子设备的可能。

为了用 Arduino 控制电机的转动，需要连接稳压器或使用更为复杂的双 H 桥直流电机驱动板（如 L298 系列）。

3.5.4 L298N 的应用

L298N 驱动板如图 3-5-3 所示。

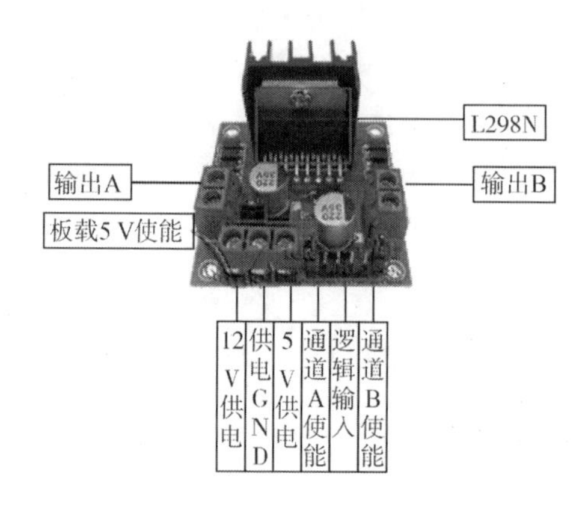

图 3-5-3　L298N 驱动板

L298N 驱动板可驱动两路直流电机，使能端 ENA、ENB 为高电平时有效，控制方式及直流电机状态见表 3-5-1。

表 3-5-1　控制方式及直流电机状态

ENA	IN1	IN2	直流电机状态
0	X	X	停止
1	0	0	制动
1	0	1	正转
1	1	0	反转
1	1	1	制动

若要对直流电机进行 PWM 调速，需设置 IN1 和 IN2，确定电机的转动方向，然后对使能端输出 PWM 脉冲，即可实现调速。注意，当使能信号为 0 时，电机处于自由停止状态；当使能信号为 1，且 IN1 和 IN2 为 00 或 11 时，电机处于制动状态，阻止电机转动。

3.5.5 实验：L298N 驱动直流电机

本实验实现的功能：①能够控制电机的正反转；②能够进行调速；③能够通过电位器对电机进行调速。

（1）材料：Arduino 控制板、直流电机、L298N、电源、电位器。

(2)硬件电路图如图 3-5-4 所示。

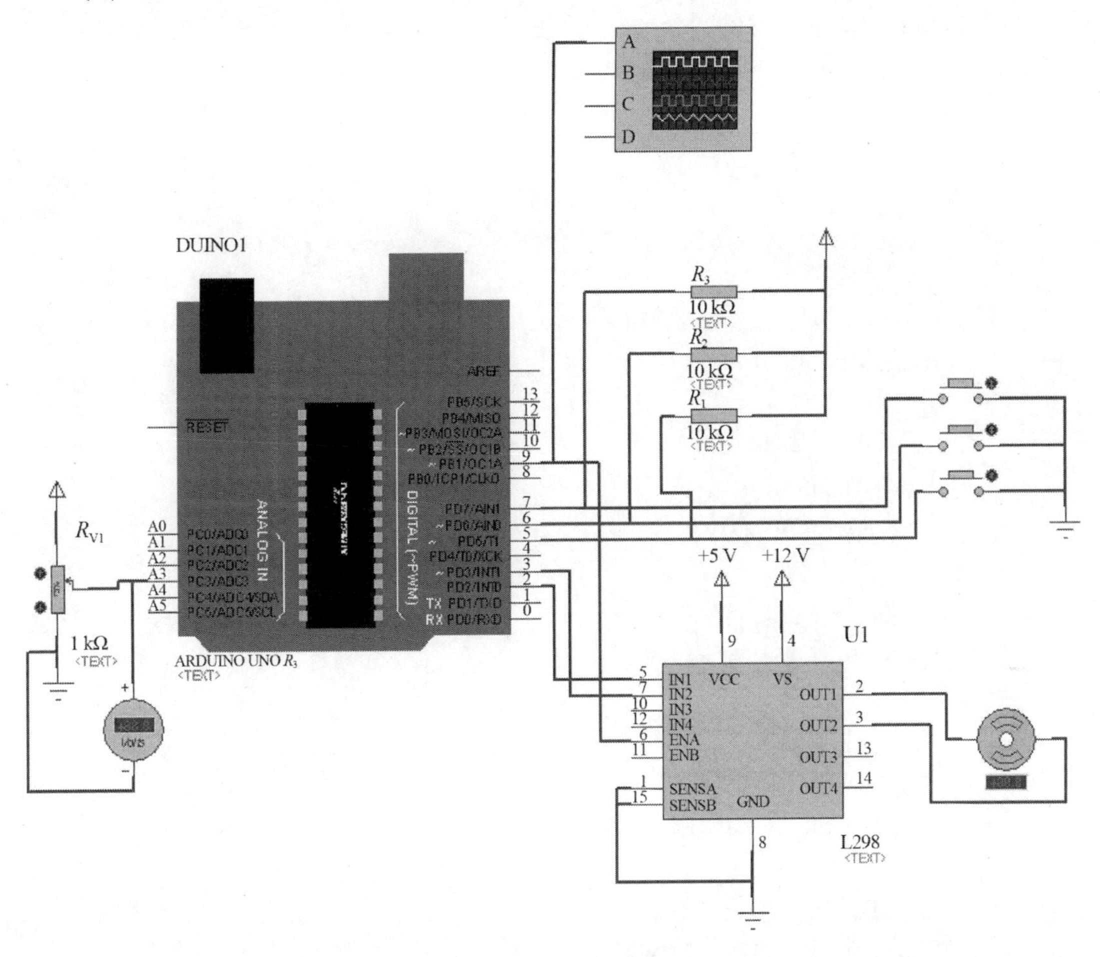

图 3-5-4　硬件电路图

(3)程序如下。

```
/ * 任务:通过按钮控制电机启停和正反转,通过电位计调节电机转速 * /
int K1=5;              //把 K1(正转)按钮连在数字端口 5
int K2=6;              //把 K2(反转)按钮连在数字端口 6
int K3=7;              //把 K3(停止)按钮连在数字端口 7
int potpin = A3;       //把电位计连在模拟端口 A3
int A=2;               //数字端口 2、3 控制电机启停和转向
int B=3;
int PWMpin = 9;        //数字端口 9 输出 PWM 信号,控制电机转速
//初始化
void setup()
{
    / * 把数字端口 5、6、7 设置为输入模式 * /
    pinMode(K1,INPUT);
```

```
    pinMode(K2,INPUT);
    pinMode(K2,INPUT);
    /*把数字端口2、3设置为输出模式*/
    pinMode(A,OUTPUT);
    pinMode(B,OUTPUT);
}
void loop()
{
      /*如果按下K1(正转)按钮*/
      if(digitalRead(K1)= =LOW)
      {
        /*电机正转*/
        digitalWrite(A,HIGH);
        digitalWrite(B,LOW);
      }
    /*如果按下K2(反转)按钮*/
      if(digitalRead(K2)= =LOW)
      {
        /*电机反转*/
        digitalWrite(A,LOW);
        digitalWrite(B,HIGH);
      }
    /*如果按下K3(停止)按钮*/
      if(digitalRead(K3)= =LOW)
      {
        /*电机停止*/
        digitalWrite(A,LOW);
        digitalWrite(B,LOW);
      }
  int sensorValue = analogRead(potpin);  //读取电位计采样值
  sensorValue = sensorValue/4;           //采样值0~1 024转换为0~255
  analogWrite(PWMpin,sensorValue);       //把处理后的转换值以PWM信号形式输出
  delay(20);                             //延时
}
```

(4)实验结果。

按下K1按键,电机正转;按下K2按键,电机反转;按下K3按键,电机停止。调整电位器阻值,电机转速随之改变。

示波器显示PWM波形如图3-5-5所示。

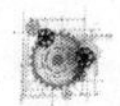

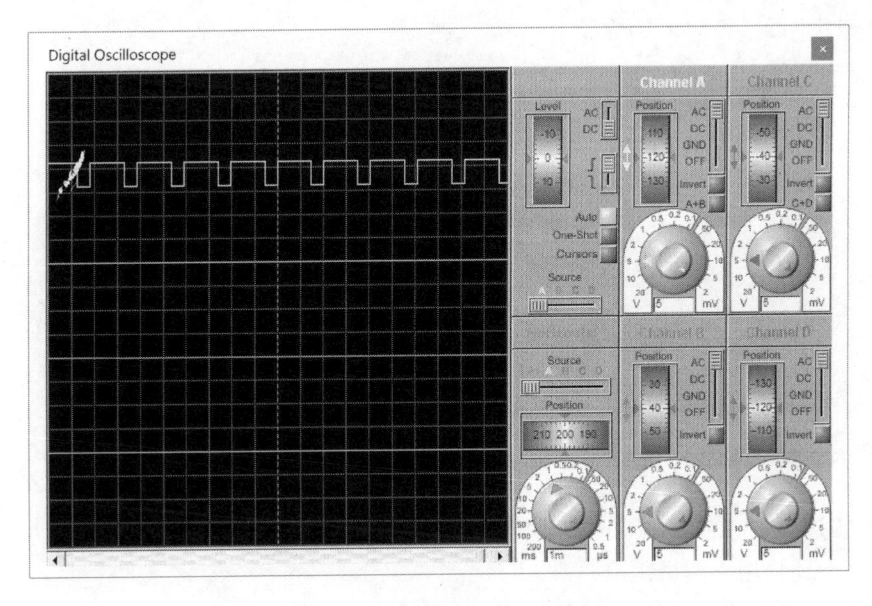

图 3-5-5　示波器显示 PWM 波形

3.6　脉冲宽度测量函数

3.6.1　脉冲宽度测量函数 pulseIn( )

功能:检测指定引脚上的脉冲信号宽度。

当要检测高电平脉冲时,pulseIn( )函数会等待指定引脚输入的电平变高,在变高后开始计时,直到输入电平变低,计时停止。pulseIn( )函数会返回此脉冲信号持续的时间,即该脉冲的宽度。

pulseIn( )函数还可以设定超时时间。如果超过设定时间仍未检测到脉冲,则会退出 pulseIn( )函数并返回 0。当没有设定超时时间时,pulseln( )函数会默认 1 s 钟的超时时间。

语法:

pulseIn(pin, value)

pulseIn(pin, value, timeout)

参数:

pin,需要读取脉冲的引脚。

value,需要读取的脉冲类型为 HIGH 或 LOW。

timeout,超时时间,单位为 μs,数据类型为无符号长整型。

返回值:换行返回脉冲宽度,单位为 μs,数据类型为无符号长整型。如果在指定时间内没有检测到脉冲,则返回 0。

例如:

int pin=7;

```
unsigned long duration;
void setup()
{
    pinMode(pin,INPUT);
}
void loop()
{
    duration=pulseIn(pin,HICH);
}
```

3.6.2 超声波的应用

超声波是频率高于 20 000 Hz 的声波,它的指向性强,能量消耗缓慢,在介质中传播的距离较远,因而经常用于测量距离。

超声波传感器的型号众多,这里介绍一款常见的超声波传感器。

1. SR04 超声波传感器

SR04 超声波传感器(图 3-6-1)是利用超声波特性检测距离的传感器。其带有两个超声波探头,分别用作发射和接收超声波。其测量范围是 3~450 cm。

图 3-6-1　SR04 超声波传感器

2. 超声波测距原理

超声波发射/接收示意图如图 3-6-2 所示,超声波发射器向某一方向发射超声波,在发射的同时开始计时;超声波在空气中传播,途中碰到障碍物则立即返回,超声波接收器收到反射波则立即停止计时。声波在空气中的传播速度为 340 m/s,根据计时器记录的时间 t,即可计算出发射点距障碍物的距离 s,即 $s = 340\ \text{m/s} \times t/2$,这就是时间差测距法。

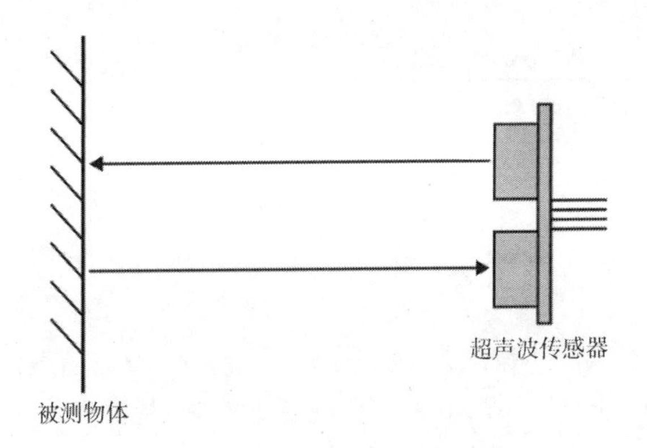

图 3-6-2 超声波发射/接收示意图

3. SR04 超声波模块

SR04 超声波模块有 4 个引脚,各功能见表 3-6-1。

表 3-6-1 SR04 超声波模块引脚

引脚名称	说明
VCC	电源 5 V
TRIG	触发引脚
ECHO	回馈引脚
GND	地

4. 超声波模块的使用方法及时序图

使用 Arduino 的数字引脚给 SR04 模块的 TRIG 引脚至少 10 μs 的高电平信号(图 3-6-3),触发 SR04 模块的测距功能。

图 3-6-3 Arduino 发送触发信号

触发测距功能后,模块会自动发送 8 个 40 kHz 的超声波脉冲(图 3-6-4),并自动检测是否有信号返回,这一步由模块内部自动完成。

图 3-6-4 超声波模块发出超声波脉冲

若有信号返回,则 ECHO 引脚会输出高电平,高电平持续的时间就是超声波从发射到返回的时间,此时可以使用 pulseIn()函数获取测距的结果(图 3-6-5),并计算出距被测物体的实际距离。

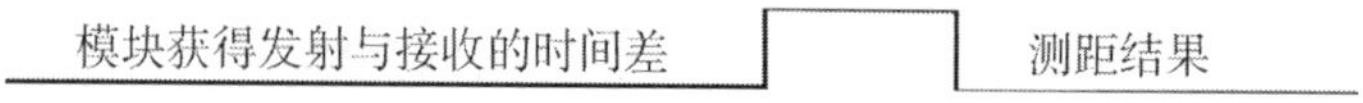

模块获得发射与接收的时间差　　测距结果

图 3-6-5　超声波模块返回测距结果

3.6.3　实验:超声波测距

本实验实现的功能为超声波测距,通过发送脉冲信号,开启超声传感器的测量,将测量的距离显示到屏幕中,当距离小于 10 cm 时,点亮红灯进行提醒。

(1)材料:Arduino 开发板、超声波测距传感器、红灯。

(2)硬件电路图如图 3-6-6 所示。

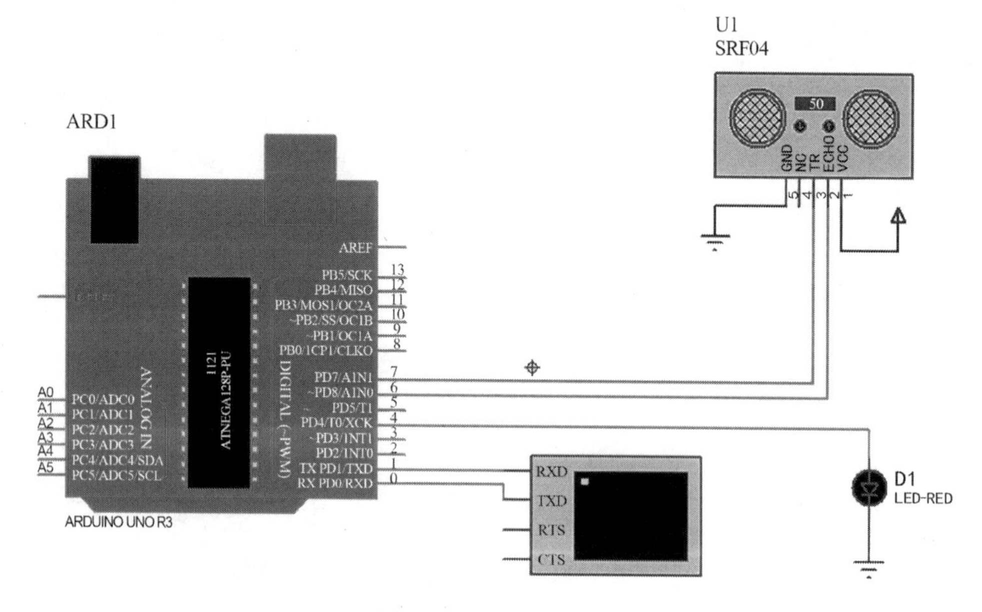

图 3-6-6　硬件电路图

(3)程序如下。

```
/ * 设置 SR04 传感器连接 Arduino 的引脚 * /
const int TrigPin = 7;
const int EchoPin = 6;
#define redLed 4
float distance;
long t;
void setup( )
{
    Serial. begin(9600);  //开启串口通信
    / * 将 TRIG 连接的引脚设置为输出口,给 SR04 输入触发信号 * /
    pinMode(TrigPin,OUTPUT);
```

```
    /*将 ECHO 连接的引脚设置为输入口,等待接收 SR04 测量的数据*/
    pinMode(EchoPin,INPUT);
    /*小灯连接的端口为输出口*/
    pinMode(redLed,OUTPUT);
    /*初始时给定 TRIG 低电平*/
    digitalWrite(TrigPin,LOW);
}
void loop()
{
    digitalWrite(TrigPin,LOW);                  //发一个短时间低电平到 TrigPin
    delayMicroseconds(5);                       //延迟 5 μs,确保 TRIG 信号为低电平
    /*产生一个 10 μs 的高脉冲触发 TrigPin*/
    digitalWrite(TrigPin,HIGH);
    delayMicroseconds(10);
    digitalWrite(TrigPin,LOW);
    distance = pulseIn(EchoPin,HIGH) / 58.0;   //距离换算为厘米
    /*距离小于 10 cm 时亮红灯*/
    if(distance<10)
      {
      digitalWrite(redLed,HIGH);
      }
    else
      {
      digitalWrite(redLed,LOW);
      }
    Serial.print(distance);                     //将距离输出到串口
    Serial.println("cm");
    delay(1000);
}
```

(4)实验结果。

利用 Protues 仿真,超声波测量的距离显示在虚拟串口监视器中,当距离大于 10 cm 时,小灯为熄灭状态(图 3-6-7);当距离小于 10 cm 时,小灯点亮(图 3-6-8)。

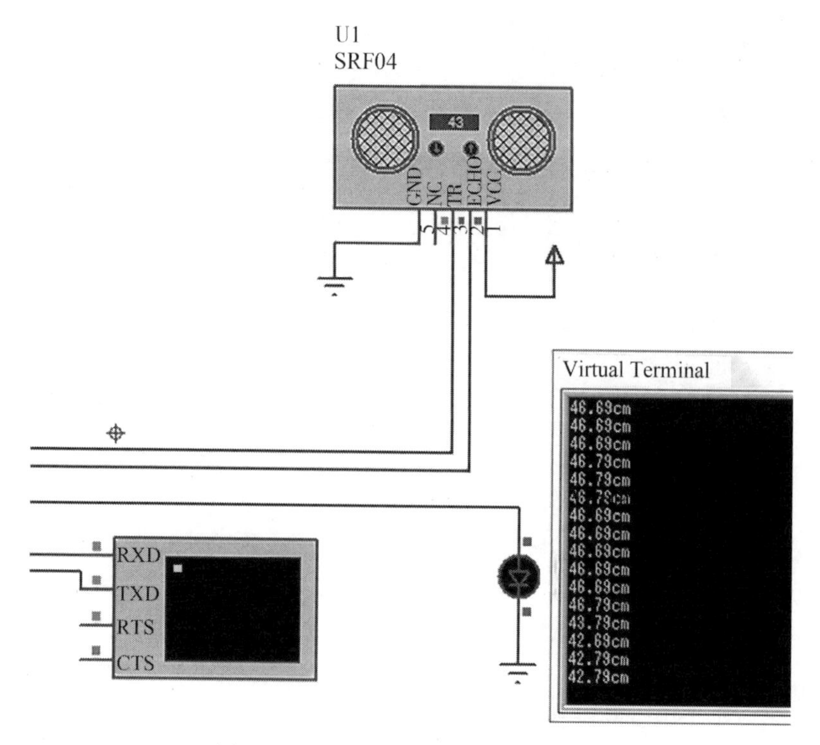

图 3-6-7　超声波测量距离大于 10 cm

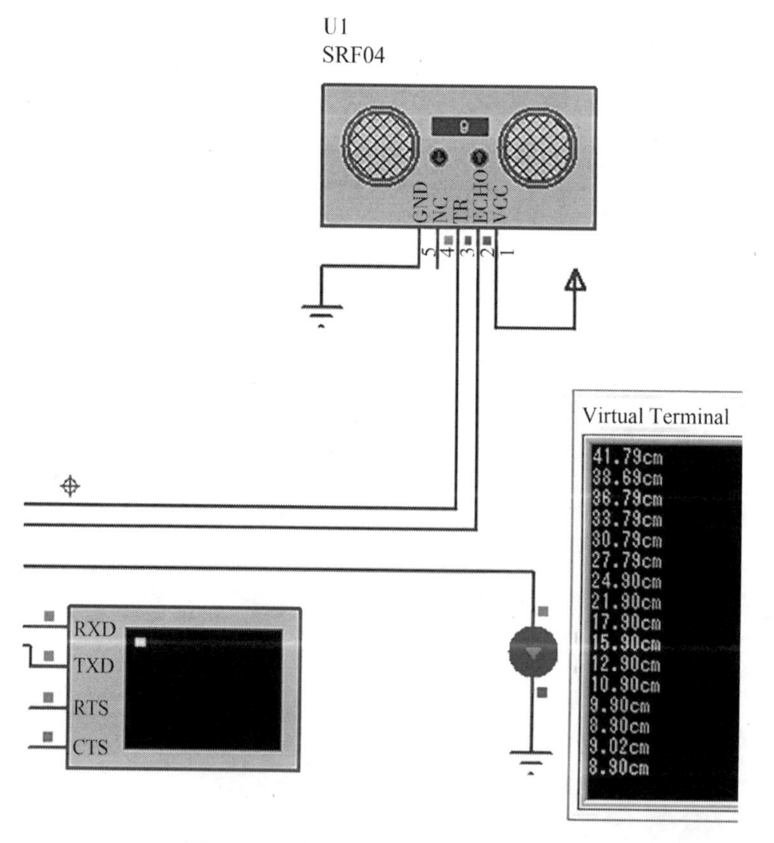

图 3-6-8　超声波测量距离小于 10 cm

第 4 章　基础通信篇

本章主要介绍 Arduino 与外部设备的通信方式。Arduino 硬件集成了串口、IIC、SPI 三种常见的串行通信方式,掌握了这三种通信类库的用法,即可与具有相应通信接口的各种设备通信,也可为基于这些通信方式的传感器或模块编写驱动程序。

4.1　串口通信

4.1.1　串行通信

1. 串行通信介绍

使用串行通信就能让 Arduino 与计算机通信了,在 Arduino 端进行串行通信的引脚称为串行端口,一般分为发送和接收,其中发送用 TX 表示,接收用 RX 表示。

串行通信是相对于并行通信的一个概念(图 4-1-1),并行通信虽然可以多位数据同时传输,速度更快,但其占用的 I/O 口较多,而 Arduino 的 I/O 口资源较少,因此在 Arduino 中更常用的是串行通信方式。

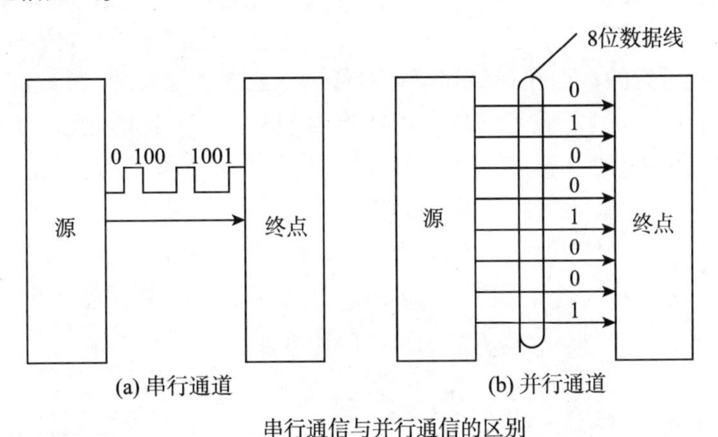

图 4-1-1　串行通信与并行通信

串行通信是指使用一条数据线,将数据一位一位地依次传输,每一位数据占据一个固定的时间长度。使用串行通信时,发送和接收到的每一个字符实际上都是一次一位传送的,每一位为 1 或者为 0。

这与电视里看到的通过敲门声的长短表达一些复杂的信息一样,敲门声的长短就相当于信号 0 或者 1,只要双方约定好,就能够通过这种长短的变化表达固定的信息。

在串行通信中,“双方约定好”这一点很重要,因为从实质上来说,通信的信号就是一堆 0 和 1 的数字,如果没有约定好这些 0、1 数字组合所代表的意义,那么双方不可能知道对方所发送信息的含义,就与两个人交谈时使用不同的语言一样,他们的交谈是没有任何意义的。

2. 串行通信的约定

串行通信中的这种约定包含两方面,一方面是通信的速率要一致,另一方面是字符的编码要一致。

(1)波特率。

通信速率是指单位时间内传输的信息量,可用比特率和波特率来表示。比特率是指每秒传输的二进制位数,用 bit/s 表示。

波特率是指每秒传输的符号数,若每个符号所含的信息量为 1 bit,则波特率等于比特率。在电子学中,一个符号的含义为高电平或低电平,它们分别代表“1”和“0”,所以每个符号所含的信息量刚好为 1 bit,因此常将比特率称为波特率,即

$$1\ \text{B/s}=1\ \text{bit/s}$$

Arduino 使用的波特率有 110 bit/s、300 bit/s、600 bit/s、1 200 bit/s、2 400 bit/s、4 800 bit/s、9 600 bit/s、19 200 bit/s、38 400 bit/s、115 200 bit/s 等,最常用的是 9 600 bit/s,它往往被视为默认的波特率。

(2)ASCII 码。

ASCII 码是由美国国家标准学会(American National Standards Institute,ANSI)制定的,其英文全称是 American Standard Code for Information Interchange,它是现今最通用的单字节编码系统,主要是为了解决大家在串行通信中的信息一致性问题。在 Arduino 中也采用这种字符编码方式。

在计算机中,所有的数据在存储和运算时都用 0 或者 1 来表示,如 a、b、c、d 等字母(包括大写共 52 个),0、1、2、3 等数字,以及一些常用的符号(* 、#、@ 等)在计算机中都要使用 0 或 1 来表示,而具体用哪些 0、1 组合表示哪个符号,每个人都可以约定自己的一套定义(这个定义就称为编码),只要双方的编码一致就可以通信了。而要想让更多人互相通信而不造成混乱,那么大家就必须使用相同的编码规则,于是美国有关的标准化组织就出台了 ASCII 编码,统一规定了上述常用符号用哪些 0、1 的组合来表示。ASCII 是基于拉丁字母的一套计算机编码系统,主要用于显示现代英语和其他西欧语言。

4.1.2 硬件串口通信

串口通信和串行通信不是一个概念,串行通信指的是一个大类,区别于并行通信。本书中提到的串口通信一般指 Arduino 上面的 USART 通信模式,USART 也是串行通信的一种,可以有硬串口、软串口两种实现方式,并且 USART 是一种异步串行通信。

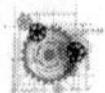

1. 串口

(1)串口的基本概念。

串口也称通用异步(串行)收/发器(Universal Asynchronous Receiver Transmitter,UART)接口,是指 Arduino 硬件集成的串口。在 Arduino 中,通过 Arduino 上的 USB 接口与计算机连接而进行 Arduino 与计算机之间的串口通信。除此之外,还可以使用串口引脚连接其他的串口设备进行通信。需要注意的是,通常一个串口只能连接一个设备进行通信。图4-1-2所示为串口连接方式。

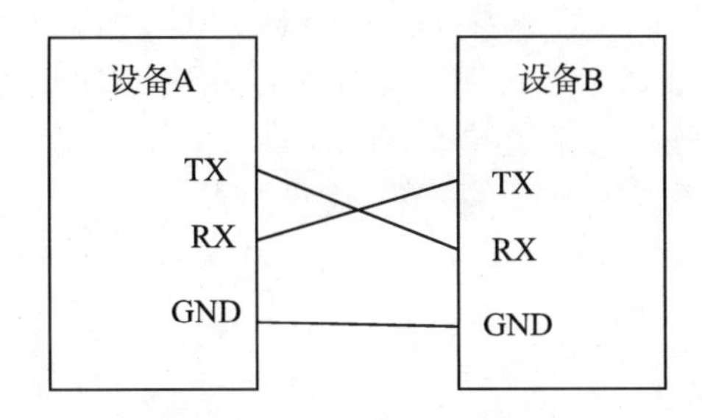

图 4-1-2　串口连接方式

在进行串口通信时,两个串口设备间需要发送端(TX)与接收端(RX)交叉相连,并共用电源地(GND)。在 Arduino UNO 及其他使用 ATMega328 芯片的 Arduino 控制器中,只有一组串行端口,即位于 0(RX)和 1(TX)的引脚。

(2)串口的工作原理。

在 Arduino 与其他器件通信的过程中,数据传输实际上都是以数字信号(即电平高低变化)的形式进行的,串口通信也是如此。当使用 Serial. print( ) 函数输出数据时,Arduino 的发送端会输出一连串的数字信号,称这些数字信号为数据帧。

例如,当用 Serial. print('A')语句发送数据时,实际发送的数据帧格式如图 4-1-3 所示。

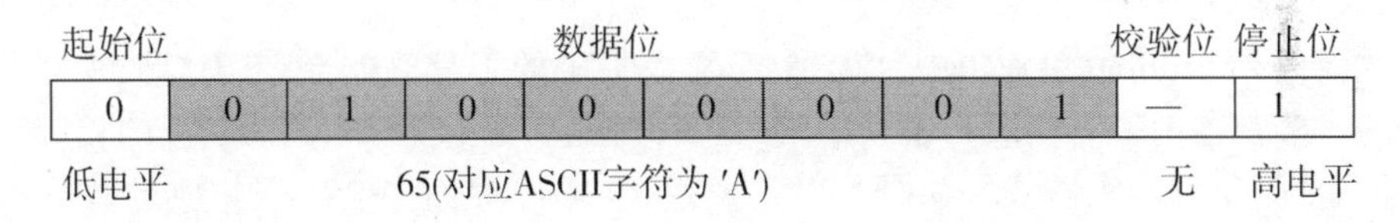

图 4-1-3　数据帧格式

①起始位。起始位总为低电平,是一组数据帧开始传输的信号。

②数据位。数据位是一个数据包,其中承载了实际发送的数据段。当 Arduino 通过串口发送一个数据包时,一个数据包中有 8 bit 数据位(一字节),多个数据包组合在一起,形成完整的数据。

③校验位。校验位是串口通信中一种简单的检错方式。可以设置为偶校验或者奇校验。当然,没有校验位也可以,Arduino 默认无校验位。

④停止位。每段数据帧的最后都有停止位表示该段数据帧传输结束。停止位总为高电平,可以设置停止位为 1 位或 2 位。Arduino 默认是 1 位停止位。

当串口通信速率较高或外部干扰较大时,可能会出现数据丢失的情况。为了保证数据传输的稳定性,最简单的方式就是降低通信波特率或增加停止位和校验位。在 Arduino 中,可以通过 Serial. begin(speed,config)语句配置串口通信的数据位、停止位和校验位参数。config 的可用配置可去网上搜索相应配置表。

2. 硬件串口通信

Arduino UNO R3 开发板上,硬件串口位于 Rx(0)和 Tx(1)引脚上,Arduino 的 USB 口通过转换芯片与这两个引脚连接。该转换芯片会通过 USB 接口在计算机上虚拟出一个用于 Arduino 通信的串口,下载程序也是通过串口进行的。

利用硬件串口与计算机进行通信的实例,代码如下:

```
String device_A_String="";
char A;
void setup(){
  //硬件串口波特率
  Serial.begin(9600);
}
void loop()
{
  //如果硬件串口有数据
  if(Serial.available()>0)
  {
      A=Serial.read();
  Serial.print(A);}
}
```

下载代码到 Arduino 单片机中,单击 IDE 菜单栏中的工具菜单,单击串口监视器。注意,在单击串口监视器前查看同级目录下的端口选择的是否为连接 Arduino 主板的相应端口,没有问题后,打开串口监视器,输入数据,单击发送,在输出界面中会出现相应的数据,即主板将相应的数据返回给计算机,实现了计算机和 Arduino 主板通过串口进行的数据通信。图 4-1-4 所示为串口数据通信显示。

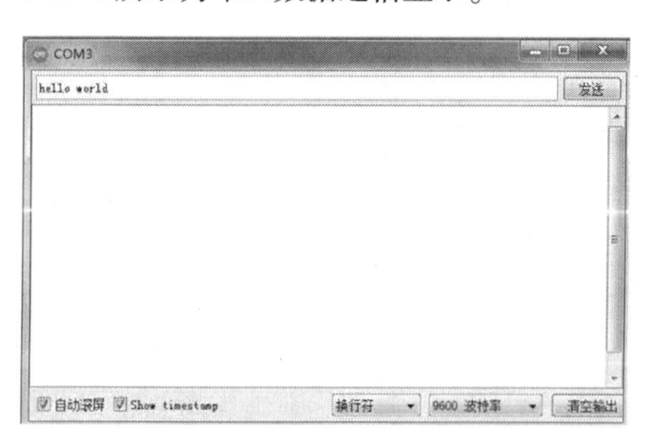

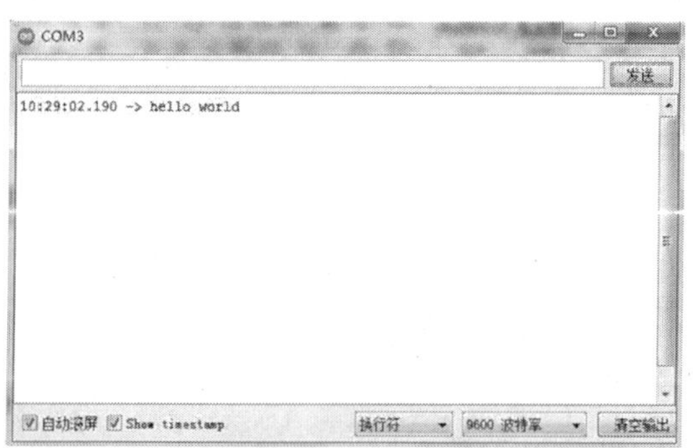

图 4-1-4 串口数据通信显示

3. HardwareSerial 类库成员函数

HardwareSerial 类位于 Arduino 核心库中，Arduino 默认包含了该类，因此可以不再使用 include 语句进行调用。

（1）成员函数如下。

①available( )函数。

功能：获取串口接收到的数据个数，即获取串口接收缓冲区中的字节数。接收缓冲区最多可保存 64 B 的数据。

语法：Serial. available( )

参数：无。

返回值：可读取的字节数。

②begin( )函数。

功能：初始化串口。该函数可配置串口的各项参数。

语法：Serial. begin(speed)

参数：

speed：波特率。

返回值：无。

③end( )函数。

功能：结束串口通信。该操作可以释放该串口所在的数字引脚，使其作为普通数字引脚使用。

语法：Serial. end( )

参数：无。

返回值：无。

④find( )函数。

功能：从串口缓冲区读取数据，直至读到指定的字符串。

语法：Serial. find(target)

参数：

target：需要搜索的字符串或字符。

返回值：boolean 型值，为 true 表示找到，为 false 表示没有找到。

⑤findUntil( )函数。

功能：从串口缓冲区读取数据，直至读到指定的字符串或指定的停止符。

语法：Serial. findUntil(target,terminal)

参数：

target：需要搜索的字符串或字符。

terminal：停止符。

返回值：无。

⑥flush( )函数。

功能：等待正在发送的数据发送完成。需要注意的是，在早期的 Arduino 版本中(1.0 之前)，该函数用作清空接收缓冲区。

语法:Serial. flush( )

参数:无。

返回值:无。

⑦parseFloat( )函数。

功能:从串口缓冲区返回第一个有效的 float 型数据。

语法:Serial. parseFloat( )

参数:无。

返回值:float 型数据。

⑧parseInt( )函数。

功能:从串口流中查找第一个有效的整型数据。

语法:Serial. parseInt( )

参数:无。

返回值:int 型数据。

⑨peek( )函数。

功能:返回 1 个字节的数据,但不会从接收缓冲区删除该数据。与 read( )函数不同,read( )函数读取数据后,会从接收缓冲区删除该数据。

语法:Serial. peek( )

参数:无。

返回值:进入接收缓冲区的第 1 个字节的数据;如果没有可读数据,则返回-1。

⑩print( )函数。

功能:将数据输出到串口。数据会以 ASCII 码形式输出。如果想以字节形式输出数据,则需要使用 write( )函数。

语法:

Serial. print(val)

Serial. print(val,format)

参数:

val:需要输出的数据。

format:分两种情况。

a.输出的进制形式,包括 BIN(二进制)、DEC(十进制)、OCT(八进制)、HEX(十六进制)。

b.指定输出的 float 型数据带有小数的位数(默认输出 2 位)。

例如:

Serial. Print(l. 23456)输出为“1. 23”;

Serial. Print(l. 23456,0)输出为“1”;

Serial. Print(l. 23456,2)输出为“1. 23”;

Serial. Print(l. 23456,4)输出为“1. 2346”。

返回值:输出的字节数。

⑪println( )函数。

功能:将数据输出到串口,并按回车键换行。数据会以 ASCII 码形式输出。

语法：

Serial. println(val)

Serial. println(val,format)

参数：

val：需要输出的数据。

format：分两种情况。

a.输出的进制形式，包括 BIN(二进制)、DEC(十进制)、OCT(八进制)、HEX(十六进制)。

b.指定输出的 float 型数据带有小数的位数(默认输出 2 位)。

例如：

Serial. println(1. 23456)输出为"1. 23"；

Serial. println(1. 23456,0)输出为"1"；

Serial. println(1. 23456,2)输出为"1. 23"；

Serial. Println(l. 23456,4)输出为"1. 2346"；

返回值：输出的字节数。

⑫read( )函数。

功能：从串口读取数据。与 peek( )函数不同，read( )函数每读取 1 个字节，就会从接收缓冲区移除 1 个字节的数据。

语法：Serial. read( )

参数：无。

返回值：进入串口缓冲区的第 1 个字节；如果没有可读数据，则返回-1。

⑬readBytes( )函数。

功能：从接收缓冲区读取指定长度的字符，并将其存入一个数组中。若等待数据时间超过设定的超时时间，则退出该函数。

语法：Serial. readBytes(buffer, length)

参数：

buffer：用于存储数据的数组(char[ ]或者 byte[ ])。

length：需要读取的字符长度。

返回值：读到的字节数，如果没有找到有效的数据，则返回 0。

⑭readBytesUntil( )函数。

功能：从接收缓冲区读取指定长度的字符，并将其存入一个数组中。如果读到停止符，或者等待数据时间超过设定的超时时间，则退出该函数。

语法：Serial. readBytesUntil(character, buffer, length)

参数：

character：停止符。

Buffer：用于存储数据的数组(char[ ]或者 byte[ ])。

length：需要读取的字符长度。

返回值：读到的字节数，如果没有找到有效的数据，则返回 0。

⑮setTimeout( )函数。

功能:设置超时时间。用于设置 Serial. readBytesUntil( )函数和 Serial. readBytes( )函数的等待串口数据时间。

语法:Serial. setTimeout(time)

参数:

time:超时时间,单位为 ms。

返回值:无。

⑯write( )函数。

功能:输出数据到串口。以字节形式输出到串口。

语法:

Serial. write(val)

Serial. write(str)

Serial. write(buf,len)

参数:

val:发送的数据。

str:string 型的数据。

buf:数组型的数据。

len:缓冲区的长度。

返回值:输出的字节数。

(2)print( )函数和 write( )函数输出方式的差异。

serial. print( )是转换为文本输出,serial. write( )是转换为数据输出。使用 print( )函数时会以多个字节的形式向串口传递括号中的数值,会将它看成一个字符串,传递其中每一个字符的 ASCII 码。例如,"78"会向串口传递"7"和"8"的 ASCII 码的值。print( )函数得到的不是原始数据 78 而是由 7 和 8 两个字符常量组成的字符串。而 write( )函数如果括号内直接写入数值则只会以一个字节传递,如果写入"78"则会以一个字节的形式传递 78 即为 01001110;在计算机上都是以 ASCII 的形式显示的,所以是"N",它们传输的字节数不同。write( )函数和 print( )函数传输字符和字符串时没有区别。

(3)read( )函数和 peek( )函数输入方式的差异。

串口接收到的数据都会暂时存放在接收缓冲区中,使用 read( )函数与 peek( )函数都是从接收缓冲区中读取数据。不同的是,使用 read( )函数读取数据后,会将该数据从接收缓冲区移除;而使用 peek( )函数读取时,不会移除接收缓冲区中的数据。

当使用 read( )函数时,每次仅能读取 1 个字节的数据,如果要读取一个字符串,则可使用"+="运算将字符依次添加到字符串中。示例程序代码如下:

```
voidsetup( ){
Serial. begin(9600);
}
voidloop( ){
StringinString="";
while(Serial. available( )>0){
```

```
charinChar=Serial.read();
inString+=(char)inChar;
//延迟函数用于等待输入字符完全进入接收缓冲区
delay(10);
}
//检查是否接收到数据,如果接收到,则输出该数据
if(inString!  =""){
Serial.print("InputString:");
Serial.println(inString);
}
}
```

下载程序后,打开串口监视器,输入任意字符,则会看到 Arduino 返回了刚才输入的数据。

以上程序中使用了延时语句 delay(10),它在读取字符串时至关重要。可以尝试删除 delay(10)后下载并运行修改后的程序,则可能会得到运行结果。这是由于 Arduino 程序运行速度很快,而当 Arduino 读完第一个字符,进入下一次 while 循环时,输入的数据还没有完全传输进 Arduino 的串口缓冲区,串口还未接收到下一个字符,此时 Serial. Available()函数的返回值就会为 0,而 Arduino 是在第二次 loop()循环中才检查到下一个字符,因此就输出了这样的错误结果。

4. 串口事件

在 Arduino1.0 版本中,新增加了 serialEvent()事件,这是一个从 Processing 串口通信库中提取的函数。在 Arduino 中,serialEvent()事件并非真正意义上的事件,因此无法做到实时响应。

但使用 serialEvent()事件仍可改善程序结构,使程序脉络更为清晰。SerialEvent()事件的功能是:当串口接收缓冲区中有数据时,会触发该事件。用法是:

```
void   serialEvent(){}
```

对于 Arduino Mega 控制器,还可以使用以下形式:

```
void   serialEventl(){}
void   serialEvent2(){}
void   serialEvent3(){}
```

当定义 serialEvent()函数时,便启用了该事件。当串口缓冲区中存在数据时,该函数便会运行。

需要注意的是,这里的 serialEvent()事件并不能立即做出响应,而仅仅是一个伪事件。当启用该事件时,其实是在两次 Loop()循环之间检测串口缓冲区中是否有数据,如果有数据则调用 serialEvent()条件,可以在 IDE 中通过选择“文件→示例→04. Communication→SerialEvent”菜单项找到以下程序。

```
String inputString="";           //用于保存输入数据的字符串
boolean stringComplete=false;    //字符串是否已接收完全
```

```
void setup() {
Serial.begin(9600);                 //初始化串口
inputstring.reserve(200);           //设置字符串存储量为 200 个字节
void loop() {
if(stringComplete) {                //当接收到新的一行字符串时,输出该字符串
Seriad.println(inputstring);
inputstring="";                     //清空字符串
stringComplete=false;
}
}
}
```

/ * 当一个新的数据被串口接收到时会触发 SerialEvent( )事件,SerialEvent( )函数中的程序会在两次 loop( )函数之间运行,因此如果 loop( )函数中有延时程序,则会延迟该事件的响应,使数个字节的数据都可以被接收

```
 */
void serialEvent() {
while(Serial.available()>0) {
char inChar=(char)Serial.read();        //读取新的字节
inputString+=inChar;                    //将新读到的字节添加到 inputString 字符串中
//如果接收到换行符,则设置一个标记
//再在 loop()函数中检查该标记,用以执行相关操作
if(inchar=='\n') {
stringComplete=true;
}
}
}
```

打开串口监视器,输入任意字符并发送,则可看到 Arduino 返回了刚才输入的字符。因为程序要收到停止符后才会结束一次读字符串的操作,并输出读到的数据,而程序中将换行符“W”设为了停止符,因此就必须将串口监视器下方的第一个下拉菜单设置为“换行(NL)”才行。

5. 更好的串口监视器——串口调试助手

Arduino IDE 自带的串口监视器虽然简单易用,但只提供了基本的串口通信功能,而且能够修改的也只有波特率和结束符这两个设置,当需要完成一些高级的串口功能时,就不那么适合了。因此这里推荐一款串口调试助手软件——Arduino 串口调试助手,使用它可以更好地调试 Arduino 的串口通信。

可以从网址 http://x.openjumper.com/serial/下载 Arduino 串口调试助手软件。

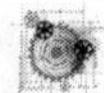

4.1.3 软串口通信

除 HardwareSerial 外，Arduino 还提供了 SoftwareSerial 类库，它可以将其他数字引脚通过程序模拟成串口通信引脚。

通常，将 Arduino UNO 上自带的串口称为硬件串口（简称硬串口），而使用 SoftwareSerial 类库模拟成的串口，称为软件模拟串口（简称软串口）。

Arduino UNO 提供了一组 0（RX）、1（TX）硬串口，可与外围串口设备通信，如果要连接更多的串口设备，则可以使用软串口。

软串口是由程序模拟实现的，使用方法类似硬串口，但有一定局限性。

软串口通过 AVR 芯片的 PCINT 中断功能来实现，在 Arduino UNO 上，所有引脚都支持 PCINT 中断，因此所有引脚都可设置为软串口的 RX 接收端。但在其他型号的 Arduino 上，并不是每个引脚都支持中断功能，所以只有特定的引脚可以设置为 RX 端。

在 Arduino Mega 上能够被设置为 RX 的引脚有 10，11，12，13，50，51，52，53，62，63，64，65，66，67，68，69。

在 Arduino Leonardo 上能够被设置为 RX 的引脚有 8，9，10，11，14（MISO），15（SCK），16（MOSI）。串口接收引脚波特率建议不要超过 57 600 bit/s。

1. SoftwareSerial 类库成员函数

SoftwareSerial 类库并非 Arduino 核心类库，因此在使用它之前需要先声明包含 SoftwareSerial. h 的头文件。其中定义的成员函数与硬串口的类似，而 available（）、begin（）、read（）、write（）、print（）、println（）、peek（）等函数的用法也相同，这里就不一一列举了。

此外软串口还有如下成员函数。

（1）SoftwareSerial（）函数。

功能：SoftwareSerial（）函数是 SoftwareSerial 类的构造函数，通过它可以指定软串口的 RX 和 TX 引脚。

语法：

SoftwareSerial　mySerial = SoftwareSerial（rxPin，txPin）

SoftwareSerial　mySerial（rxPin，txPin）

参数：

mySerial：用户自定义软串口对象。

rxPin：软串口接收引脚。

txPin：软串口发送引脚。

（2）listen（）函数。

功能：开启软串口监听状态。Arduino 在同一时间仅能监听一个软串口，当需要监听某一软串口时，需要该对象调用此函数开启监听功能。

语法：mySerial. listen（）

参数：

mySerial：用户自定义的软串口对象。

返回值:无。

(3) isListening( )函数。

功能:监测软串口是否正处于监听状态。

语法:mySerial.isListenning( )

参数:

mySerial:用户自定义的软串口对象。

返回值:boolean 型值,为 true 表示正在监听,为 false 表示没有监听。

(4) overflow( )函数。

功能:检测缓冲区是否已经溢出。软串口缓冲区最多可保存 64 B 的数据。

语法:mySerial. overflow( )

参数:

mySerial:用户自定义的软串口对象。

返回值:boolean 型值,为 true 表示溢出,为 false 表示没有溢出。

2. 建立一个软串口通信

SoftwareSerial 类库是 Arduino IDE 默认提供的一个第三方类库,与硬串口不同,其声明并没有包含在 Arduino 核心库中,因此要想建立软串口通信,首先需要声明包含 SoftwareSerial. h 的头文件,然后就可以使用该类库中的构造函数来初始化一个软串口了,如语句:

```
SoftwareSerial   mySerial(2,3);
```

即是新建一个名为 mySerial 的软串口,并将 2 号引脚作为 RX 端,3 号引脚作为 TX 端。

建立了软串口的实例后,还需要调用类库中的 listen( )函数来开启该软串口的监听功能。最后便可以使用类似硬串口的函数进行通信。

3. 同时使用多个软串口

当要连接多个串口设备时,还可以建立多个软串口,但限于软串口的实现原理,使得 Arduino 只能监听一个软串口,因此当存在多个软串口设备时,需要使用 listen( )函数指定需要监听的设备。例如,若程序中存在 portOne 和 portTwo 两个软串口对象,则若想监听 portOne 对象;便需要执行 portOne. listen( )语句;若想切换为监听 portTwo 对象,便需要执行 portTwo. listen( )语句。

4.1.4 实验:不同设备间采用串口实现数据交换

本实验实现的功能是两个 Arduino 主板之间通过软串口实现数据的交互,Arduino 主板与计算机通过硬串口通信实现数据的交互,实现两个计算机消息的互传。

(1) 材料:Arduino UNO 开发板两块、计算机端串口调试工具。

(2) 硬件电路图如图 4-1-5 所示。

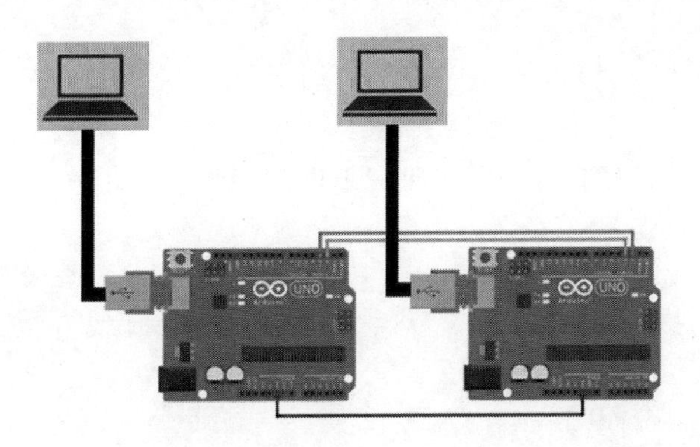

图 4-1-5　硬件电路图

(3)程序如下。

UNO 第一块 A 主板下载如下程序:

```
#include <SoftwareSerial.h>
SoftwareSerial mySerial(2,3);          //RX=2,TX=3,设置2、3口为软串口通信口
String device_A_string="";
String device_B_string="";
void setup() {
  Serial.begin(9600);
  mySerial.begin(9600);                //软串口波特率
}
void loop() {
    if(Serial.available())
    {
      if(Serial.peek() != '\n')
      {
        device_A_string += (char)Serial.read();
        delay(100);
      }
      else
      {
        Serial.read();
        Serial.print("you said:");
        Serial.println(device_A_string);
        mySerial.println(device_A_string);
        device_A_string="";
      }
    }
    if(mySerial.available())
```

```
        {
          if(mySerial.peek() ! = '\n')
          {
            device_B_string += (char)mySerial.read();
            delay(100);
          }
          else
          {
            mySerial.read();
            Serial.print("device B said:");
            Serial.println(device_B_string);
            device_B_string="";
          }
        }
}
```

UNO 第二块 B 主板下载如下程序：

```
#include <SoftwareSerial.h>
SoftwareSerial mySerial(10,11);       //RX=10,TX=11,设置 10、11 口为软串口通信口
String device_A_string="";
String device_B_string="";
void setup() {
  Serial.begin(9600);
  mySerial.begin(9600);               //软件串口波特率
}
void loop() {
      if(Serial.available())
      {
        if(Serial.peek() ! = '\n')
        {
           device_B_string += (char)Serial.read();
           delay(100);
        }
        else
        {
          Serial.read();
          Serial.print("you said:");
          Serial.println(device_B_string);
          mySerial.println(device_B_string);
          device_B_string="";
```

```
            }
        }
        if( mySerial. available( ) )
        {
            if( mySerial. peek( ) ! = '\n')
            {
                device_A_string += (char) mySerial. read( );
                delay(100);
            }
            else
            {
                mySerial. read( );
                Serial. print(" device A said:");
                Serial. println( device_A_string);
                device_A_string = "";
            }
        }
}
```

(4)实验结果。

程序下载后,选择相应的串口端口后续,分别打开两台计算机中的串口监视窗口,设置波特率,在一台计算机设备上发送数据,在另一台计算机上可接收到相应的数据,串口通信证明已建立。图 4-1-6 所示为串口通信结果。

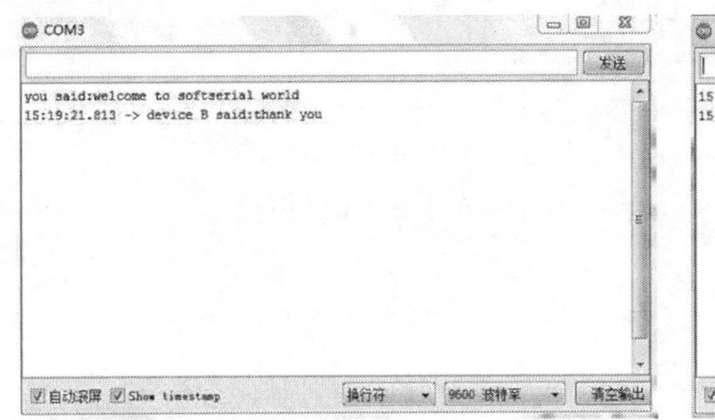

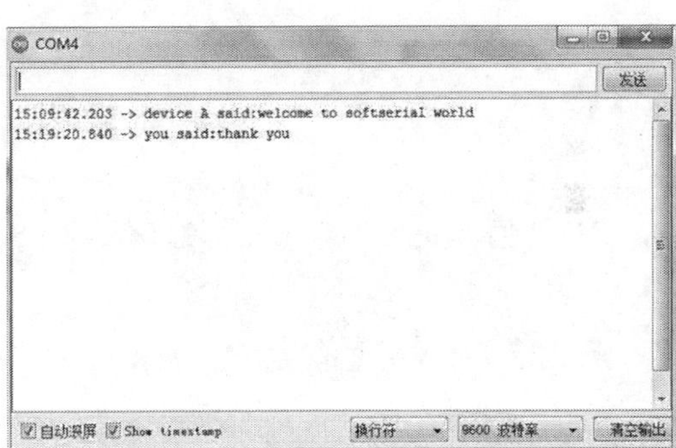

图 4-1-6　串口通信结果

4.2 I^2C 通信

4.2.1 I^2C 通信定义

I^2C(Intel-Integrated Circuit)总线是一种由 PHILIPS 公司开发的两线式串行总线,用于连接微控制器及其外围设备。在主从通信中,可以有多个 I^2C 总线器件同时接到 I^2C 总线上,通过地址来识别通信对象。如图 4-2-1 所示,它可以很方便地使用两根传输线实现一个主设备和多个从设备甚至多个主设备分别与对应从设备之间的通信,参与的设备可以多达 128 个甚至 1 024 个。这两根线称为串行时钟线(SCL)和串行数据线(SDA)。SCL 线是同步 I^2C 总线上的设备之间的数据传输时钟信号,它是由主设备产生的。另一条 SDA 线携带数据。I^2C 总线上的设备都是低电平有效,在不需要进行信号传输时,SCL 与 SDA 需要使用上拉电阻提升电平。上拉电阻器值为 2 kΩ 时传输速度为 400 kbit/s,阻值为 10 kΩ 时传输速度为 100 kbit/s。

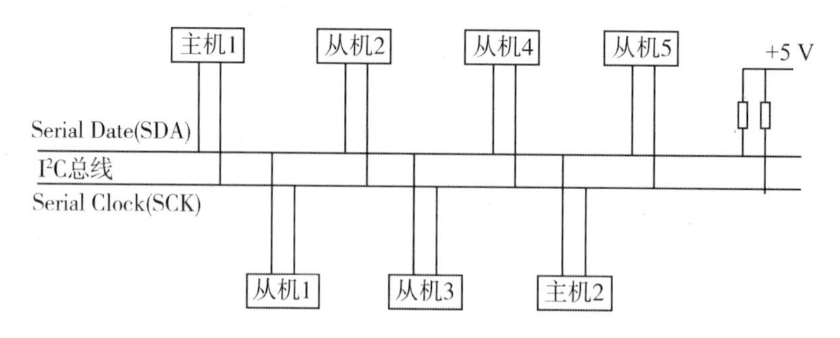

图 4-2-1　I^2C 总线示意图

I^2C 通信方式为半双工通信,只有一根 SDA 线,同一时间只可以单向通信。

4.2.2 I^2C 通信总线协议

I^2C 协议规定,总线上数据的传输必须以一个起始信号作为开始条件,以一个结束信号作为停止条件。起始信号和结束信号总是由主设备产生(意味着从设备不可以主动通信,所有的通信都是主设备发起的,主设备可以发出询问的 command,然后等待从设备的通信)。

起始信号和结束信号产生条件:总线在空闲状态时,SCL 和 SDA 都保持着高电平,当 SCL 为高电平而 SDA 由高到低跳变时,表示产生一个起始条件;当 SCL 为高电平而 SDA 由低到高跳变时,表示产生一个停止条件。

在起始条件产生后,总线处于忙状态,由本次数据传输的主从设备独占,其他 I^2C 器件无法访问总线;而在停止条件产生后,本次数据传输的主从设备将释放总线,总线再次处于空闲状态。I^2C 总线起始和结束条件如图 4-2-2 所示。

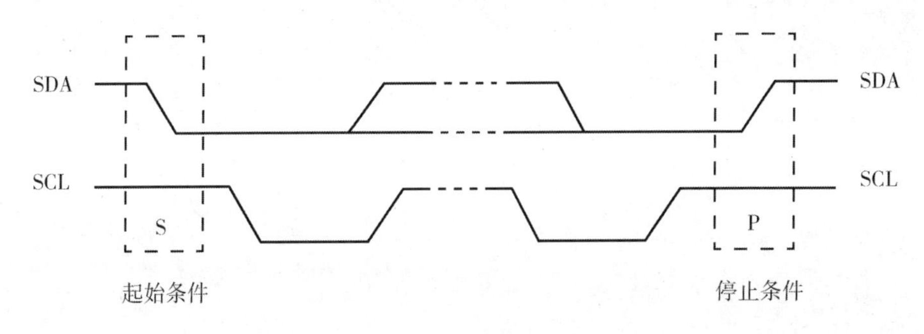

图 4-2-2　I²C 总线起始和结束条件

在了解起始条件和停止条件后,再来看看在这个过程中数据的传输是如何进行的。前面已经提到过,数据传输以字节为单位。主设备在 SCL 线上产生每个时钟脉冲的过程中将在 SDA 线上传输一个数据位,当一个字节按数据位从高位到低位的顺序传输完后,紧接着从设备将拉低 SDA 线,回传给主设备一个应答位,此时才认为一个字节真正地被传输完成。当然,并不是所有的字节传输都必须有一个应答位,如当从设备不能再接收主设备发送的数据时,从设备将回传一个否定应答位。I²C 总线数据传输过程如图 4-2-3 所示。

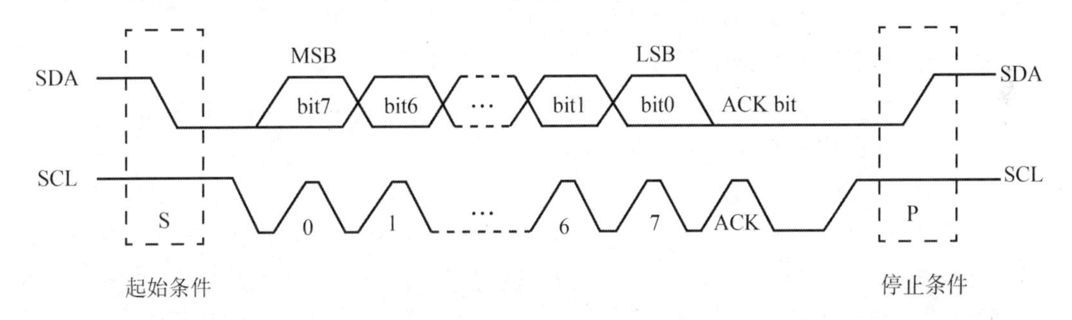

图 4-2-3　I²C 总线数据传输过程

I²C 总线上的每一个设备都对应一个唯一的地址,主从设备之间的数据传输是建立在地址的基础上的,也就是说,主设备在传输有效数据之前要先指定从设备的地址,地址指定的过程和上面数据传输的过程一样,只不过大多数从设备的地址是 7 位,然后协议规定再给地址添加一个最低位用来表示接下来数据传输的方向,0 表示主设备向从设备写数据,1 表示主设备向从设备读数据。向指定设备发送数据的格式(I²C 总线数据协议)如图 4-2-4 所示。(每一个最小包数据由 9 bit 组成,8 bit 内容+1 bit ACK,如果是地址数据,则 8 bit 包含 1 bit 方向)。I²C 总线数据协议简图如图 4-2-5 所示。

S	A6	A5	A4	A3	A2	A1	A0	R/W	A	D7	D6	D5	D4	D3	D2	D1	D0	A	…	D7	D6	D5	D4	D3	D2	D1	D0	A	S
start	slave adress								ack	Data								ack		Data								ack	stop

图 4-2-4　I²C 总线数据协议

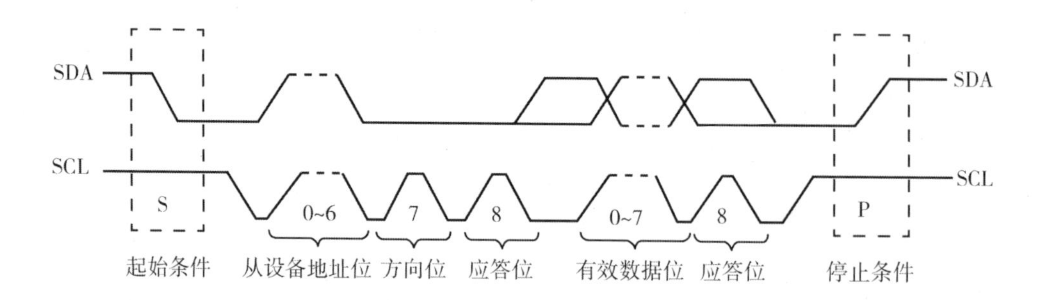

图 4-2-5　I^2C 总线数据协议简图

图 4-2-6 所示为 I^2C 从机应答示意图，由此可以看出以下几点。

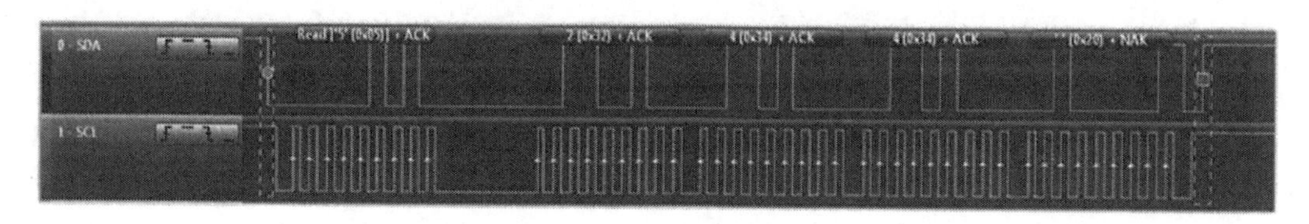

图 4-2-6　I^2C 从机应答示意图

SCL 处于高电平、SDA 处于电平下降通道，意味着主机与从机要开始传输信号了。

SCL 以 9 个脉冲周期为一组信号，其中第 9 个脉冲对应 SDA 通道的 ACK 信号，前 8 个脉冲与 SDA 通道的从设备地址信号或 Data 信号的 8 个位相对应。

SDA 通道中从机地址只用到了 7 个位，所以可以最多表示 128 个从设备，紧随其后的 1 个位若为高电平，则表示从机发送信号给主机，若为低电平则表示主机发送信号给从机。图 4-2-6 中"Read['5'(0x05)]"实际上是指从机地址 2D(10)，从机发送信息给主机 1D(1B)，合起来是 5D(101B)。

ACK 信号为低电平则表示从机响应主机信号。ACK 信号为高电平则又可表示为 NAK，意味着信号传输结束或者忙。

SCL 处于高电平，SDA 处于电平上升通道，该状态表示主机与从机传输信号结束。

4.2.3　Arduino Wire 库

1. Wire 类库成员函数

对于 I^2C 总线的使用，Arduino IDE 自带了一个第三方类库 Wire。在 Wire 类库中定义了如下成员函数。

(1) begin() 函数。

功能：初始化 I^2C 连接，并作为主机或者从机设备加入 I^2C 总线。

语法：

Wire. begin()

Wire. begin(address)

 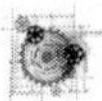

当没有填写参数时,设备会以主机模式加入 I^2C 总线;当填写了参数时,设备会以从机模式加入 I^2C 总线,address 可以设置为 0~127 中的任意地址。

参数:

address:一个 7 位的从机地址。如果没有该参数,设备将以主机形式加入 I^2C 总线。

返回值:无。

(2) requestFrom( ) 函数。

功能:主机向从机发送数据请求信号。使用 requestFrom( ) 函数后,从机端可以使用 onRequest( ) 函数注册一个事件用以响应主机的请求;主机可以通过 available( ) 函数和 read( ) 函数读取这些数据。

语法:

Wire. requestFrom(address, quantity)

Wire. requestFrom(address, quantity, stop)

参数:

address:设备的地址。

quantity:请求的字节数。

stop:boolean 型值,当其值为 true 时,将发送一个停止信息,释放 I^2C 总线;当其值为 false 时,将发送一个重新开始信息,并继续保持 I^2C 总线的有效连接。

返回值:无。

(3) beginTransmission( ) 函数。

功能:设定传输数据到指定地址的从机设备。随后可以使用 write( ) 函数发送数据,并搭配 endTransmission( ) 函数结束数据传输。

语法:Wire. beginTransmission(address)

参数:

address:要发送的从机的 7 位地址。

返回值:无。

(4) endTransmission( ) 函数。

功能:结束数据传输。

语法:

Wire. endTransmission( )

Wire. endTransmission(stop)

参数:

stop:boolean 型值,当其值为 true 时,将发送一个停止信息,释放 I^2C 总线;当没有填写 stop 参数时,等效使用 true;当其值为 false 时,将发送一个重新开始信息,并继续保持 I^2C 总线的有效连接。

返回值:byte 型值,表示本次传输的状态,取值如下。

①0,成功。

②1,数据过长,超出发送缓冲区。

③2,在地址发送时接收到 NACK 信号。

④3,在数据发送时接收到 NACK 信号。

⑤4,其他错误。

(5)write()函数。

功能:当为主机状态时,主机将要发送的数据加入发送队列;当为从机状态时,从机发送数据至发起请求的主机。

语法:

Wire:write(value)

Wire:write(string)

Wire:write(data,length)

参数:

value:以单字节发送。

string:以一系列字节发送。

data:以字节形式发送数组。

length:传输的字节数。

返回值:byte 型值,返回输入的字节数。

(6)available()函数。

功能:返回接收到的字节数。

在主机中,一般用于主机发送数据请求后;在从机中,一般用于数据接收事件中。

语法:Wire. Available()

参数:无。

返回值:可读字节数。

(7)read()函数。

功能:读取 1 bit 的数据。

在主机中,当使用 requestFrom()函数发送数据请求信号后,需要使用 read()函数来获取数据;在从机中需要使用该函数读取主机发送来的数据。

语法:Wire. Read()

参数:无。

返回值:读到的字节数据。

(8)onReceive()函数。

功能:可在从机端注册一个事件,当从机接收到主机发送的数据时即被触发。

语法:Wire. onReceive(handler)

参数:

handler:当从机接收到数据时可被触发的事件。该事件带有一个 int 型参数(从主机读到的字节数)且没有返回值,如 void myHandler(int numBytes)。

返回值:无。

(9)onRequest()函数。

功能:注册一个事件,当从机接收到主机的数据请求时即被触发。

语法:Wire. onRequest(handler)

参数:

handler:可被触发的事件。该事件不带参数和返回值,如 void myHandler()。

返回值:无。

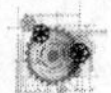

4.2.4　实验:不同设备间采用 I²C 协议实现数据交换

本实验通过 I²C 通信实现两个 Arduino UNO 主板中的信息交互,主站发送数据,从站对数据进行处理。

(1)材料:Arduino UNO 开发板两块、串口监视器。

(2)硬件连线图如图 4-2-7 所示。

Arduino UNO 主板的硬件中 A4 内部与 SCL 连通,A5 内部与 SDA 连通,因此 UNO 主板可通过 A4、A5 或者 SCL、SDA 接口一一对应连接,实现通过 I²C 协议的数据通信。

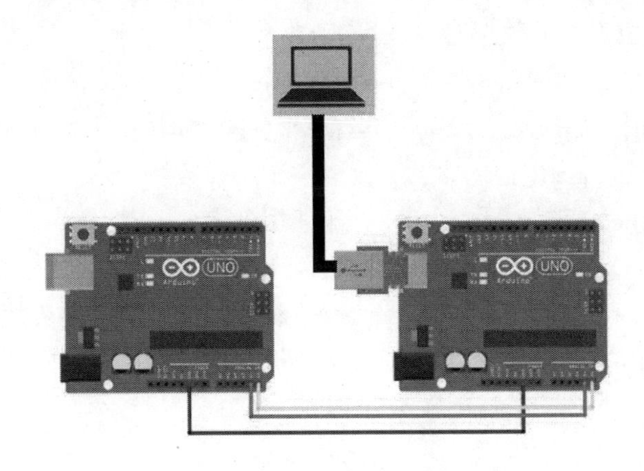

图 4-2-7　硬件连线图

(3)程序如下。

本实验代码可参照 Arduino IDE 示例程序中的 wire 中的 master_writer 和 slave_receiver 两个程序分别编写主站和从站的程序。

主站代码:

```
#include <Wire.h>                    //引用 Wire 库
void setup() {
  Wire.begin();                      //初始化 I²C 通信,注意主站这里不设置地址
}
byte x = 0;
void loop() {
  Wire.beginTransmission(8);         //向 8 号设备传输数据
  Wire.write("x is ");               //发送 5 个字节
  Wire.write(x);                     //发送 1 个字节 x 的值
  Wire.endTransmission();            //结束数据传输
  x++;
  delay(500);
}
```

从站代码:

```
#include <Wire. h>
void setup( ) {
  Wire. begin(8) ;                    //地址为 8 的从站加入 I²C 总线
  Wire. onReceive( receiveEvent) ; //从机注册时间
  Serial. begin(9600) ;               //启动串口通信,目的为显示数据
}
void loop( ) {
  delay( 100) ;                       //延时 100 ms 为能够执行到中断程序
}
/ * 从机收到主机发送的数据时,触发该函数 * /
void receiveEvent( int howMany) {
  while (1 < Wire. available( ) ) {   //当总线上有数据时进入循环但最后一个字节不读取
    char c = Wire. read( ) ;          //读取一个字节数据
    Serial. print( c) ;               //打印数据到串口
  }
  int x = Wire. read( ) ;             //读取总线上的最后一个字节数据
  Serial. println( x) ;               //打印数据到串口
}
```

(4)实验结果。

串口监视器监视从站的数据,从站中会将主站发送的数据显示到串口监视中(图 4-2-8)。

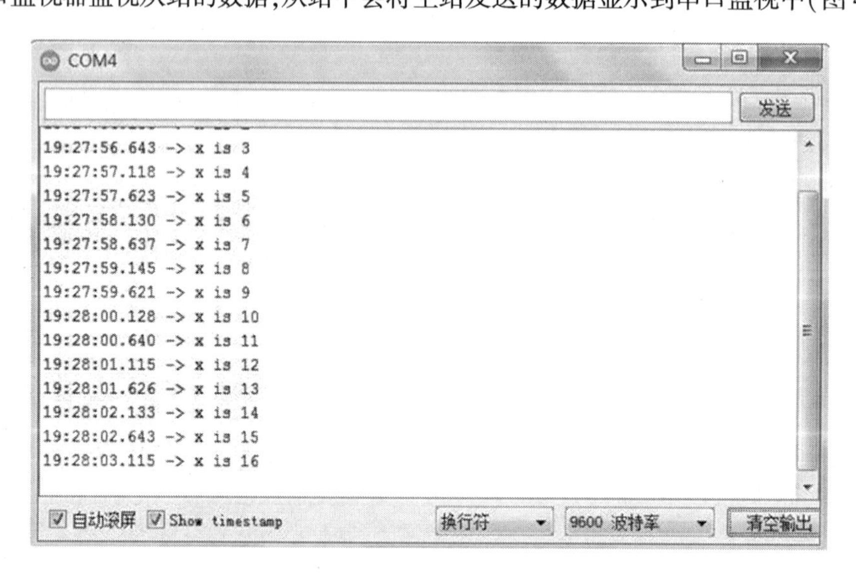

图 4-2-8　从站显示数据

本实验中使用的是主站发送数据,从站对数据进行处理响应的方式,主站和从站之间还可以是主站请求数据,从站发送数据的方式,代码可参照 Arduino IDE 示例程序中的 wire 中的 master_reader 和 slave_send 代码。当有多个从站时,硬件需要进行相应连接后,每个从站都需要下载代码。

 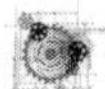

4.2.5　液晶的应用

液晶显示屏(Liquid Crystal Display,LCD)是平面显示器的一种,常用于电视及计算机的屏幕显示。LCD 的优点是耗电量低、体积小、辐射低。在人机交互过程中,LCD 显示器是重要的输出设备。本小节主要介绍 LCD1602 显示模块的原理和使用方法。

1. LCD1602 概述

LCD1602 是字符型液晶显示器,它是一种专门用来显示字母、数字和符号的点阵型液晶显示模块,能够同时显示“16×02”即 32 个字符。LCD1602 液晶显示器正面和背面图如图 4-2-9所示。

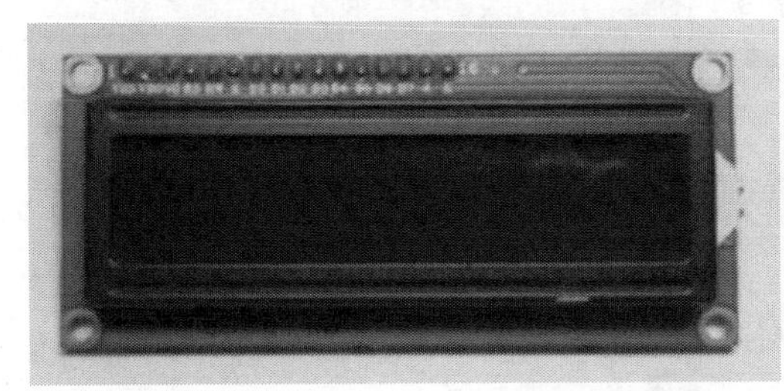
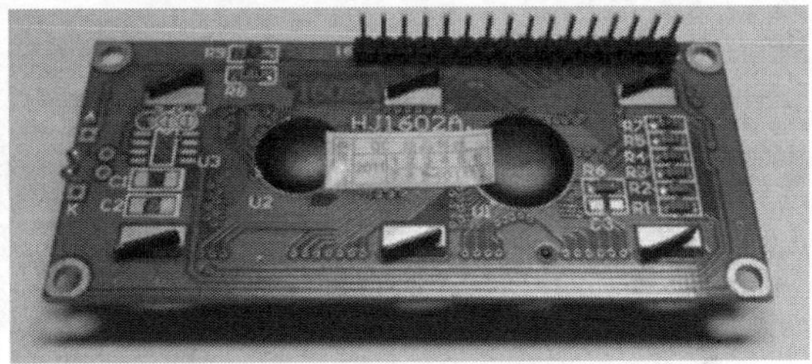

图 4-2-9　LCD1602 液晶显示器正面和背面图

LCD1602 分为带背光和不带背光两种,其控制器大部分为 HD44780。带背光的比不带背光的厚,是否带背光在实际应用中并无差别。

2. LCD1602 引脚接口说明

LCD1602 共 16 个引脚,各引脚说明见表 4-2-1。

表 4-2-1　LCD1602 引脚说明

编号	符号	引脚说明	编号	符号	引脚说明
1	VSS	电源地	9	D2	数据
2	VDD	电源正极	10	D3	数据
3	VL	液晶显示偏压	11	D4	数据
4	RS	数据/命令选择	12	D5	数据
5	R/W	读/写选择	13	D6	数据
6	E	使能信号	14	D7	数据
7	D0	数据	15	BLA	背光源正极
8	D1	数据	16	BLK	背光源负极

3. LCD1602 显示原理

LCD1602 液晶显示模块是一个慢显示元件,显示 1 个字符需要 40 μs,所以在执行每条指令之前一定要使该模块的忙标志为低电平(表示不忙),否则此指令失效,也可以采用延时方式。显示字符时,需要先输入显示字符地址,确定显示位置。LCD1602 的内部 DDRAM 用来寄存待显示的字符编码,共 80 个字节,其地址和屏幕的对应关系(部分)见表 4-2-2。

表 4-2-2　LCD 地址和屏幕对应的关系(部分)

显示位置		1	2	3	4	5	6	7	…	40
DDRAM 地址	第一行	0x00	0x01	0x02	0x03	0x04	0x05	0x06	…	0x27
	第二行	0x40	0x41	0x42	0x43	0x44	0x45	0x46	…	0x67

例如,要在 LCD1602 屏幕上显示 1 个 A 字,就需要向 DDRAM 的 0x00 地址写入 A 字的编码。但具体的写入操作需按 LCD 模块的指令格式来进行,一行有 40 个地址,LCD1602 屏幕一行显示 16 个字符,只要确定显示窗口第一个字符地址,就可以连续显示 16 个字符。

每一个显示字符都对应一个字节的编码,在字形库 CGROM 中,显示编码是以点阵字模方式记录的,如字符 A 的点阵图(图 4-2-10)。

图 4-2-10 左边的数据就是字模数据,右边就是将左边数据用"○"代表 0,用"■"代表 1,可以看出是个"A"字。在 CGROM 库中,A 的位置编码是 0x41,控制器收到 0x41 的编码后就把字模库中代表 A 的这一组数据送到显示控制电路,屏幕上就会显示字符"A"。

01110　　○■■■○
10001　　■○○○■
10001　　■○○○■
10001　　■○○○■
11111　　■■■■■
10001　　■○○○■
10001　　■○○○■

图 4-2-10　字符 A 的点阵图

4. LCD1602 基本操作及指令

(1)LCD1602 基本操作分为四种。

①读状态:输入 RS=0,RW=1,E=高脉冲。输出:D0~D7 为状态字。

②读数据:输入 RS=1,RW=1,E=高脉冲。输出:D0~D7 为数据。

③写命令:输入 RS=0,RW=0,E=高脉冲。输出:无。

④写数据:输入 RS=1,RW=0,E=高脉冲。输出:无。

LCD1602 液晶模块的读/写操作、显示屏和光标的操作都是通过指令编程来实现的(其中,1 为高电平,0 为低电平),LCD1602 控制指令见表 4-2-3。

表 4-2-3　LCD1602 控制指令

序号	指令	RS	R/W	D7	D6	D5	D4	D3	D2	D1	D0
1	清屏	0	0	0	0	0	0	0	0	0	1
2	光标复位	0	0	0	0	0	0	0	0	1	×
3	输入方式设置	0	0	0	0	0	0	0	1	I/D	S
4	显示开关控制	0	0	0	0	0	0	1	D	C	B
5	光标或字符移位控制	0	0	0	0	0	1	S/C	R/L	×	×
6	功能设置	0	0	0	0	1	DL	N	F	×	×
7	字符发生存储器地址设置	0	0	0	1	字符发生存储器地址					
8	数据存储器地址设置	0	0	1	显示数据存储器地址						
9	读忙标志或地址	0	1	BF	计数器地址						
10	写入数据至 CGRAM 或 DDRAM	1	0	要写入的数据内容							
11	从 CGRAM 或 DDRAM 中读取数据	1	1	读取的数据内容							

LCD 在进行指令操作时,需要配合 LCD1602 的读写时序进行,才能实现相应的控制功能。LCD1602 的时序分为读时序和写时序,写时序图如图 4-2-11 所示,时序参数见表 4-2-4,读时序图如图 4-2-12 所示。

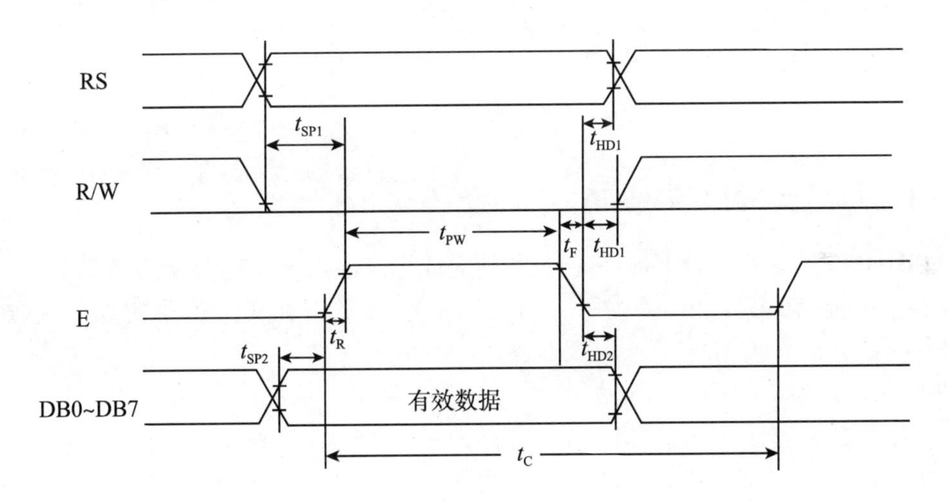

图 4-2-11　LCD1602 写时序图

表 4-2-4　时序参数

时序参数	符号	极限值			单位	测试条件
		最小值	典型值	最大值		
E 信号周期	t_C	400	–	–	ns	引脚 E
E 脉冲宽度	t_{PW}	150	–	–	ns	
E 上升沿/下降沿时间	t_R,t_F	–	–	25	ns	

(续表)

时序参数	符号	极限值			单位	测试条件
		最小值	典型值	最大值		
地址建立时间	t_{SP1}	30	–	–	ns	引脚 E、RS、R/W
地址保持时间	t_{HD1}	10	–	–	ns	
数据建立时间(读操作)	t_D	–	–	100	ns	引脚 DB0~DB7
数据保持时间(读操作)	t_{HD2}	20	–	–	ns	
数据建立时间(写操作)	t_{SP2}	40	–	–	ns	
数据保持时间(写操作)	t_{HD2}	10	–	–	ns	

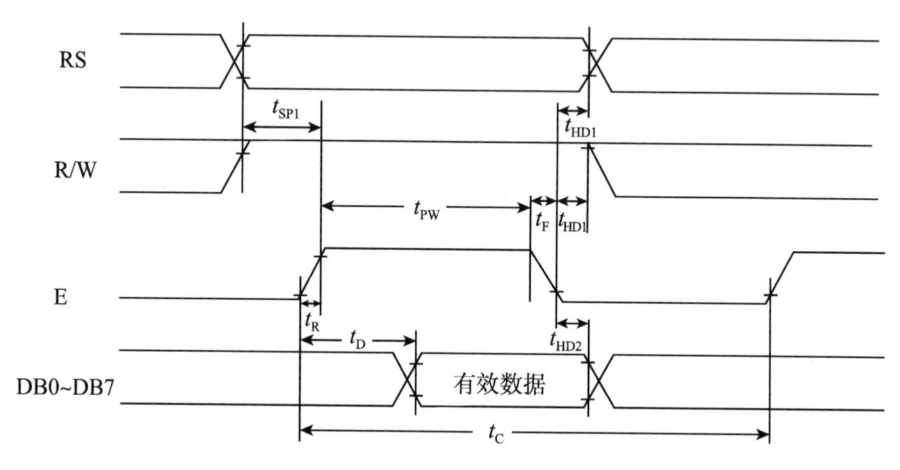

图 4-2-12　LCD1602 读时序图

5. LiquidCrystal 类库函数说明

LCD1602 控制命令需要和时序配合,才能完成相应的指令工程,对初学者来说,其编程比较复杂,因此 Arduino IDE 提供了 LiquidCrystal 类库。下面对类库中的部分函数进行说明。

(1)LiquidCrystal()函数。

功能:构造函数,创建 LiquidCrystal()函数的对象(实例)时被执行,可使用 4 位或 8 位数据线的方式(请注意,还需要指令线)。若采用 4 线方式,则将 d0~d3 悬空。若 RW 引脚接地,函数中的 rw 参数可省略。

语法:

LiquidCrystal lcd (rs,enable,d4,d5,d6,d7)

LiquidCrystal lcd (rs,rw,enable,d4,d5,d6,d7)

LiquidCrystal lcd (rs,enable,d0,d1,d2,d3,d3,d4,d5,d6,d7)

LiquidCrystal lcd (rs,rw,enable,d0,d1,d2,d3,d3,d4,d5,d6,d7)

参数:

rs:与 rs 连接的 Arduino 的引脚编号;

rw:与 rw 连接的 Arduino 的引脚编号;

enable：与 enable 连接的 Arduino 的引脚编号；

d0，d1，d2，d3，d4，d5，d6，d7：与数据线连接的 Arduino 的引脚编号。

返回值：无。

(2) begin( ) 函数。

功能：初始化，设定显示模式（列和行）。

语法：lcd. begin(cols，rows)

参数：

cols：显示器的列数（1602 是 16 列）；

rows：显示器的行数（1602 是 2 行）。

返回值：无。

(3) clear( ) 函数。

功能：清除 LCD 屏幕上的内容，并将光标置于左上角。

语法：led. clear( )

参数：无。

返回值：无。

(4) home( ) 函数。

功能：将光标定位在屏幕左上角。保留 LCD 屏幕上内容，字符从屏幕左上角开始显示。

语法：led. home( )

参数：无。

返回值：无。

(5) setCursor( ) 函数。

功能：设定显示光标的位置。

语法：led. setCursor(col，row)

参数：

col：显示光标的列（从 0 开始计数）；

row：显示光标的行（从 0 开始计数）。

返回值：无。

(6) write( ) 函数。

功能：向 LCD 写一个字符。

语法：lcd. write(data)。

参数：

data：LCD1602 内部字符和自定义的字符在库表中的编码。

返回值：写入成功返回 true，否则返回 false。

(7) print( ) 函数。

功能：将文本显示在 LCD 上。

语法：

lcd. print(data)

lcd. print(data，BASE)

参数：

data:要显示的数据,可以是 char、byte、int、long 或者 string 类型;BASE 数制(可选的),BIN、DEC、OCT 和 HEX,默认是 DEC。分别将数字以二进制、十进制、八进制、十六进制方式显示出来。

返回值:无。

(8)cursor()函数。

功能:显示光标。

语法:led. cursor()

参数:无。

返回值:无。

(9)noCursor()函数。

功能:隐藏光标。

语法:led. noCursor()

参数:无。

返回值:无。

(10)blink()函数。

功能:显示闪烁的光标。

语法:lcd. blink()

参数:无。

返回值:无。

(11)noBlink()函数。

功能:关闭光标闪烁功能。

语法:lcd. noBlink()

参数:无。

返回值:无。

(12)display()函数。

功能:打开液晶显示。

语法:lcd. display()

参数:无。

返回值:无。

(13)noDisplay()函数。

功能:关闭液晶显示,但原先显示的内容不会丢失。可使用 display()函数恢复显示。

语法:lcd. noDisplay()

参数:无。

返回值:无。

(14)scrollDisplayLeft()函数。

功能:使屏幕上的内容(光标及文字)向左滚动一个字符。

语法:lcd. scrollDisplayLeft()

参数:无。

返回值:无。

(15) scrollDisplayRight( ) 函数。

功能:使屏幕上内容(光标及文字)向右滚动一个字符。

语法:lcd. scrollDisplayRight( )

参数:无。

返回值:无。

(16) autoscroll( ) 函数。

功能:液晶显示屏的自动滚动功能,即当 1 个字符输出到 LCD 时,先前的文本将移动 1 个位置。如果当前写入方向为由左到右(默认方向),文本向左滚动;反之,文本向右滚动。它的功能是将每个字符输出到 LCD 上的同一位置。

语法:lcd. autoscroll( )。

参数:无。

返回值:无。

(17) noAutoscroll( ) 函数。

功能:关闭自动滚动功能。

语法:lcd. noAutoscroll( )

参数:无。

返回值:无。

(18) leftToRight( ) 函数。

功能:设置将文本从左到右写入屏幕(默认方向)。

语法:led. leftToRight( )

参数:无。

返回值:无。

(19) rightToLeft( ) 函数。

功能:设置将文本从右到左写入屏幕。

语法:lcd. rightToLeft( )

参数:无。

返回值:无。

(20) createChar( ) 函数。

功能:创建用户自定义的字符。总共可创建 8 个用户自定义字符,编号为 0~7。字符由一个 8 bit 数组定义,每行占用一个字节,DB7~DB5 可为任何数据,一般取"000",DB4~DB0 对应于每行 5 点的字符数据。若要在屏幕上显示自定义字符,应使用 write(num) 函数。其中 num 是 0~7 的序号。注意,当 num 为 0 时,需要写成 byte(0),否则编译器会报错。

语法:lcd. createChar(num,data)

参数:

num:所创建字符的编号(0~7);

data:字符的像素数据。

返回值:无。

6. LiquidCrystal_I2C 类库函数说明

前面介绍的是 Arduino 与 LCD1602 常规的控制方式，即采用四线方式，至少需要 6 个 I/O 口，而采用 I^2C 方式可以节省 I/O 接口。PCF8574T 是专用 I^2C 扩展 I/O 芯片，可将串行信号转换成并行信号，连接 LCD1602 液晶屏模块。将 Arduino I^2C 接口的 SDA 和 SCL 以及电源连接到接口板上，在程序中添加 LiquidCrystal_I2C. h 库函数，其大部分指令功能、语法格式与前面并行接口一样，只有少数不一样，下面对部分类库函数进行说明。

(1) LiquidCrystal_I2C 函数( )。

功能：构造函数，创建一个 LiquidCrystal_I2C( ) 的实例时被执行。

语法：LiquidCrystal_I2C lcd(uint8_t lcd_Addr, uint8_t lcd_cols, uint8_t lcd_rows)

参数：

lcd_Addr：设备地址；

lcd_cols：显示列数；

lcd_rows：显示行数。

返回值：无。

(2) init( ) 函数。

功能：初始化，在 setup( ) 函数中设定。

语法：lcd. init( )

参数：无。

返回值：无。

(3) begin( ) 函数。

功能：初始化，设定显示模式(列、行和字模大小)。

语法：lcd. begin(uint8_t cols, uint8_t lines, uint8_t dotsize)

参数：

cols：显示器可以显示的列数(1602 是 16 列)；

rows：显示器可以显示的行数(1602 是 2 行)；

dotsize：LCD_5x10DOTS 或 LCD_5x8DOTS。

返回值：无。

(4) backlight( ) 函数。

功能：打开液晶背光。

语法：lcd. backlight( )

参数：无。

返回值：无。

(5) noBacklight( ) 函数。

功能：关闭背光，不显示；显示原内容不变，打开背光后重新显示。

语法：lcd. noBacklight( )。

参数：无。

返回值：无。

4.2.6 矩阵键盘的应用

1. 矩阵键盘的基本介绍

矩阵键盘是单片机外部设备中所使用的排布类似于矩阵的键盘组。矩阵式结构的键盘显然比直接法要复杂一些,识别也要复杂一些,列线通过电阻接正电源,并将行线所接的单片机的 I/O 口作为输出端,而列线所接的 I/O 口则作为输入端。

在键盘中按键数量较多时,为了减少 I/O 口的占用,通常将按键排列成矩阵形式。在矩阵式键盘中,每条水平线和垂直线在交叉处不直接连通,而是通过一个按键加以连接。这样,一个端口(如 P1 口)就可以构成 4×4=16 个按键,比之直接将端口线用于键盘多出了一倍,而且线数越多,区别越明显,如再多加一条线就可以构成 20 键的键盘,而直接用端口线则只能多出 1 键(9 键)。由此可见,在需要的键数比较多时,采用矩阵法来做键盘是合理的。图 4-2-13 所示为 4×4 矩阵键盘。

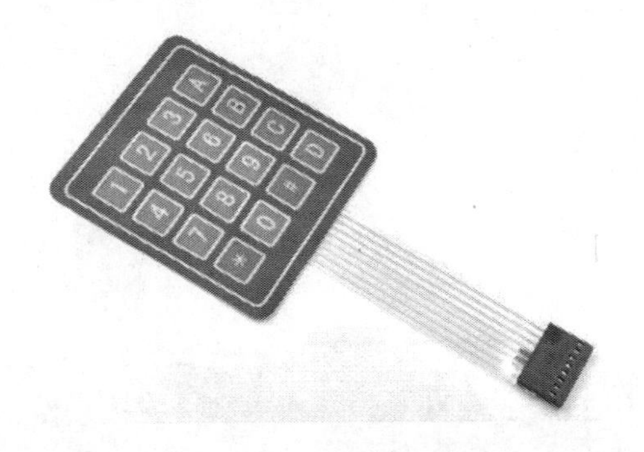

图 4-2-13　4×4 矩阵键盘

2. 矩阵键盘的工作原理

矩阵键盘又称为行列式键盘,它是用 4 条 I/O 线作为行线,4 条 I/O 线作为列线组成的键盘。在行线和列线的每一个交叉点上,设置一个按键。这样键盘中按键的个数是 4×4 个。这种行列式键盘结构能够有效地提高单片机系统中 I/O 口的利用率。由于单片机 I/O 口具有线与的功能,因此当任意一个按键按下时,行和列都有一根线被线与,通过运算就可以得出按键的坐标从而判断按键键值。

电路主要结构就是横 4 竖 4 共 8 组 I/O 口 pin 脚,1~4 口为列线,5~8 口为行线,矩阵键盘内部电路图如图 4-2-14 所示,矩阵键盘实物接线图如图 4-2-15 所示。

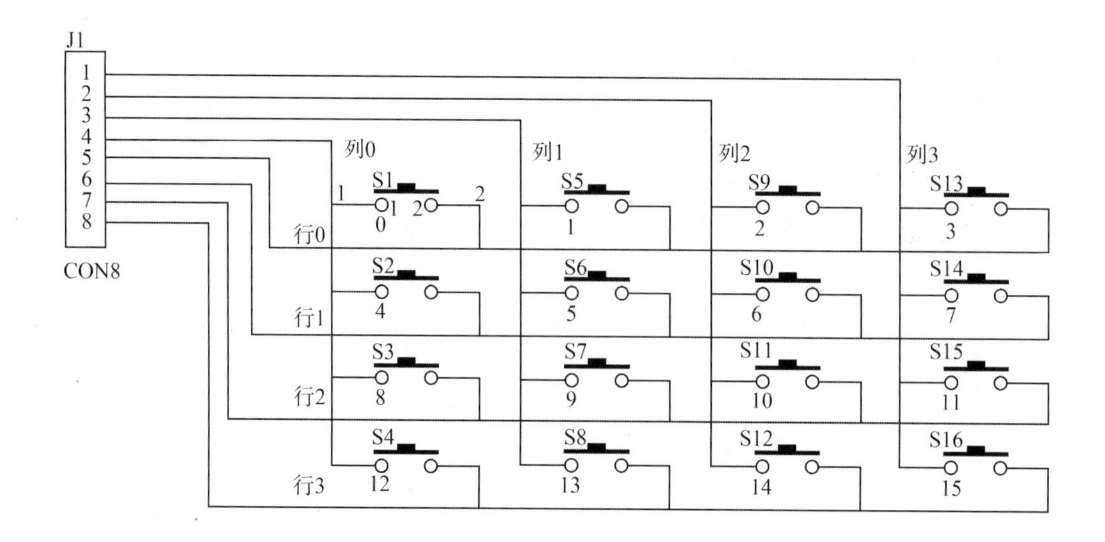

图 4-2-14　矩阵键盘内部电路图

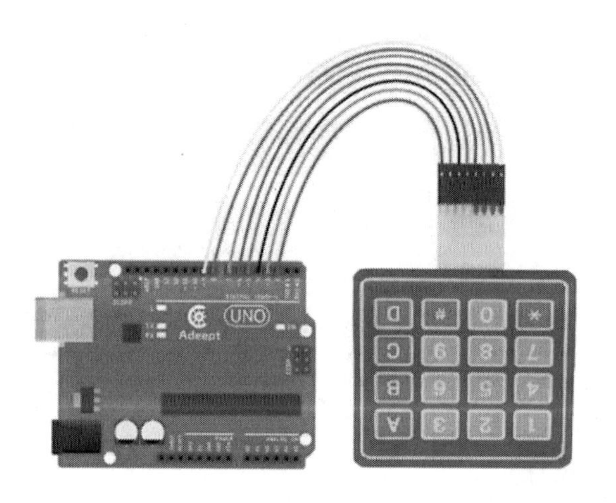

图 4-2-15　矩阵键盘实物接线图

行列扫描法原理如下。

(1)使行线为编程的输入线,列线为输出线,拉低所有的列线,判断行线的变化,如果有按键按下,按键按下对应的行线被拉低,否则所有的行线都为高电平。

(2)在第一步判断有按键按下后,延时 10 ms 消除机械抖动,再次读取行值,如果此行线还处于低电平状态则进入下一步,否则返回第一步重新判断。

(3)开始扫描按键位置,逐行扫描,每间隔 1 ms 的时间,分别拉低第一列、第二列、第三列、第四列,无论拉低哪一列其他三列都为高电平,读取行值找到按键的位置,分别把行值和列值储存在寄存器里。

(4)从寄存器中找到行值和列值并把其合并,得到按键值,对此按键值进行编码,按照从第一行第一个一直到第四行第四个逐行进行编码,编码值从“0000”至“1111”,再进行译码,

最后显示按键号码。

3. Keypad 函数库

Arduino 中为方便用户使用矩阵键盘，已封装好了相应的库文件，下面对库函数进行说明。

(1)构造函数。

Keypad Keypad=Keypad(makeKeymap(userKeymap),rowPins[ ],colPins[ ],rows,cols);

功能：实例化一个 Keypad 对象，该对象行管脚和列管脚对应的管脚号。

参数：

makeKeymap(userKeymap)：初始化内部键盘映射使其等于用户定义的键盘映射；

rowPins[ ]、colPins[ ]：键盘行和列所连接的 Arduino 引脚；

rows、cols：键盘的行和列数。

返回值：实例化对象 customKeypad。

例如：

```
const byte rows = 4;            //4 行
const byte cols = 3;            //3 列
char keys[rows][cols] = {
  {'1','2','3'},
  {'4','5','6'},
  {'7','8','9'},
  {'#','0','*'}
};
byte rowPins[rows] = {5,4,3,2};
byte colPins[cols] = {8,7,6};
Keypad keypad = Keypad( makeKeymap(keys),rowPins,colPins,rows,cols );
```

实例化一个键盘对象 keypad，该对象使用引脚 5、4、3、2 作为行引脚，并使用 8、7、6 作为列引脚。这里要注意行引脚和列引脚设置的顺序与接线对应。该键盘有 4 行 3 列，产生 12 个键。

(2)begin()函数。

功能：初始化内部键盘映射使其等于定义的按键。

语法：Keypad. begin(makeKeymap(keys))。

参数：

makeKeymap(keys)：初始化内部键盘映射使其等于用户定义的键盘映射。

返回值：无。

(3)waitForKey()函数。

功能：一直等到有人按下某个键。警告：它会阻止所有其他代码，直到按下某个键为止。这意味着没有闪烁的 LED，没有 LCD 屏幕更新，除了中断例程外什么也没有。

语法：Keypad. waitForKey()

参数:无。

返回值:无。

(4) getkey( ) 函数。

功能:返回按下的键(如果有)。此功能是非阻塞的。

语法:Keypad. getkey( )

参数:无

返回值:按键值

(5) getState( ) 函数。

功能:返回任何键的当前状态。四个状态为“空闲”“已按下”“已释放”和“保持”。

语法:Keypad. getState( )

参数:无

返回值:键的状态

(6) keyStateChanged( ) 函数。

功能:告知密钥何时从一种状态更改为另一种状态。例如,不仅可以测试有效的按键,还可以测试按键的按下时间。

语法:Keypad. keyStateChanged( )

参数:无

返回值:boolean 变量,状态改变的时间。

(7) setHoldTime( ) 函数。

功能:设置用户必须按住按钮直到触发 HOLD 状态的毫秒数。

语法:Keypad. setHoldTime(unsigned int time)

参数:毫秒数。

返回值:无。

(8) addEventListener( ) 函数。

功能:键盘监听,如果使用键盘,则触发事件。

语法:Keypad. addEventListener(keypadEvent)

参数:处理任务函数,有键盘按下时,进入该函数。

返回值:无。

4.2.7 DS18B20 温度传感器的应用

DS18B20 是数字型温度传感器,即输出数字信号随温度变化而变化,具有精度高、体积超小、硬件开销超低的特点,因此在单片机和开发温度的小产品中,经常选用它。

1. 产品参数

(1)独特的单线接口方式,DS18B20 在与微处理器连接时仅需要一条口线即可实现微处理器与 DS18B20 的双向通信。

(2)测温范围-55~+125 ℃,测量精度 0.5 ℃,固有测温误差 1 ℃。

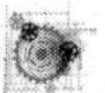

支持多点组网功能，多个 DS18B20 可以并联在唯一的三线上，最多只能并联 8 个，实现多点测温，如果数量过多，会使供电电源电压过低，从而造成信号传输的不稳定。

(3)工作电源 3.0~5.5 V/DC(可以数据线寄生电源)。

(4)在使用中不需要任何外围元件。

(5)测量结果以 9~12 位数字量方式串行传送。

(6)内置 EEPROM，限温报警功能。

(7)适用于 DN15-25、DN40-DN250 各种介质工业管道和狭小空间设备测温。

(8)63 位光刻 RPM，内置产品序列号，方便多机挂接。

2. 硬件介绍

DS18B20 采用 3 脚封装或 8 脚封装，图 4-2-16 所示为其实物图，图 4-2-17 所示为其外部封装图。

图 4-2-16　DS18B20 实物图

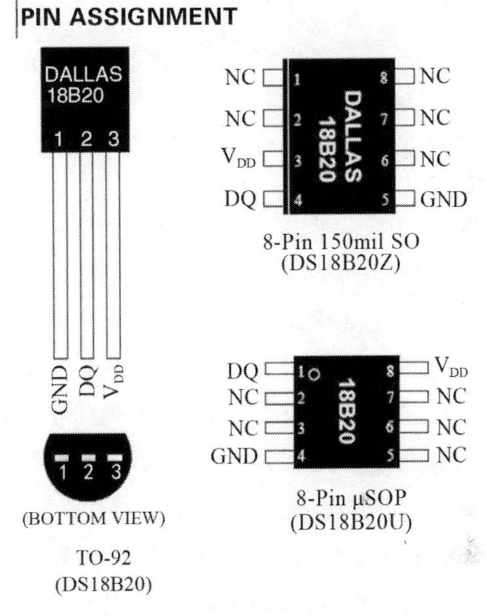

图 4-2-17　DS18B20 外部封装图

DS18B20 引脚功能定义如下：

GND：电压地；

DQ：单数据总线；

V_{DD}：电源电压；

NC：空引脚。

DS18B20 内部结构主要由以下四部分组成。

①64 位光刻 ROM。

②温度传感器。

③非挥发的温度报警触发器 T_H 和 T_L。

④高速暂存器。

DS18B20 内部结构如图 4-2-18 所示。

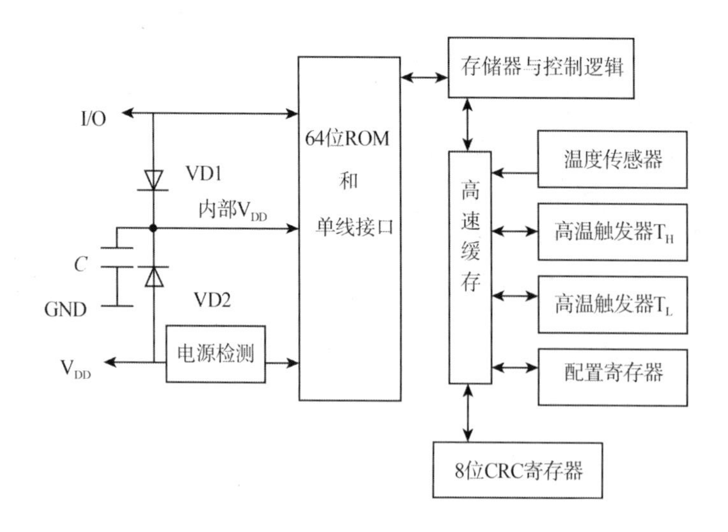

图 4-2-18　DS18B20 内部结构

3. 单总线通信

DS18B20 温度传感器与前面所讲的输出 1 或者 0 的数字传感器有些不同，DS18B20 作为一个 IC 类型的数字传感器，使用它就必须满足它的条件，在数字电路里面，控制芯片的时序就能正常操作芯片。DS18B20 是单总线控制通信，也就是控制信号在一根线上来回传输。单总线（One-Wrie）是 Dallas 公司的一项特有的总线技术，它采用信号线实现数据的双向传输，具有节省 I/O 口资源、结构简单、便于扩展和维护等优点。

单总线的结构是怎样的呢？由于单总线使用一根信号线进行双向数据传输，因此总线上的每个节点都必须是漏极和集电极开路的，这样设备在不发送数据时将释放数据总线，以便其他设备使用。单总线要求外接一个 5 kΩ 的上拉电阻以保证总线在闲置状态下为高电平，无论是什么原因，如果在传输过程中需要暂时挂起，且要求传输过程中还能继续，则总线必须处于空闲状态。在传输之间的回复时间是没有限制的，只要总线在恢复时期处于空闲状态。如果总线低电平保持 480 μs，则总线上所有的器件将复位。

4. DS18B20 连接方式

在硬件上，DS18B20 与单片机的连接有两种方法，一种是 V_{DD} 接外部电源，GND 接地，I/O与单片机的 I/O 线相连；另一种是用寄生电源供电，此时 V_{DD}、GND 接地，I/O 接单片机 I/O。无论是内部寄生电源还是外部供电，I/O 线接一个 4.7 kΩ 左右的上拉电阻，保证总线在空置状态时，都是一直处于高电平。

5. DS18B20 控制方式

虽然 DS18B20 有诸多优点，但使用起来并非易事，由于采用单总线数据传输方式，

DS18B20 的数据 I/O 均由同一条线完成，因此对读写的操作时序要求严格。为保证 DS18B20 的严格 I/O 时序，需要做较精确的延时。在 DS18B20 操作中，有了较为精确的延时保证，就可以对 DS18B20 进行读写操作、温度转换及显示等操作。

单片机是如何控制温度传感器的呢？下面来看一下 CPU 对温度传感器的控制命令。

DS18B20 有 6 条控制命令，表 4-2-5 给出了控制命令对应表。

表 4-2-5　控制命令对应表

命令	约定代码	操作说明
温度转换	44H	启动 DS18B20
读暂存器	BEH	读暂存器 9 个字节的内容
写暂存器	4EH	将数据写入暂存器的 T_H、T_L 字节
复制暂存器	48H	将暂存器的 T_H、T_L 字节写到 E2RAM 中
重新调 E2RAM	B8H	把 E2RAM 中的 T_H、T_L 字节写到暂存器的 T_H、T_L 字节中
读电源供电方式	B4H	启动 DS18B20 发送电源供电方式的信号给主 CPU

CPU 对 DS18B20 的访问流程是：先对 DS18B20 初始化，再进行 ROM 操作命令，最后才能对存储器进行操作。DS18B20 每一步操作都要遵循严格的工作时序和通信协议。如主机控制 DS18B20 完成温度转换这一过程，根据 DS18B20 的通信协议，须经三个步骤：每一次读写之前都要对 DS18B20 进行复位，复位成功后发送一条 ROM 指令，最后发送 RAM 指令，这样才能对 DS18B20 进行预定的操作。那么，什么是 ROM 指令，什么又是 RAM 指令呢？

DS18B20 共有三种形态的存储器资源。

（1）ROM 只读存储器。

ROM 只读存储器用于存放 DS18B20 的 ID 编码，其前 8 位是单线系列编码（DS18B20 的编码 19H），后面 48 位是芯片唯一的序列号，最后 8 位是以上 56 位的 CRC 码（冗余校验）。数据在出产时设置不由用户更改，DS18B20 共 64 位 ROM。

（2）RAM 数据暂存器。

RAM 数据暂存器用于内部计算和数据存取（图 4-2-19），数据在掉电后丢失，DS18B20 共 9 个字节 RAM，每个字节为 8 位。第 1、2 个字节是温度转换后的数据值信息，第 3、4 个字节是用户 EEPROM（常用于温度报警值储存）的镜像。在上电复位时其值将被刷新。第 5 个字节则是用户第 3 个 EEPROM 的镜像。第 6、7、8 个字节为计数寄存器，是为了让用户得到更高的温度分辨率而设计的，同样也是内部温度转换、计算的暂存单元。第 9 个字节为前 8 个字节的 CRC 码。

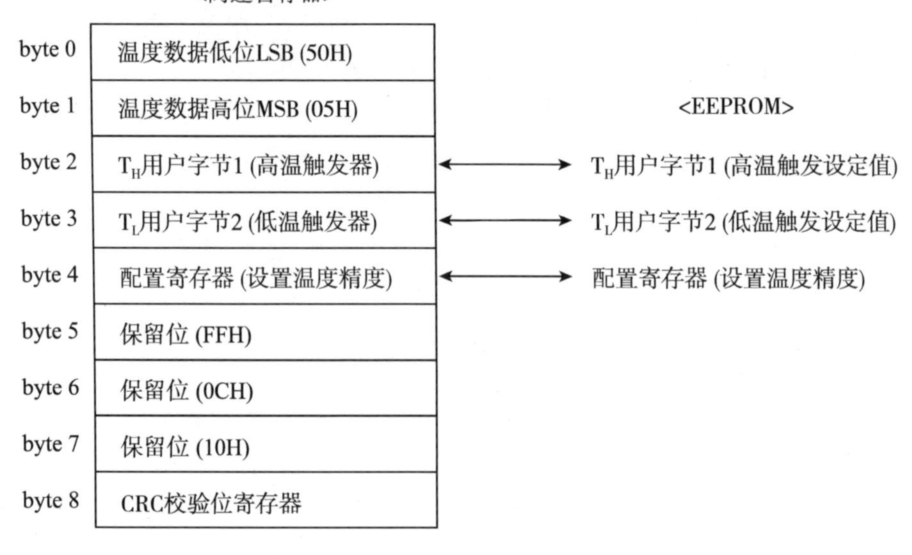

图 4-2-19 内部暂存器

(3)EEPROM。

非易失性存储器,用于存放长期需要保存的数据,上下限温度报警值和校验数据 DS18B20 共 3 位 EEPROM,并在 RAM 都存在镜像,以方便用户操作。

单片机对 DS18B20 具体的操作流程如下。

(1)复位。首先必须对 DS18B20 芯片进行复位,复位就是由控制器(单片机)给 DS18B20 单总线至少 480 μs 的低电平信号。当 DS18B20 接到此复位信号后则会在 15~60 μs后回发一个芯片的存在脉冲。

(2)存在脉冲。在复位电平结束之后,控制器应将数据单总线拉高,以便于在 15~60 μs 后接收存在脉冲,存在脉冲为一个 60~240 μs 的低电平信号。至此,通信双方已经达成了基本的协议,接下来将会是控制器与 DS18B20 间的数据通信。如果复位低电平的时间不足或是单总线的电路断路都不会接到存在脉冲,在设计时要注意意外情况的处理。

(3)控制器发送 ROM 指令。打过招呼后要进行交流,ROM 指令共有 5 条,每一个工作周期只能发一条,ROM 指令分别是读 ROM 数据、指定匹配芯片、跳跃 ROM、芯片搜索、报警芯片搜索。ROM 指令为 8 位长度,功能是对片内的 64 位光刻 ROM 进行操作。其主要目的是分辨一条总线上挂接的多个器件并做处理。诚然,单总线上可以同时挂接多个器件,并通过每个器件上所独有的 ID 号来区别,一般只挂接单个 DS18B20 芯片时可以跳过 ROM 指令(注意:此处指的跳过 ROM 指令并非不发送 ROM 指令,而是用特有的一条“跳过指令”)。

(4)控制器发送存储器操作指令。在 ROM 指令发送给 DS18B20 之后,紧接着(不间断)就是发送存储器操作指令了。操作指令同样为 8 位,共 6 条,存储器操作指令分别是写 RAM 数据、读 RAM 数据、将 RAM 数据复制到 EEPROM、温度转换、将 EEPROM 中的报警值复制到 RAM、工作方式切换。存储器操作指令的功能是命令 DS18B20 作什么样的工作,是芯片控制的关键。

(5)执行或数据读写。一个存储器操作指令结束后则将进行指令执行或数据的读写,这

个操作要视存储器操作指令而定。如果执行温度转换指令,则控制器(单片机)必须等待DS18B20 执行其指令,一般转换时间为 500 μs。如果执行数据读写指令,则需要严格遵循DS18B20 的读写时序来操作。

对 DS18B20 的操作,需要参考 DS18B20 手册的说明,图 4-2-20 所示为复序时序图。

(1)复位时序。

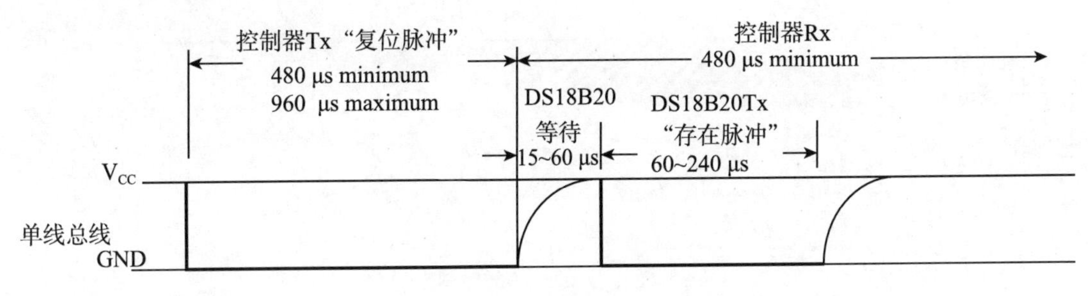

图 4-2-20　复位时序图

①单片机拉低总线 480~950 μs,然后释放总线(拉高电平)。

②这时 DS18B20 会拉低信号,大约 60~240 μs 表示应答。

③DS18B20 拉低电平 60~240 μs 之后,单片机读取总线的电平,如果是低电平,那么表示复位成功。

④DS18B20 拉低电平 60~240 μs 之后,会释放总线。

(2)写时序。

图 4-2-21 所示为写时序图。

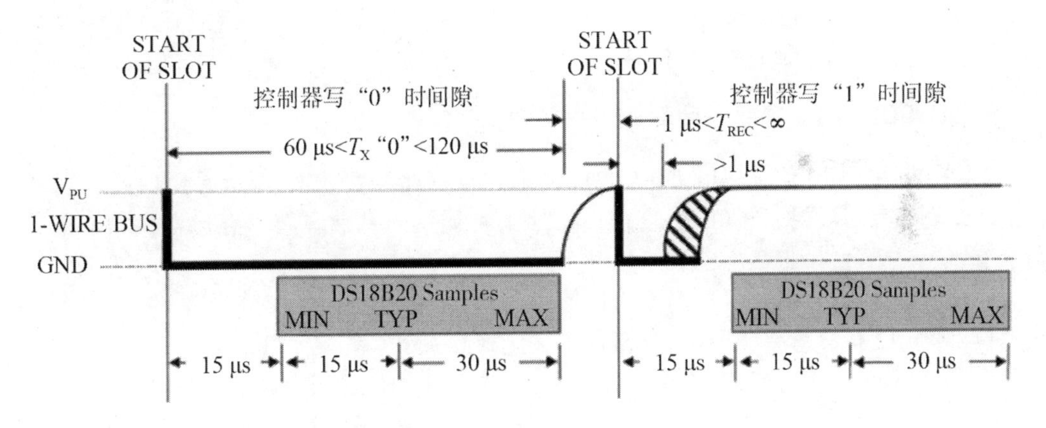

图 4-2-21　写时序图

DS18B20 写逻辑 0 的步骤如下。

①单片机拉低电平大约 10~15 μs。

②单片机持续拉低电平大约 20~45 μs。

③释放总线。

DS18B20 写逻辑 1 的步骤如下。

①单片机拉低电平大约 10~15 μs。

②单片机拉高电平大约 20~45 μs。

③释放总线。

(3)读时序。

图 4-2-22 所示为读时序图。

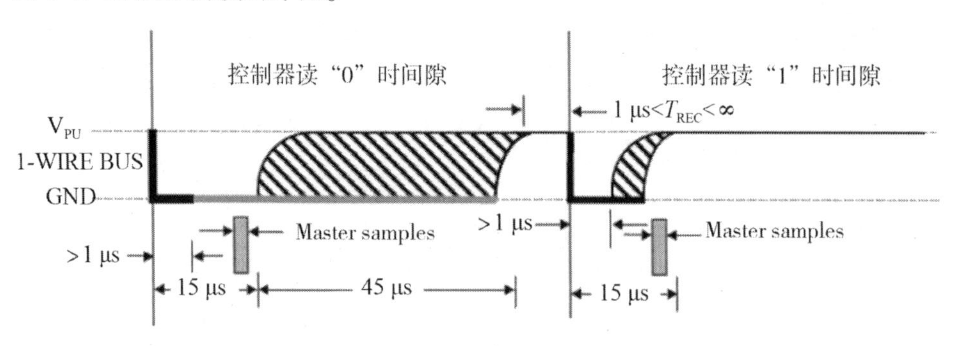

图 4-2-22　读时序图

DS18B20 读逻辑 0 的步骤如下。

①在读取时单片机拉低电平大于 1 μs

②单片机释放总线,然后读取总线电平。

③这时 DS18B20 会拉低电平。

④读取电平过后,延迟大约 40~45 μs

DS18B20 读逻辑 1 的步骤如下。

①在读取时单片机拉低电平大于 1 μs。

②单片机释放总线,然后读取总线电平。

③这时 DS18B20 会拉高电平。

④读取电平过后,延迟大约 40~45 μs。

6. DS18B20 温度读取与计算

DS18B20 采用 16 位补码(图 4-2-23)的形式来存储温度数据,温度是摄氏度。当温度转换命令发布后,经转换所得的温度值以二字节补码形式存放在暂存存储器的第 0 和第 1 个字节。

高字节的 5 个 S 为符号位,温度为正值时 S=1,温度为负值时 S=0,剩下的 11 位为温度数据位,对于 12 位分辨率,所有位全部有效,对于 11 位分辨率,位 0(bit0)无定义,对于 10 位分辨率,位 0 和位 1 无定义,对于 9 位分辨率,位 0、位 1 和位 2 无定义。

	bit7	bit6	bit5	bit4	bit3	bit2	bit1	bit0
低字节	2^3	2^2	2^1	2^0	2^{-1}	2^{-2}	2^{-3}	2^{-4}
	bit15	bit14	bit13	bit12	bit11	bit10	bit9	bit8
高字节	S	S	S	S	S	2^6	2^5	2^4

图 4-2-23　16 位补码

对应的温度计算如下。

当 5 个符号位为 0 时,温度为正值,直接将后面的 11 位二进制转换为十进制,再乘 0.062 5(12 位分辨率),就可以得到温度值。

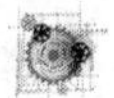

当5个符号位为1时,温度为负值,先将后面的11位二进制补码变为原码(符号位不变,数值位取反后加1),再计算十进制值,再乘0.0625(12位分辨率),就可以得到温度值。

例如:

+125 ℃的数字输出为07D0(00000111 11010000)。

转换成10进制是2 000,对应摄氏度为0.062 5 × 2 000=125 ℃。

-55 ℃的数字输出为FC90。

首先取反,然后+1,转换成原码为11111011 01101111。

数值位转换成10进制是870,对应摄氏度为 - 0.062 5 × 870=-55 ℃。

温度和数据对应表见表4-2-6。

表4-2-6　温度和数据对应表

温度	数字输出(二进制)	数字输出(十六进制)
+125 ℃	0000 0111 1101 0000	07D0H
+25.062 5 ℃	0000 0001 1001 0001	0191H
+10.125 ℃	0000 0000 1010 0010	00A2H
+0.5 ℃	0000 0000 0000 1000	0008H
0 ℃	0000 0000 0000 0000	0000H
-0.5 ℃	1111 1111 1111 1000	FFF8H
-10.125 ℃	1111 1111 0101 1110	FF5EH
-25.062 5 ℃	1111 1110 0110 1111	FF6FH
-55 ℃	1111 1100 1001 0000	FC90H

在Arduino程序的设计中,可直接运用OneWrie类库函数,实现数据的通信,DS18B20中很多复杂的操作直接用库函数就可以轻松解决。该库可在网上下载压缩文件,压缩文件解压到libraries文件里即可,或直接在IDE中加载OneWire类库函数。

7. 配置寄存器

BIT7出厂时就已经设置为0,不建议用户去更改。而R1与R0位组合了4个不同的转换精度。

(1)0 0为9位转换精度,转换时间是93.75 ms。

(2)0 1为10位转换精度,转换时间是187.5 ms。

(3)1 0为11位转换精度,转换时间是375 ms。

(4)1 1为12位转换精度,转换时间是750 ms(默认)。

该寄存器还是保留默认更好,因为转换精度表示了转换的质量。

8. OneWire类库函数

OneWire类库函数不属于Arduino的基本库,需要单独下载,或通过IDE的库管理器进行安装,库中定义了一个OneWare类。在使用类库函数前需要用OneWire创建一个单总线通信对象,以对象myWire为例介绍其类库函数。

(1)OneWire。

功能:构造函数,创建一个 OneWire 对象,指定一个引脚参数。可以将多个 OneWire 设备连到同一个引脚,也可以创建多个 OneWire 实例。

语法:OneWire myWire(pin)

参数:

pin:与 OneWire 设备连接的 Arduino 开发板引脚。

返回值:创建了一个 OneWire 类的对象 myWire。

(2)search()函数。

功能:搜索下一个设备。

语法:myWire. search(addrArray)

参数:

addrArray:8 字节数组(ROM 数据)。

返回值:

1:找到设备,且 addrArray 中存放设备地址;

0:未找到设备。

(3)reset_search()函数。

功能:初始化搜索状态,开始新的搜索(从第一个设备开始)之前需调用该函数。

语法:myWire. reset_search()

参数:无。

返回值:无。

(4)reset()函数。

功能:初始化单总线。主机和从机通信之前需要复位。

语法:myWire. reset()

参数:无。

返回值:

1:单总线上有从机,且准备就绪;否则返回 0。

(5)select()函数。

功能:主机指定从机。

语法:myWire. select(addrArray)

参数:

addrArray:uint8 类型,指定从机的 8 个字节的 ROM 数据。

返回值:无。

(6)skip()函数。

功能:跳过设备选择,可立即和设备通信。仅适合在只有一个设备时调用。

语法:myWire. skip()

参数:无。

返回值:无。

(7) write( ) 函数。

功能:字节发送。

语法:myWire. write(num)

参数:

num:要发送的字节,空闲状态为漏极或集电极开路。

返回值:无。

(8) read( ) 函数。

功能:字节读取。

语法:myWire. read( )

参数:无。

返回值:uint8 类型,表示读取的数据。

(9) crc8( ) 函数。

功能:计算一个数据数组的 CRC 校验和。

语法:myWire. crc8(dataArray,length)

参数:

dataArray:uint8 类型,数组首地址;

length:数组长度。

返回值:uint8 类型,8 位 CRC。

(10) write_bit( ) 函数。

功能:写时隙,即写 1 或写 0。

语法:myWire. write_bit(v)

参数:uint8 类型。

v:写入的数据,最低位 bit0 为 0 则写 0,为 1 则写 1。

返回值:无。

(11) read_bit( ) 函数。

功能:读时隙,即读 1 或读 0。

语法:myWire. read_bit ( )

参数:无。

返回值:uint8 类型,读出的数据。

DS18B20 温度传感器使用 OneWire 类库函数进行温度的采集,代码可参照 IDE 中示例代码。

9. DallasTemperature 类库函数

DallasTemperature 类库函数是在 OneWire 库的基础上又封装了一层,方便直接使用 DS18B20 等系列的温度传感器。这个库中温度转换可以设置为阻塞模式或非阻塞模式,阻塞模式下运行温度转换请求方法时会阻塞一段时间。这个库中访问设备可以通过设备地址(序列号)或是索引,通过索引方式访问相对会耗更多时间。温度传感器在使用该库时,需要先安装 DallasTemperature 类库函数,安装方法与 OneWire 类库函数相同。

部分函数说明如下:

(1)DallasTemperature(OneWire *)函数。

功能:构造函数,根据 OneWire 对象,创建 DallasTemperature 对象。

语法:DallasTemperature sensors(&oneWire)

参数:

oneWire:OneWire 构造的对象。

返回值:创建了一个 DallasTemperature 类的对象 sensors。

(2)begin()函数。

功能:初始化总线,建立总线通信。

语法:sensors. begin()

参数:无。

返回值:无。

(3)getDeviceCount()函数。

功能:获取单总线上所链接器件的总数。

语法:sensors. getDeviceCount()

参数:无。

返回值:器件数目。

(4)requestTemperatures()函数。

功能:向总线上所有设备发送温度转换指令,阻塞模式下该方法将阻塞一定时间;阻塞时间和全局设备最大分辨率以及是否在阻塞时检查转换完成标志有关。

分辨率影响:9 最大 94 ms;10 最大 188 ms;11 最大 375 ms;其他最大 750 ms。

语法:sensors. requestTemperatures()

参数:无。

返回值:无。

(5)requestTemperaturesByAddress()函数。

功能:向总线上指定地址(序列号)设备发送温度转换指令,阻塞模式下该方法将阻塞一定时间。

语法:sensors. requestTemperaturesByAddress(&deviceAddress)

参数:设备地址。

返回值:无。

(6)requestTemperaturesByIndex()函数。

功能:向总线上指定索引设备发送温度转换指令,阻塞模式下该方法将阻塞一定时间。

语法:sensors. requestTemperaturesByIndex(deviceIndex)

参数:器件索引号。

返回值:无。

(7) getTempC( ) 函数。

功能:返回指定地址(序列号)设备摄氏温度,如果发生错误则返回 DEVICE_DISCONNECTED_C(-127,默认值)。

语法:sensors. getTempC(&deviceAddress)

参数:器件地址。

返回值:对应地址下的摄氏温度。

(8) getTempF( ) 函数。

功能:返回指定地址(序列号)设备华氏温度,如果发生错误则返回 DEVICE_DISCONNECTED_F(-196.6,默认值)。

语法:sensors. getTempF(&deviceAddress)

参数:器件地址。

返回值:对应地址下的华氏温度。

(9) getTempCByIndex( ) 函数。

功能:返回索引号的设备摄氏温度。

语法:sensors. getTempCByIndex(deviceIndex)

参数:器件索引号。

返回值:对应地址下的摄氏温度。

(10) getTempFByIndex( ) 函数。

功能:返回索引号的设备华氏温度。

语法:sensors. getTempFByIndex(deviceIndex)

参数:器件索引号。

返回值:对应地址下的华氏温度。

4.2.8　实验:多点温度采集

本实验实现的功能为采用温度传感器,通过单总线(One-Wrie)通信的温度传感器实现多个位置的温度采集显示,将温度实时显示到液晶显示器中,通过按键控制液晶显示器显示哪个点的温度。

(1)材料:Arduino 开发板、DS18B20 温度传感器、I^2C 接口的 LCD1602 液晶显示器、4×4 矩阵键盘、电阻。

(2)硬件电路图如图 4-2-24 所示。

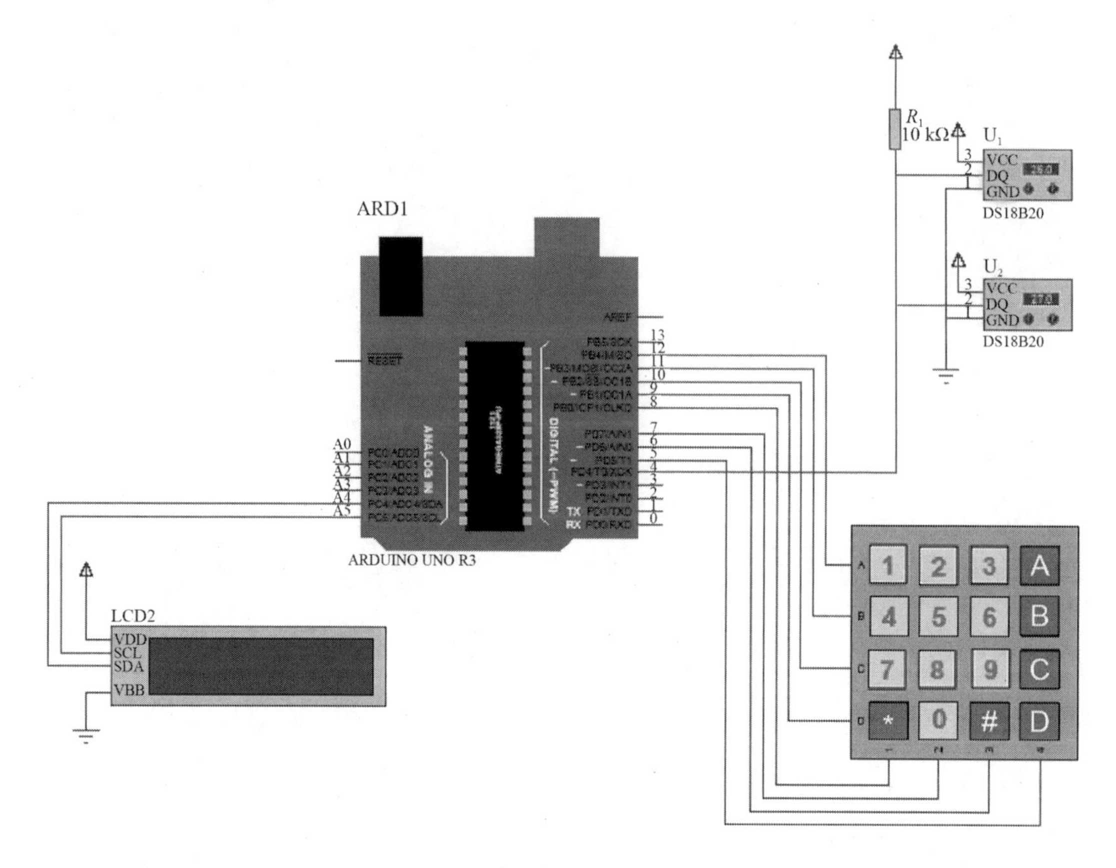

图 4-2-24　硬件电路图

(3)程序如下。

```
#include <DallasTemperature. h>
#include <OneWire. h>
#include <Wire. h>
#include <LiquidCrystal_I2C. h>
#include <Keypad. h>
#define ONE_WIRE_BUS 4
LiquidCrystal_I2C lcd(0x27,16,2);                 //设置 LCD 地址从 0x27 到 16,2 行显示
OneWire oneWire(ONE_WIRE_BUS);                    //实例化单总线通信对象
DallasTemperature sensors(&oneWire);              //实例化温度传感器对象
/*4*4 矩阵键盘设置*/
const byte ROWS = 4;                              //4 行
const byte COLS = 4;                              //4 列
/*定义矩阵键盘上的值*/
char hexaKeys[ROWS][COLS] = {
  {'1','2','3','A'},
  {'4','5','6','B'},
```

```
    {'7','8','9','C'},
    {'*','0','#','D'}
};
byte rowPins[ROWS] = {12,11,10,9};          //设置键盘行对应的 Arduino 引脚
byte colPins[COLS] = {8,7,6,5};             //设置键盘列对应的 Arduino 引脚
/*实例化键盘对象*/
Keypad customKeypad = Keypad( makeKeymap(hexaKeys),rowPins,colPins,ROWS,COLS);
char flag;                   //保证按键按下抬起后,后续温度能够持续刷新的标志
void setup() {
  Serial.begin(9600);
  sensors.begin();
  lcd.init();                               //初始化液晶显示
  lcd.backlight();                          //液晶显示背光设置
  lcd.print("hello world");                 //液晶初始显示 hello world
}
void loop() {
    sensors.requestTemperatures();          //发送命令获取温度
    float tep1 = sensors.getTempCByIndex(0);  //获取第一块索引地址中的温度
    float tep2 = sensors.getTempCByIndex(1);  //获取第二块索引地址中的温度
    char customKey = customKeypad.getKey();  //获取矩阵键盘的按键值
    /*根据不同的按键值显示不同点的温度值*/
    switch(customKey)
    {
      /*按键值为 1 时,在 LCD 第一行显示第一块地址的温度值*/
      case '1':
          flag='1';
          lcd.clear();              //清除屏幕原有显示内容,以备用于新的显示
          break;
      /*按键值为 2 时,在 LCD 第一行显示第二块地址的温度值*/
      case '2':
          flag='2';
          lcd.clear();
          break;
      /*按键值为#时,显示全部的温度,在 LCD 第一行显示第一块地址的温度值,第
二行显示第二块地址的温度值*/
      case '#':
          flag='#';
          lcd.clear();
          break;
```

```
    /*按键值为*时,清除屏幕,在第一行显示 hello world */
   case '*':
       flag='*';
       lcd.clear();
       lcd.setCursor(0,0);
       lcd.print("hello world");
       break;
   default:
     break;
}
/*按键值为1时,在LCD第一行显示第一块地址的温度值*/
if(flag =='1')
{
     lcd.setCursor(0,0);          //设置LCD光标位置
     lcd.print("temp1:");         //LCD上显示字符串
     lcd.setCursor(6,0);          //设置LCD光标位置后移4个字符
     lcd.print(tep1);             //LCD上显示温度值
     Serial.print("temp1 :");
     Serial.println(tep1);
}
  /*按键值为2时,在LCD第一行显示第二块地址的温度值*/
else if(flag =='2')
{
     lcd.setCursor(0,0);
     lcd.print("temp2:");
     lcd.setCursor(6,0);
     lcd.print(tep2);
     Serial.print("temp2 :");
     Serial.println(tep2);
}
  /*按键值为#时,显示全部的温度,在LCD第一行显示第一块地址的温度值,第
二行显示第二块地址的温度值*/
else if(flag =='#')
{
     lcd.setCursor(0,0);
     lcd.print("temp1:");
     lcd.setCursor(6,0);
     lcd.print(tep1);
     lcd.setCursor(0,1);
```

 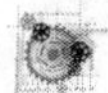

```
        lcd.print("temp2:");
        lcd.setCursor(6,1);
        lcd.print(tep2);
        Serial.print("temp1 :");
        Serial.println(tep1);
        Serial.print("temp2 :");
        Serial.println(tep2);
    }
    else
    {
    }
}
```

(4)实验结果。

本实验实现了多点温度的同时采集,并且通过按键可控制液晶显示器上显示不同地址下的温度,当键盘按 1 后,LCD 中显示第一块温度传感器采集的温度,当键盘按 2 后,LCD 中显示第二块温度传感器采集的温度,当键盘按#后,LCD 中两行分别显示第一块和第二块温度传感器的温度,当键盘按 * 后,显示 hello world。图 4-2-25 所示为实验结果。

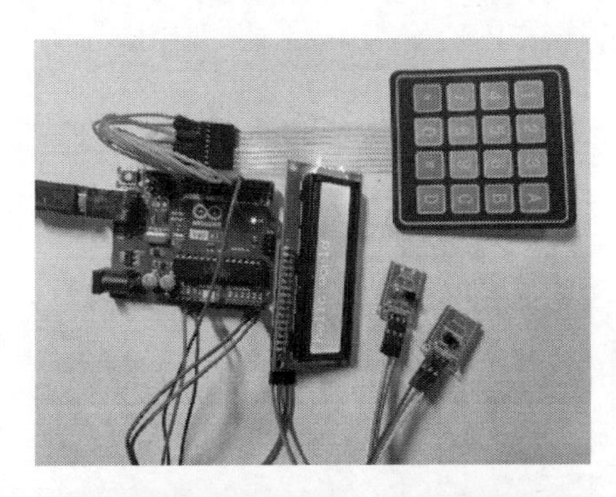

图 4-2-25　实验结果

4.3 SPI 通信

4.3.1 SPI 通信定义

1. SPI 简介

SPI(串行外设接口)是一种串行通信协议。摩托罗拉公司在 1970 年发明了 SPI 接口。SPI 具有全双工连接,这意味着数据可以同时发送和接收,即主设备可以将数据发送到从设备,从设备可以同时向主设备发送数据。SPI 是同步串行通信,因此通信需要时钟。

2. SPI 工作过程

SPI 使用四条线进行主/从通信。SPI 只能有一个主站,并且可以有多个从站。主机通常是微控制器,从机可以是微控制器、传感器、ADC、DAC、LCD 等。

图 4-3-1 所示为 SPI 主机带单个从机的框图,这是最简单的 SPI 通信方式,由于主机和从机的角色是固定不变的,可以将主机的 SS 端接高电平,将从机的 SS 端固定接地。其他信号一一对应连接即可。

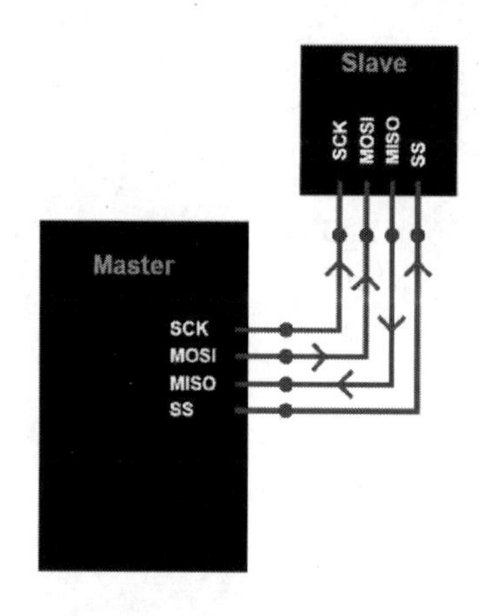

图 4-3-1　SPI 主机带单个从机的框图

SPI 有四条线 MISO、MOSI、SCK 和 SS。

(1)MISO(主进从出)。用于向主机发送数据的从设备线。

(2)MOSI(主出从入)。用于向外设发送数据的主线。

(3)SCK(串行时钟)。同步主机产生的数据传输的时钟脉冲。

(4)SS(从机选择)。主机可以使用此引脚来启用和禁用特定设备。

图 4-3-2 所示为 SPI 主机带多个从机的框图。

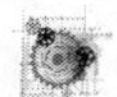

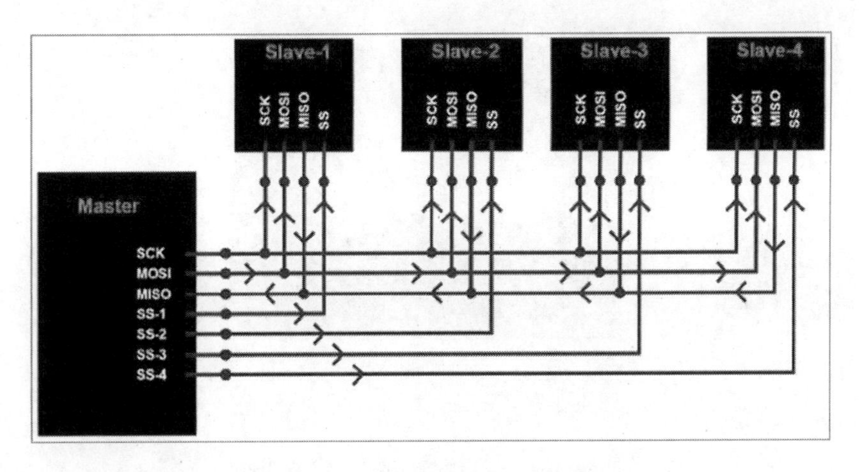

图 4-3-2　SPI 主机带多个从机的框图

要启动主机和从机之间的通信,就需要将所需设备的从机选择(SS)引脚设置为低电平,以便它可以与主机通信。当该引脚为高电平时,它会忽略主机。这里允许多个 SPI 设备共享相同的 MISO、MOSI 和 SCK 主线。如图 4-3-2 所示,有 4 个从机,其中 SCK、MISO,MOSI 与主器件共用,每个器件的 SS 分别连接到主器件的各个 SS 引脚(SS-1、SS-2、SS-3、SS-4)。通过将所需的 SS 引脚设置为低电平,主机可以与该从机通信。

3. SPI 接口特点

(1)SCK 信号线只由主机控制,从机不能控制信号线,同样,在一个基于 SPI 的设备中,至少有 1 个主机。

(2)与普通的串行通信不同,普通的串行通信一次连续传输至少 8 位数据(UART,但是还有一个起始位,一个停止位,还有校验位(可有可无)),而 SPI 允许数据一位一位地传送,甚至允许暂停,因为 SCK 时钟线由主机控制,当没有时钟跳变时,从机不采集或传送数据,也就是说,主机通过对 SCK 时钟线的控制可以完成对通信的控制。

(3)SPI 还是一个数据交换协议:因为 SPI 的数据输入和输出线独立,所以允许同时完成数据的输入和输出。不同的 SPI 设备的实现方式不尽相同,主要是数据改变和采集的时间不同,在时钟信号上沿或下沿采集有不同的定义。

4. Arduino UNO 中的 SPI 引脚

图 4-3-3 所示为 Arduino UNO 中的 SPI 引脚(框中)。SPI 线与 Arduino UNO 引脚见表 4-3-1。

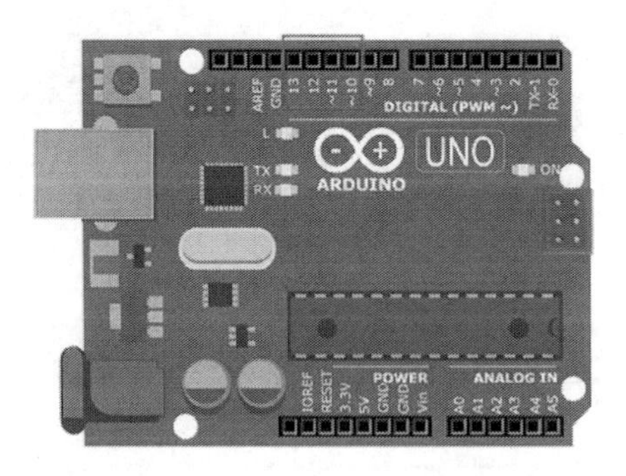

图 4-3-3　Arduino UNO 中的 SPI 引脚

表 4-3-1　SPI 线与 Arduino UNO 引脚

SPI 线	Arduino UNO 引脚
MOSI	11 或 ICSP-4
MISO	12 或 ICSP-1
SCK	13 或 ICSP-3
SS	10

4.3.2　SPI 通信协议

不管是一主一从还是一主多从的 SPI 通信系统，某一时刻通信双方只能是一个主机和一个从机，内部主要由主从双方的两个移位寄存器（8 bit SHIFT REGISTER）和主机 SPI 时钟发生器（SPI CLOCK GENERATOR）组成。图 4-3-4 所示为 SPI 通信过程。

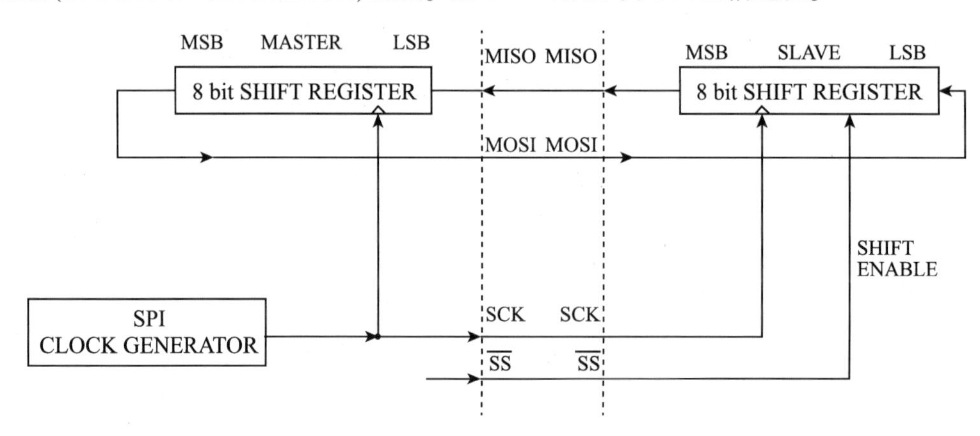

图 4-3-4　SPI 通信过程

SPI 通信过程简述如下。

（1）条件准备。包括四线引脚的输入输出配置，主机 SCK、MOSI 必须配置为输出模式，MISO 配置为输入模式，从机正好相关。除此之外，还要开启 SPI 的工作使能，即置 SPI 控制

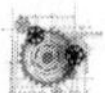

寄存器的 SPE 位。

(2)拉低从机的 SS 电平。从机做好数据传输准备,时刻注意主机发出的 SCK 信号。

(3)数据传输。每来一个时钟脉冲信号,主从机间完成一位数据交换,8 个时钟脉冲完成一个字节的数据交换。该字节传输完成,等待写入下一个传输字节。主从机间的交换逻辑如图 4-3-5 所示。主机和从机的移位寄存器连接成环,随着时钟脉冲电平高低变换,数据按照从高位到低位的方式依次移出主机寄存器和从机寄存器,并且依次移入从机寄存器和主机寄存器。当寄存器中的内容全部移出时,相当于完成了两个寄存器内容的交换。

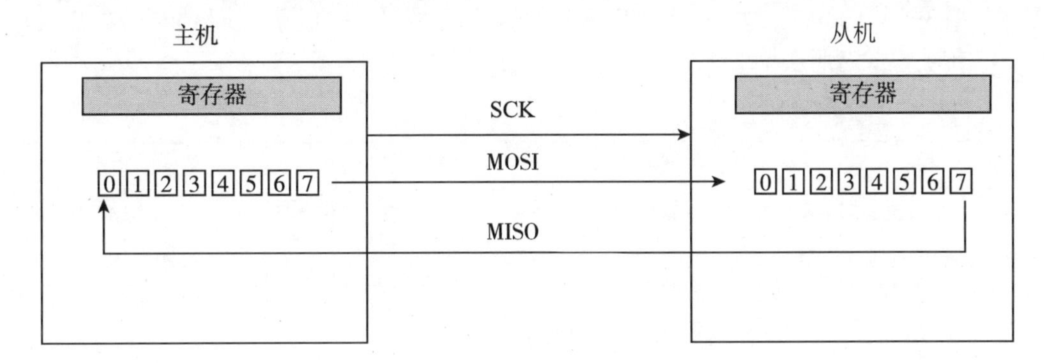

图 4-3-5 主从机间的交换逻辑

(4)传输结束。此时,硬件自动置位传输完成标识 SPIF(位于 SPI 状态寄存器 SPSR 中),通过轮询状态寄存器 SPIF 位或中断的方式,读取传入的字节。最后置位 SS(设为 1),重置 SPI 内部逻辑为初始状态。

图 4-3-6 所示为 SPI 通信示意图,是使用逻辑分析仪采集了 SPI 总线中 SCK、MISO、MOSI、SS 信号的屏幕快照。它显示了使用 Arduino UNO 作为主机发送字符“Hello world”给从机的通信过程。

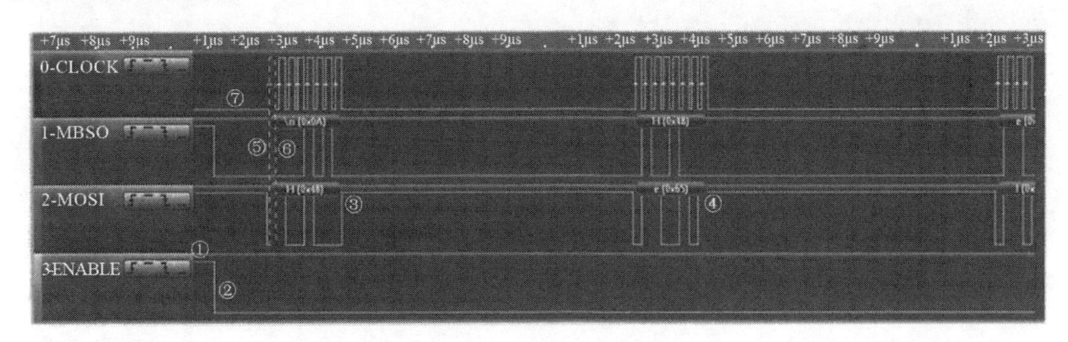

图 4-3-6 SPI 通信示意图

①无数据传输,SS 高电平。

②SS 电平拉低,该 SS 电平相关从机进入数据传输准备状态,MOSI(主机输出从机输入)、SCK(串行时钟)、MISO(主机输入从机输出)三线就绪。从机做好准备,时刻注意 SCK 时钟脉冲控制信号。

③第 1 个字符传输(“H”:0b01001000)完成。SCK 线上 8 个时钟脉冲之后又恢复为低电平,此时从机可以在 MOSI 数据线上读取传输过来的数据“H”。从机也能在 MISO 数据线

上放置数据让主机能够同时读取该数据。注意:MOSI 数据线上字符“H”的第 7 位数据 1 对应脉冲上升沿被图中⑥左边虚线遮住了。

④第 2 个字符转输(“e”:0b01100101)完成。

⑤若右边虚线对应 SCK 第 1 个时钟周期脉冲的上升沿,则对应 CPHA 的值为 0;若对应时钟周期脉冲的下降沿,则对应 CPHA 的值为 1。

⑥左边虚线对应 SCK 第 1 个时钟周期脉冲的下降沿,对应数据位。

⑦SCK 时钟控制低电平表示此时处于空闲状态,对应 CPOL 的值为 0;反之为 1。

图 4-3-6 中的⑤⑥⑦状态表明此时 SPI 传输模式为常见 SPI0 模式,即 CPOL=0、CPHA=0。SPI 传输模式对照表见表 4-3-2。

表 4-3-2　SPI 传输模式对照表

模式	时钟极性(CPOL)	时钟相位(CPHA)	输出边沿
SPL_MODE0	0	0	下降沿
SPL_MODE1	0	1	上升沿
SPL_MODE2	1	0	下降沿
SPL_MODE3	1	1	上升沿

4.3.3　Arduino SPI 类库

Arduino 的 SPI 类库定义在 SPI. h 头文件中。其成员函数如下。

(1)begin()函数。

功能:初始化 SPI 通信。调用该函数后,SCK、MOSI、SS 引脚将被设置为输出模式,且 SCK 和 MOSI 引脚被拉低,SS 引脚被拉高。

语法:SPI. Begin()

参数:无。

返回值:无。

(2)end()函数。

功能:关闭 SPI 总线通信。

语法:SPI. end()

参数:无。

返回值:无。

(3)setBitOrder()函数。

功能:设置传输顺序。

语法:SPI. setBitOrder(order)

参数:

order:传输顺序,取值为①LSBFIRST,低位在前;②MSBFIRST,高位在前。

返回值：无。

(4) etClockDivider( ) 函数。

功能：设置通信时钟。时钟信号由主机产生，从机不用配置。但主机的 SPI 时钟频率应该在从机允许的处理速度范围内。

语法：SPI. setCbckDivider(divider)

参数：

divider：SPI 通信的时钟是由系统时钟分频得到的。可使用的分频配置如下。

①SPI_CLOCK_DIV2，2 分频。

②SPI_CLOCK_DIV4，4 分频(默认配置)。

③SPI_CLOCK_DIV8，8 分频。

④SPI_CLOCK_DIVl6，16 分频。

⑤SPI_CLOCK_DIV32，32 分频。

⑥SPI_CLOCK_DIV64，64 分频。

⑦SPI_CLOCK_DIV128，128 分频。

返回值：无。

(5) setDataMode( ) 函数。

功能：设置数据模式。

语法：SPI. setDataMode(mode)

参数：

mode：可配置的模式，包括①SPI_MODE0；②SPI_MODEl；③SPI_MODE2；④SPI_MODE3。

返回值：无。

(6) transfer( ) 函数。

功能：传输 1 B 的数据，参数为发送的数据，返回值为接收的数据。

SPI 是全双工通信，因此每发送 1 B 的数据，也会接收到 1 B 的数据。

语法：SPI. transfer(val)

参数：

val：要发送的字节数据。

返回值：读到的字节数据。

(7) attachInterrupt( ) 函数。

功能：打开 SPI 中断的中断。如果从主站接收数据，则调用中断例程，并从 SPDR(SPI 数据寄存器)获取接收值。

语法：SPI. attachInterrupt( )

参数：无。

返回值:无。

4.3.4 实验:Arduino 板之间的 SPI 通信

本实验实现的功能是通过两块 Arduino 主板通过 SPI 通信,实现数据的交互。

(1)材料:Arduino 开发板、LED 指示灯、按钮、电阻 10 kΩ、电阻 2.2 kΩ。

(2)硬件电路图如图 4-3-7 所示。

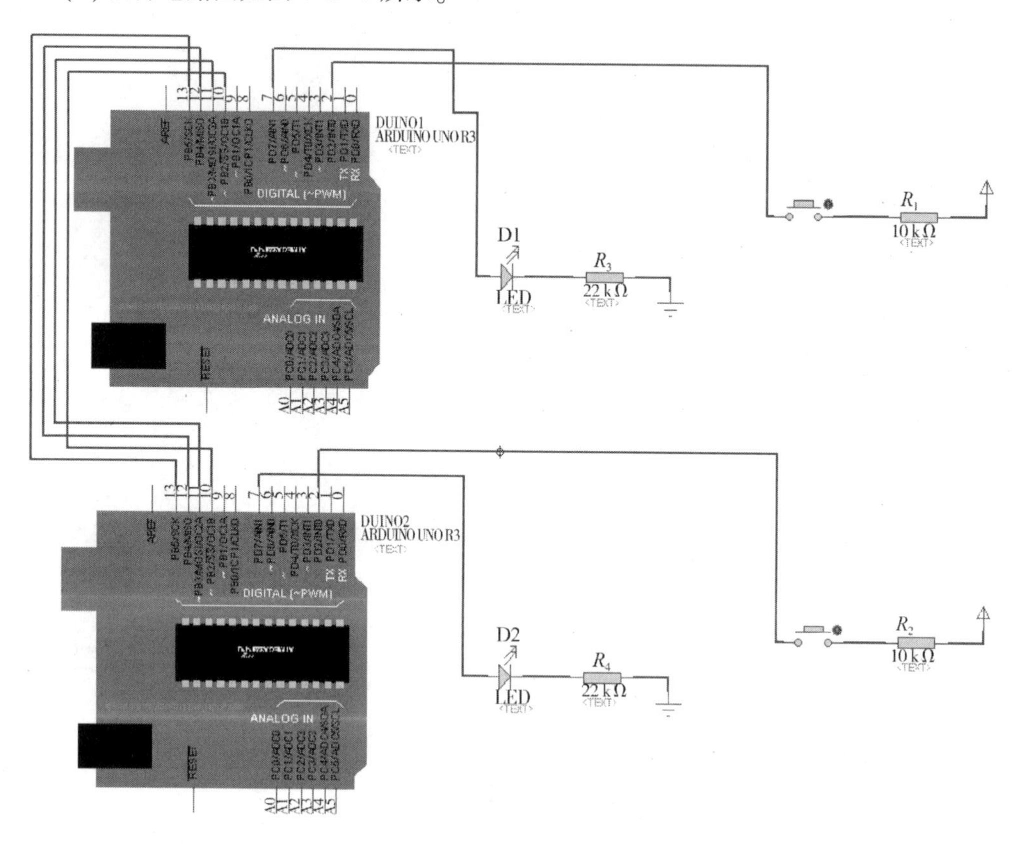

图 4-3-7　硬件电路图

(3)程序如下。

主站代码:

```
#include<SPI.h>                    //SP 库文件
#define LED 7
#define ipbutton 2
int buttonvalue;
int x;
void setup (void)
{
  Serial.begin(115200);            //启动串行通信,波特率为 11 520 bit/s
```

```
    /*将 LED 连接至引脚 7,将按钮连接至引脚 2,并分别设置这些引脚为 OUTPUT 和
INPUT */
    pinMode(ipbutton,INPUT);
    pinMode(LED,OUTPUT);
    SPI.begin();                    //开始 SPI 通信
    SPI.setClockDivider(SPI_CLOCK_DIV8);
    //设置 ClockDivider 进行 SPI 通信,分频系数为 8
    digitalWrite(SS,HIGH);
    //SS 引脚置为高电平,因为没有启动任何传输到从机 Arduino
  }
  void loop(void)
  {
    byte Mastersend,Mastereceive;
    /*读取按键状态,根据按键状态设置 x 值,用于发送到从机 Arduino 的值*/
    buttonvalue = digitalRead(ipbutton);
    if(buttonvalue == HIGH)
    {
      x = 1;
    }
    else
    {
      x = 0;
    }
    /*在发送值之前,需要将从机选择值设置为 LOW,以开始从主机传输到从机*/
    digitalWrite(SS,LOW);
    /*将存储在 Mastersend 变量中的按钮值发送到从机 Arduino,并从 Slave 中接收将存
储在 Mastereceive 变量中的值*/
    Mastersend = x;
    Mastereceive=SPI.transfer(Mastersend);
    /*根据 Mastereceive 值,将点亮或熄灭主机 Arduino 上的 LED 灯*/
    if(Mastereceive == 1)
    {
      digitalWrite(LED,HIGH);    //设置灯亮
      Serial.println("Master LED ON");
    }
    else
    {
      digitalWrite(LED,LOW);    //设置灯灭
      Serial.println("Master LED OFF");
```

```
    }
    delay(1000);
  }
从站代码:
#include<SPI.h>
#define LEDpin 7
#define buttonpin 2
volatile boolean received;
volatile byte Slavereceived,Slavesend;
int buttonvalue;
int x;
void setup()
{
  Serial.begin(115200);                    //以波特率 115 200 bit/s 启动串行通信
  /*将 LED 连接至引脚 7,将按钮连接至引脚 2,并分别设置这些引脚为 OUTPUT 和 INPUT */
  pinMode(buttonpin,INPUT);
  pinMode(LEDpin,OUTPUT);
  /*将 MISO 设置为 OUTPUT(必须将数据发送到主 IN)。所以数据是通过 Slave Arduino 的 MISO 发送的 */
  pinMode(MISO,OUTPUT);
  /*使用 SPI 控制寄存器在从模式下打开 SPI */
  SPCR |= _BV(SPE);
  received = false;
  /*打开 SPI 中断的中断。如果从主机接收数据,则调用中断例程,并从 SPDR(SPI 数据寄存器)获取接收值 */
  SPI.attachInterrupt();
}
/*中断函数,实现来自 Master 的值取自 SPDR 并存储在 Slavereceived 变量中 */
ISR (SPI_STC_vect)
{
  Slavereceived = SPDR;
  received = true;
}

void loop()
{
  if(received)
  {
```

```
        /* 根据 Slavereceived 值将从机 Arduino 上的 LED 灯设置为 ON 或 OFF */
        if (Slavereceived==1)
        {
          digitalWrite(LEDpin,HIGH);              //设置灯亮
          Serial.println("Slave LED ON");
        }else
        {
          digitalWrite(LEDpin,LOW);               //设置灯灭
          Serial.println("Slave LED OFF");
        }
        /* 读取从机 Arduino 按钮的状态,并将值存储在 Slavesend 中,通过给 SPDR 寄存器赋值将值发送给主机 Arduino */
        buttonvalue = digitalRead(buttonpin);

        if (buttonvalue == HIGH)
        {
          x=1;
        }else
        {
          x=0;
        }
        Slavesend=x;
        SPDR = Slavesend;        //将 x 值发送给主机
        delay(1000);
    }
}
```

(4)实验结果。

按下主机相连的按键后,从机相连的 LED 点亮;按下从机相连的按键后,主机相连的 LED 点亮。

第 5 章　Modbus 通信

本章内容将会带领大家深入了解 Arduino 使用 Modbus 与外部设备进行通信的方式。因为现在 Modbus 已经是工业领域通信协议的一个业界标准,并且是现在工业电子设备常用的连接方式之一,所以希望大家通过本章的学习掌握如何使用 Arduino 接入使用 Modbus 通信的工业设备中。

5.1　Modbus 通信协议

5.1.1　Modbus 基本构成

Modbus 是一种串行的通信协议,是 Modicon 公司(现在的施耐德电气)在 1979 年制定的 Modbus 协议标准。Modbus 分很多实现版本,总体来说是一种应用层协议,从 OSI 七层模型来看,其位于第七层应用层。它定义了在不同类型的总线或网络上连接的设备之间提供"客户端/服务器"通信。对于使用串口的版本,也定义了物理层和链路层,实现在主站和一个或多个从站之间交换 Modbus 报文。具体版本主要有如下两种。

(1)Modbus RTU(Remote Terminal Unit,远程终端单元):这种方式常采用 RS485 作为物理层,一般利用芯片的串口实现数据报文的收发,报文数据采用二进制数据进行通信。

(2)Modbus ASCII:报文使用 ASCII 字符。ASCII 格式使用纵向冗余校验和。Modbus ASCII 报文由冒号(:)开始,换行符(CR/LF)结尾构成。OSI 模型各层功能见表 5-1-1。

表 5-1-1　OSI 模型各层功能

OSI 模型	功能
物理层	机械/电气连接;将数据转换为可通过物理介质传送的信号,相当于物流公司建设高速公路
链路层	将数据分帧,并处理流控制。本层指定拓扑结构并提供硬件寻址,相当于物流公司中的装拆箱工人
网络层	使用权数据路由经过大型网络,相当于物流公司中的排序工人
传输层	提供终端到终端的可靠连接,相当于公司中跑快递站的送信人员
会话层	允许用户使用简单易记的名称建立连接,相当于公司中收寄信、写信封与拆信封的秘书
表示层	协商数据交换格式,相当公司中简报老板、替老板写信的助理
应用层	用户的应用程序和网络之间的接口

 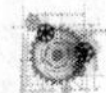

当然,根据所使用的物理层不一样,还有以下几种方式。

(3)Modbus TCP/IP 或 Modbus TCP ：这是一种 Modbus 变体版本,使用 TCP/IP 网络进行通信,通过 502 端口进行连接。报文不需要校验和计算,因为以太网底层已经实现了 CRC32 数据完整性校验。

(4)Modbus over TCP/IP 或 Modbus over TCP 或 Modbus RTU/IP ：这也是一种 Modbus 变体,与 Modbus TCP 的不同之处在于,其与 Modbus RTU 一样,校验和包含在报文中。

(5)Modbus UDP:也有在 UDP 上传输 Modbus 报文的,但这种方式需要做错误重传机制,因此应用较少。

5.1.2　Modbus RTU 的基本概念

Modbus 简易 OSI 参考模型见表 5-1-12。

表 5-1-2　Modbus 简易 OSI 参考模型

物理层	RS485/RS422/RS232
链路层	时分复用(将不同的信号相互交织在不同的时间段内,沿着同一个信道传输)
应用层	客户端/服务器

Modbus 串口版本基本定义了物理层可以使用 485 或 232,这里 EIA/TIA 都是标准协会的简称,也常写成 RS485/RS232。

(1)RS485:半双工收发接口,这是最为常用的 Modbus 物理层,信号采用差分电平编码,用一对双绞线现场布线,抗干扰性能很好。

(2)RS422:全双工收发接口,这种物理层也有比较多的应用,信号采用差分电平编码,需要两对双绞线现场布线,抗干扰性能也很好。与 RS485 相比,其优势在于可以实现全双工,通信的效率高些,所需要的代价就是现场布线需要两对双绞线,增加了一定的成本。

(3)RS232:全双工收发接口,基本用在点对点通信场景下,不适合多点拓扑连接,采用共模电平编码,一般需要 Rxd/Txd/GND 三根线连接。

在本章 Modbus RTU 通信协议的学习中,物理层主要使用了 RS485 串口来进行通信连接。在使用 RS485 接口时,标准负载的情况下只能接 32 个从机。如果需要接入的从机数量超过 32 个,就需要添加中继器。

而 Modbus 在链路层使用了属于主/从的方式进行控制。这里要注意的是,在进行 Modbus RTU 通信时,起始信息总是由主机发起到对应从机,对应从机接收到消息后再返还主机相应内容。

为了理解 Modbus RTU 主机和从机发送了什么信息,先来看一对 MODBUS RTU 上的两条报文,首先是主机上的报文(表 5-1-3)。

表 5-1-3 Modbus 主机报文内容

主机发送的报文内容	01	03	00 01	00 01	d5 ca
主机报文的对应含义	从机地址	功能号	数据地址	数据	CRC 校验

报文就是数据块,包括要传送的数据。就像邮寄一封信,对方只需要里面的内容,但却需要把信封放到快递站,贴上物流信息,在物流信息上写明收发双方的电话和地址。而报文指的就是包括信封在内的所有东西,而不是单指客户要发送的数据。

Modbus 的报文包含了如下内容。

(1)从机地址。从机地址就是指收信者地址。每台设备的从机地址是不同的,根据所需控制设备的地址进行填写。表 5-1-3 Modbus 主机报文中的 01 代表主机要向 1 号从机发送的内容。

(2)功能号。功能号是指信的内容。Modbus 的功能码有很多,表 5-1-3 Modbus 主机报文中的 03 是读单个保持寄存器。其余功能码具体信息如下(表 5-1-4)。

表 5-1-4 Modbus 功能码含义

功能码	名称	数据类型	作用
0x01	读线圈寄存器	位	取得一组逻辑线圈的当前状态(ON/OFF)
0x02	读离散输入寄存器	位	取得一组开关输入的当前状态(ON/OFF)
0x03	读保持寄存器	整型、浮点型、字符型	在一个或多个保持寄存器中取得当前的二进制值
0x04	读输入寄存器	整型、浮点型	在一个或多个输入寄存器中取得当前的二进制值
0x05	写单个线圈寄存器	位	强置一个逻辑线圈的通断状态
0x06	写单个保持寄存器	整型、浮点型、字符型	把具体二进制装入一个保持寄存器
0x0F	写多个线圈寄存器	位	强置一串连续逻辑线圈的通断
0x10	写多个保持寄存器	整型、浮点型、字符型	把具体的二进制值装入一串连续的保持寄存器

(3)数据地址。数据地址是指要对方在哪里干这件事。表 5-1-3 报文中的数据地址为 00 01。

(4)数据。数据是指在对方那个地方具体改变了什么。表 5-1-3 中的数据是 00 01。

(5)CRC 校验。CRC 校验是指发完快递怕丢失,就把信里面的字数统计一遍写到最后一页;最后对方只需要核对字数就可以得知信息的完整性。具体的 CRC 校验比较复杂,大家可以课后自主学习。

上面介绍的是主机给从机发送的报文,而在主机读取从机信息是主机发送上述报文后,从机回复的报文也有格式(表 5-1-5)。

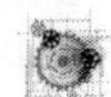

表 5-1-5　从机报文格式

从机发送的报文内容	01	03	02	00 17	f8 4a
从机报文的对应含义	从机地址	功能号	数据字节个数	数据	CRC 校验

从机回复的具体内容与主机类似,唯一的区别是把数据地址改为了数据字节个数,这样主机就完成了一次对从机数据的读操作,实现了一次通信。

5.2　学习使用 Modbus 助手

在调试 Modbus 设备时 Modbus 助手非常有帮助。这里给大家介绍一款使用起来非常方便的 Modbus 调试助手——MThings,下载官网 http://gulink. cn/download。

图 5-2-1 所示为 MThings 主界面介绍,具体如下。

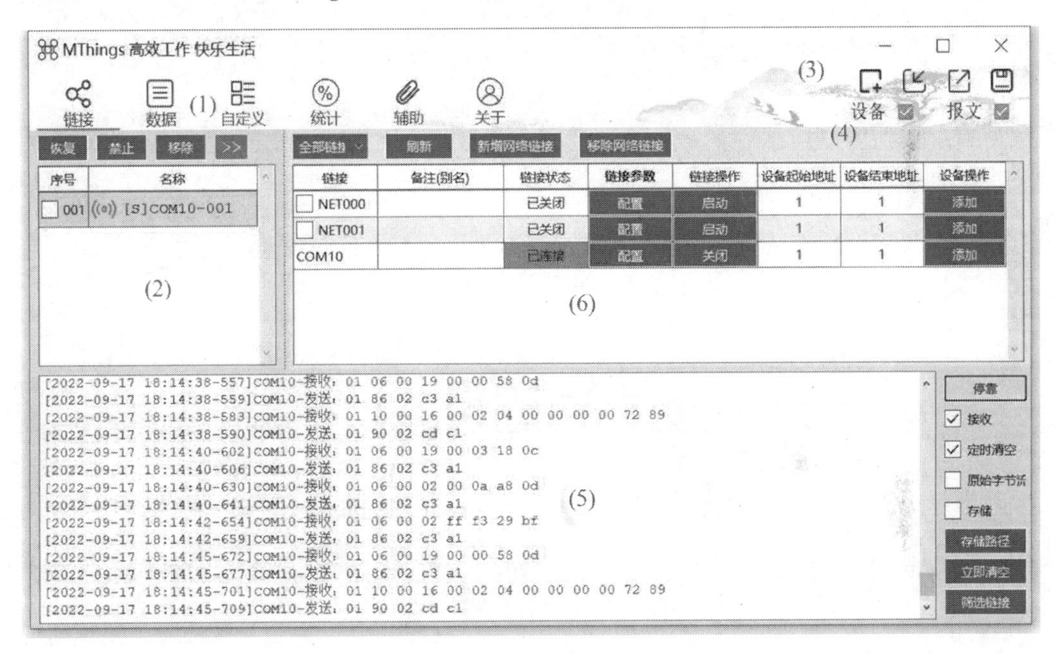

图 5-2-1　MThings 主界面介绍

(1)主菜单。用于切换“主功能页面”。

(2)设备列表。辅助“主菜单”,用户通过单击设备名称,可切换当前激活设备,指定新的“主功能页面”所属设备。

(3)配置文件。用于新建、导入、另存为、保存配置文件。

(4)视图切换。用于控制显示或隐藏“设备列表”和“报文监控”窗口。

(5)报文监控。查阅和管理各链接的通信报文。

(6)主功能页面。对应“主菜单”,提供主功能操作界面。

MThings 常用功能介绍如下。

在使用软件去控制 Modbus 设备前，按饼干需要先初始设置图 5-2-2 中箭头标注的功能。首先打开报文，在所需 COM 端口单击添加按钮设置所需的主机或从机（图 5-2-3），再单击配置按钮来配置波特率、校验方式等信息（图 5-2-4）。在初始化完成后就可以在自定义选项中填写所需要的报文了。

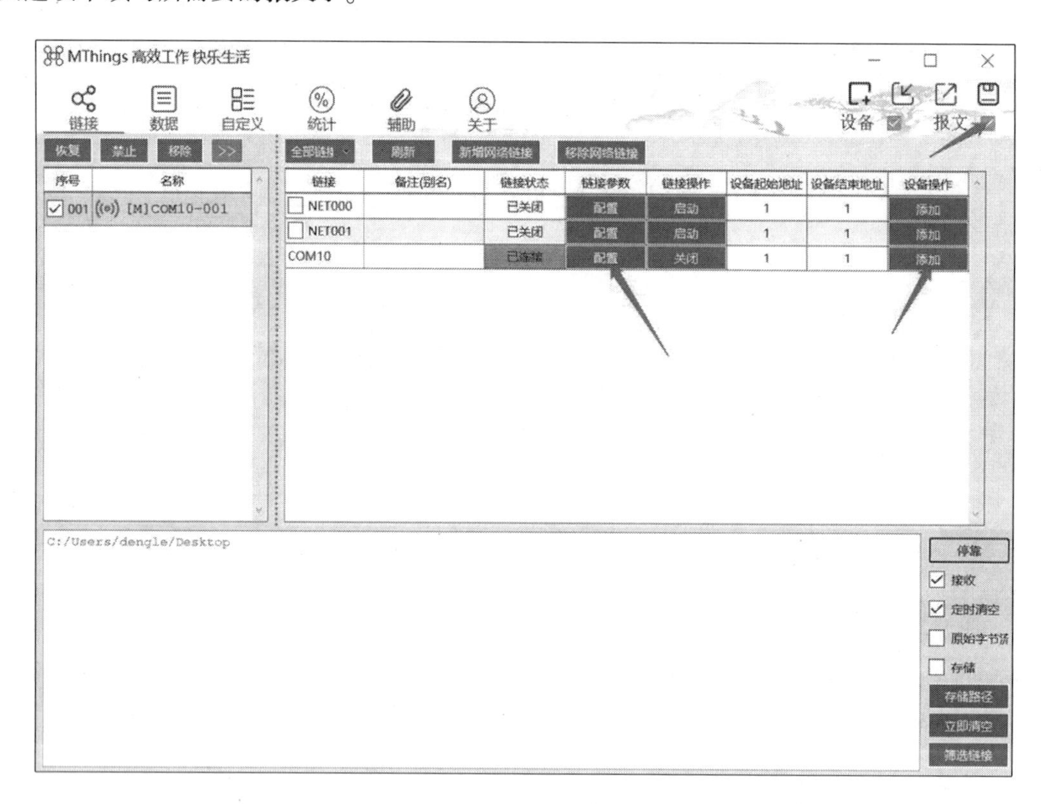

图 5-2-2　MThings 主界面配置

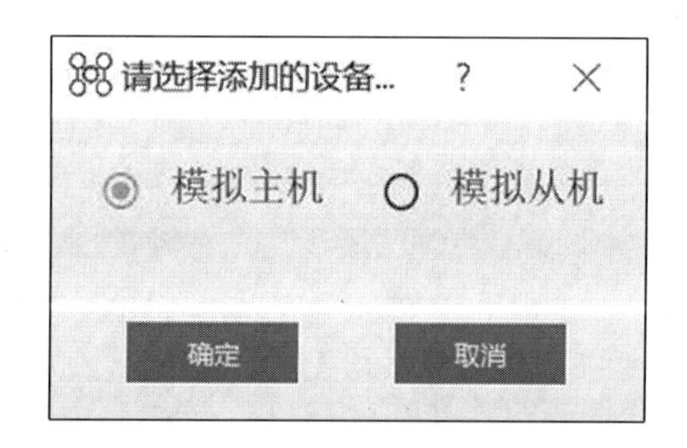

图 5-2-3　MThings 主从机设置

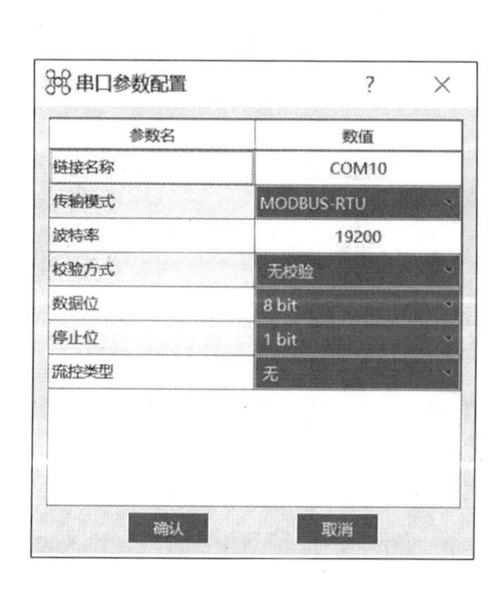

图 5-2-4　MThings 串口参数配置

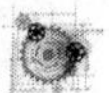

在发送报文时就需要单击自定义选项卡,并在发送报文 PDU 下填写需要发送的内容,但要注意软件会根据设置的从机地址和校验方式来自动添加报文中地址以及 CRC 校验的数值。如想要发送 01 06 00 00 00 01 48 0A 报文,只需要在上面填写 06 00 00 00 01 就可以,而报文中开始的 01 和结尾的 48 0A 不需要填写(图 5-2-5)。

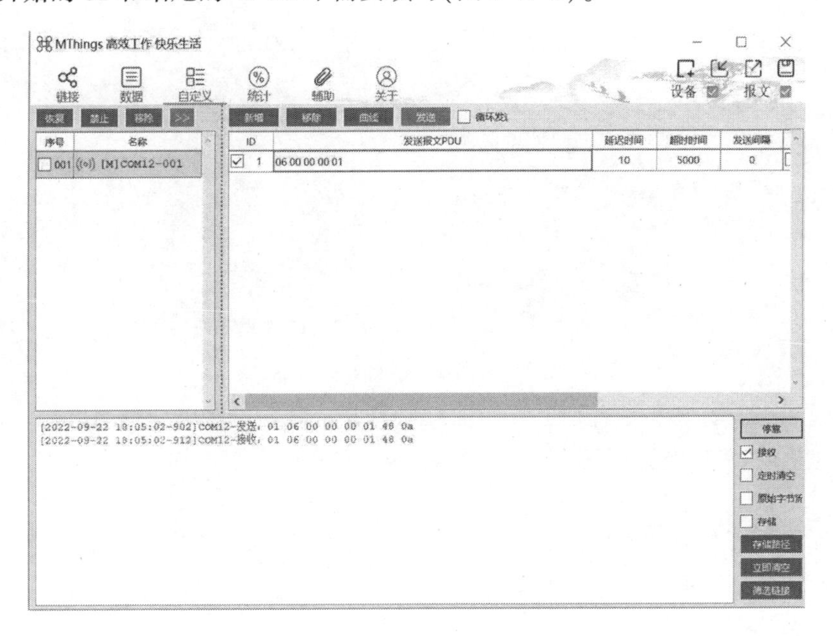

图 5-2-5　MThings 发送与接收演示

5.3　使用 Modbus 串口助手控制伺服电机

本小节主要讲解如何使用 Modbus 串口助手控制伺服电机。先选择一款可以使用 Modbus 总线的低压伺服电机,经选择,型号为 57D2R1010 的一款低压伺服电机符合要求。本节实验均使用此型号伺服电机。具体参数见官网 http://www.zgbjdj.com/news2.asp? id=13807。

首先来查看一下伺服电机说明书里有关 Modbus 通信的内容,说明书其他部分内容可以在附录中查看。

(1)硬件接线(图 5-3-1)。

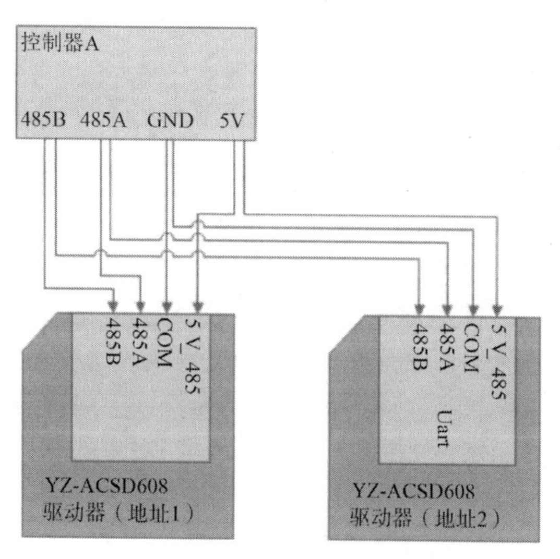

图 5-3-1　Modbus 控制伺服电机接线图

按照说明书中的接线图用 USB 转 RS232 模块把计算机端和低压伺服电机连接好，再把低压伺服电机的 24 V 电源连接好。

(2)用速度模式控制电机正反转。

首先根据 5.2 节所学习的内容打开 MThings 软件，找到需要使用 Modbus 控制的端口，单击添加按钮选择模拟主机再单击确定，紧接着就会看到 COM 口后的连接状态变为绿色，即已连接状态(图 5-3-2)。

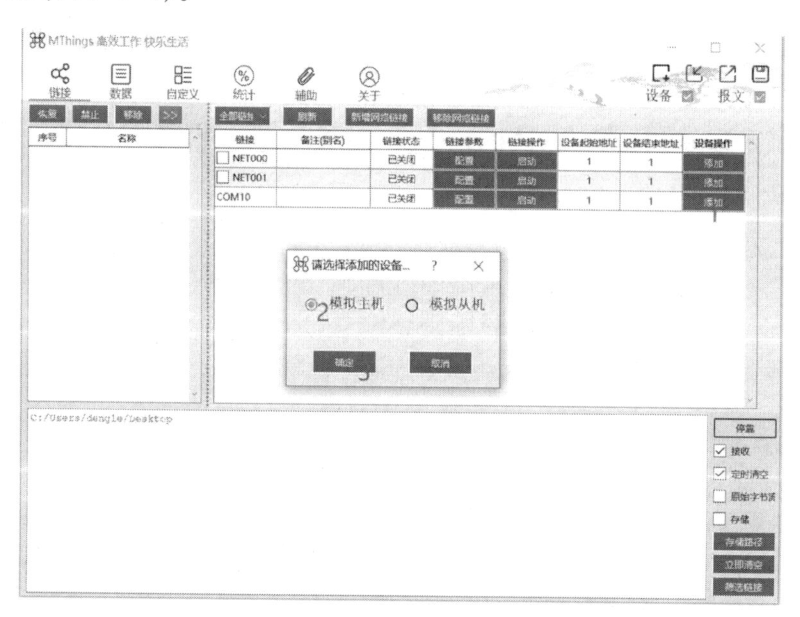

图 5-3-2　Modbus 主机设置

根据低压伺服电机说明书里的内容可知，低压伺服电机的通信接口为 RS485（Modbus RTU 19200,8,N,1)，所以需要在配置中改写传输模式、波特率等信息(图 5-3-3)。

 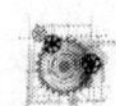

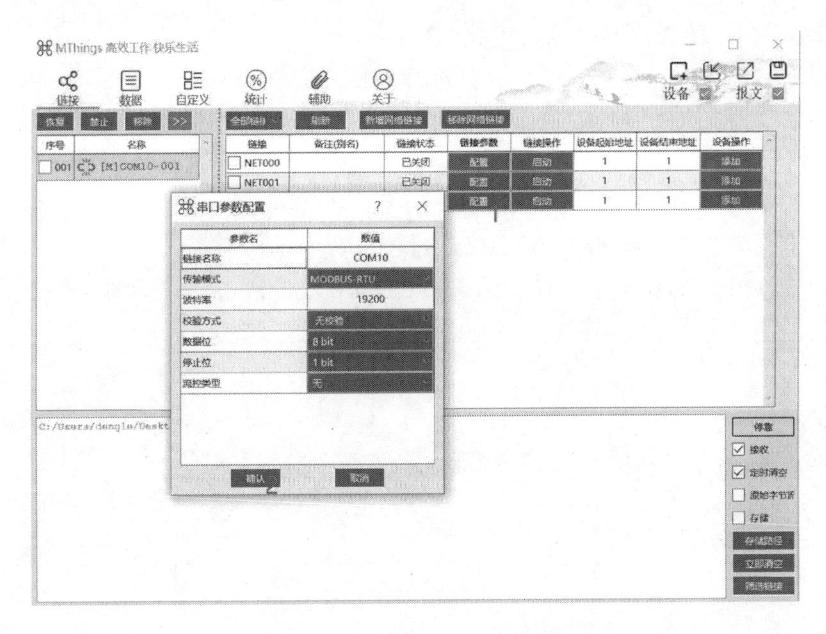

图 5-3-3　Modbus 串口参数配置

在低压伺服电机说明书的 Modbus 方式主机控制过程的位置模式说明中可以找到,只有 Modbus 使能为 1 才能修改其他参数,且外部脉冲信号无效。此外在说明书中寄存器说明部分写道:如果选择速度模式需要将 0x19 号地址改为 3(速度模式)。紧接着发送对应的速度到伺服电机上就可以控制速度了。具体 HEX 源码如下。

①打开低压伺服电机的 Modbus 使能:01 06 00 00 00 01 48 0a。

②选择速度模式:01 06 00 19 00 03 18 0c。

③控制速度为 48:01 06 00 02 00 30 28 1e(图 5-3-4)。

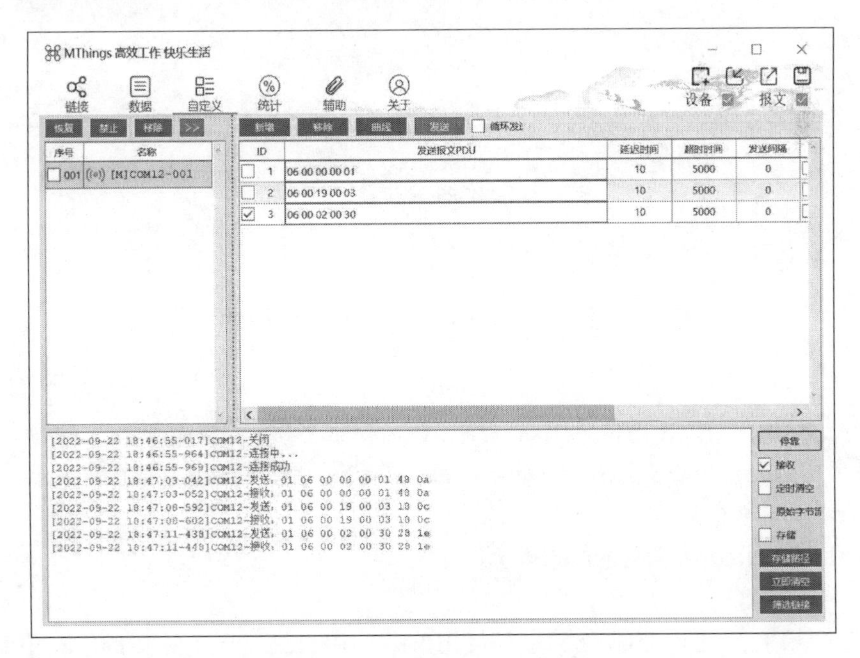

图 5-3-4　Modbus 速度控制展示

(3)用绝对位置模式控制电机旋转。

在使用绝对位置模式控制低压伺服电机时,初始化 MThings 串口助手和 Modbus 使能的参数更改与 5.2 节相同,不同的是需要将 0x19 号地址更改为 0(脉冲+方向模式)。具体 HEX 源码如下。

①打开低压压伺服电机的 Modbus 使能:01 06 00 00 00 01 48 0a。

②选择位置模式:01 06 00 19 00 00 58 0d。

③控制位置模式转 10 步:01 10 00 16 00 02 04 00 00 00 0a f2 8e(图 5-3-5)。

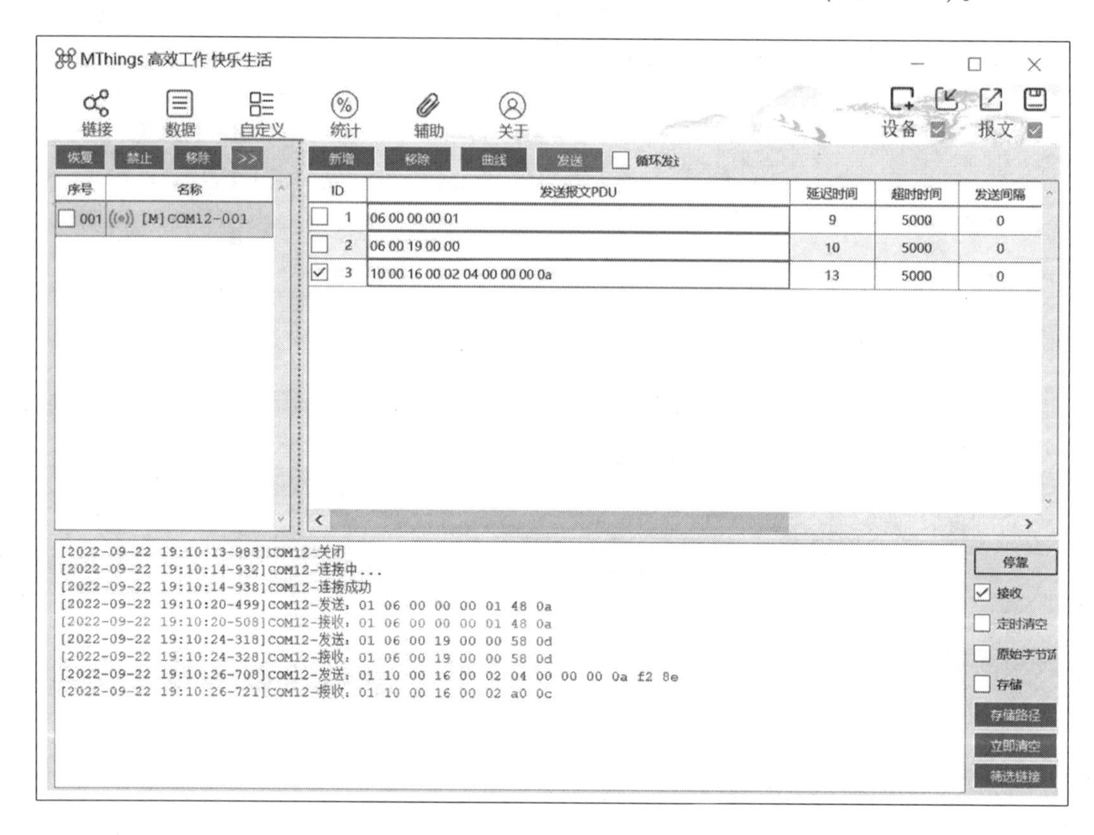

图 5-3-5 Modbus 位置控制展示

5.4 使用 Modbus RTU 函数库

Modbus RTU 函数库由两部分组成,分别是 ArduinoRS485 函数库和 ArduinoModbus 函数库。这两个函数库均可以直接在 Arduino 项目→加载库→管理库中直接搜索下载。

5.4.1 ArduinoRS485 函数库

5.3 节介绍了 Modbus RTU 物理层是使用 RS485 串口进行通信连接的。本小节就介绍一下 RS485 通信方式。

 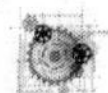

RS485 属于串口通信的一种,RS485 与 TTL、RS232 的主要区别在于电平(电压范围)标准,但都属于串口一类。RS485 与 Arduino 自带的串口主要区别是,Arduino 自带的 TTL 是全双工(允许数据同时在两个方向上传输)通信方式,而 RS485 是半双工(允许数据在两个方向上传输,但是在某一时刻,只允许数据在一个方向上传输)通信方式。

在 Arduino 官方的 RS485. h 函数库中可以看到,#define RS485_DEFAULT_DE_PIN D7 与#define RS485_DEFAULT_RE_PIN D8,这两个引脚就是 Arduino 控制 RS485 模块何时收发信息的。其余在 RS485. cpp 中均调用了 Arduino 原生串口函数,所以使用方式与 Serial( )函数类似。

5. 4. 2　ArduinoModbus 函数库

由于 Modbus RTU 是在管理库中下载得到的,因此需要使用 include 语句进行调用,在 ArduinoModbus 函数库中定义了如下成员函数。

(1) ModbusRTUClient. begin( )函数。

功能:初始化 Modbus 串口,使用指定的参数启动模块总线 RTU 客户端。

语法:

ModbusRTUClient. begin(baudrate) ;

ModbusRTUClient. begin(baudrate, config) ;

参数:

baudrate:用于串行的波特率。

config:用于串行的配置,数据位、校验位、停止位配置,默认为 SERIAL_8N1。

返回值:成功时返回 1,失败时返回 0。

(2) ModbusRTUClient. coilRead( )函数。

功能:对单个线圈的指定地址执行“读取线圈”操作。

语法:

ModbusRTUClient. coilRead(address) ;

ModbusRTUClient. coilRead(id, address) ;

参数:

id:目标的 id,如果未指定,则默认为 0。

address:用于操作的地址。

返回值:成功时返回 1,失败时返回 0。

(3) ModbusRTUClient. holdregisterRead( )函数。

功能:对单个保持寄存器执行“读取保持寄存器”操作。

语法:

ModbusRTUClient. holdingRegisterRead(address) ;

ModbusRTUClient. holdingRegisterRead(id, address) ;

参数:

id:目标的 id,如果未指定,则默认为 0。

address:用于操作的地址。

返回值:成功时返回 1,失败时返回 0。

(4) ModbusRTUClient. coilWrite( )函数。

功能:对指定的地址和值执行“写入单个线圈”操作。

语法:

ModbusRTUClient. coilWrite(address,value);

ModbusRTUClient. coilWrite(id,address,value);

参数:

id:目标的 id,如果未指定,则默认为 0。

address:用于操作的地址。

value:要写入的值。

返回值:成功时返回 1,失败时返回 0。

(5) ModbusRTUClient. holdingRegisterWrite( )函数。

功能:对指定的地址和值执行“写入单个保持寄存器”操作。

语法:

ModbusRTUClient. holdingRegisterWrite(address,value);

ModbusRTUClient. holdingRegisterWrite(id,address,value);

参数:

id:目标的 id,如果未指定,则默认为 0。

address:用于操作的地址。

value:要写入的值。

返回值:成功时返回 1,失败时返回 0。

(6) ModbusRTUClient. beginTransmission( )函数。

功能:开始写入多个线圈或保持寄存器的过程。使用 ModbusRTUClient. write( )函数设置要发送的值,并使用 ModbusRTUClient. endTransition( )函数发送信息。

语法:

ModbusRTUClient. beginTransmission(type,address,nb);

ModbusRTUClient. beginTransmission(id,type,address,nb);

参数:

id:目标的 id,如果未指定,则默认为 0。

type:要执行的写入类型,COILS(线圈)或 HOLDING_REGISTERS(寄存器)。

address:用于操作的地址起始地址。

nb:要写入的数据长度。

返回值:成功时返回 1,失败时返回 0。

(7) ModbusRTUClient. write( )函数。

功能:启动的写入操作的值。

语法:

ModbusRTUClient. write(value);

参数:

value:要写入的值。

返回值：成功时返回1，失败时返回0。

(8) ModbusRTUClient. endTransmission( )函数。

功能：启动的写入操作的值。

语法：

ModbusRTUClient. endTransmission( );

参数：无

返回值：成功时返回1，失败时返回0。

5.5 实验：Arduino 使用 Modbus RTU 控制伺服电机

5.5.1 实验要求

按照5.1节使用串口助手控制伺服电机的内容，用 Arduino 模仿串口助手的方式，实现通过 Arduino 使用 Modbus RTU 先让伺服电机为使能上电模式；设定电机为速度模式；令伺服电机以速度为 10 r/min 正转 2 s；依序伺服电机以速度为 13 r/min 反转 3 s；最后用绝对位置模式回归伺服电机的初始位置。

使用材料：Arduino UNO 开发板，220 V 转 5 V、12 V、24 V 电源，TTL 转 RS485 模块，低压伺服电机。

5.5.2 实验目的

本实验需要掌握：Modbus RTU 在物理层如何接线；Arduino UNO 开发板为主机模式下，如何向从机写入单个保持寄存器和多个保持寄存器。

5.5.3 硬件电路图与实物接线图

图5-5-1所示为硬件电路图，图5-5-2所示为实物接线图。

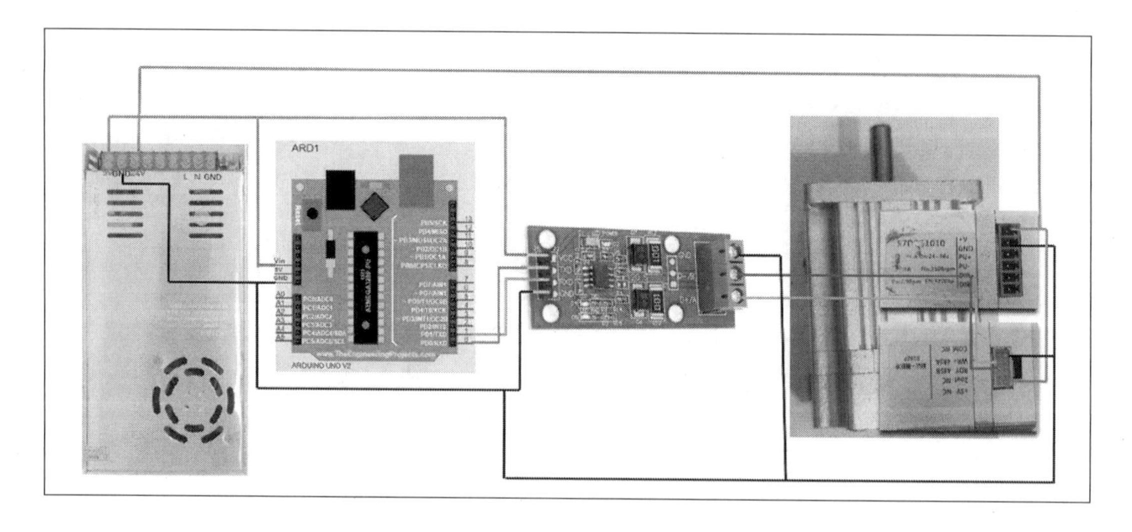

图 5-5-1　硬件电路图

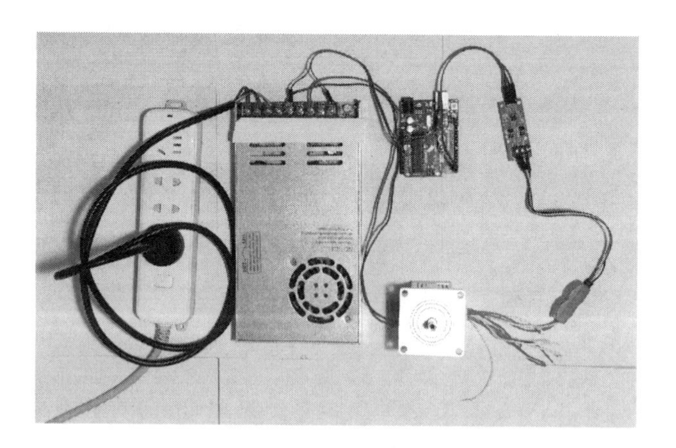

图 5-5-2　实物接线图

5.5.4　程序编写

示例代码如下：

```
#include <ArduinoRS485.h>              //调用 RS485 函数库
#include <ArduinoModbus.h>             //调用 Modbus 函数库
void setup() {
  Serial.begin(19200);                 //串口波特率为 19 200 bit/s
  while (!Serial);
  Serial.println("Modbus RTU 开始设置");
  if (!ModbusRTUClient.begin(19200)) { //设置 Modbus RTU 波特率为 19 200 bit/s
    Serial.println("无法启动 Modbus RTU 客户端!");
    while (1);
```

```
    }
    ModbusRTUClient. holdingRegisterWrite(1,0x00,0x01);
    //让低压伺服电机使能上电(写入单个保持寄存器 0 号地址为 1)
    delay(10);
}
void loop() {
    ModbusRTUClient. holdingRegisterWrite(1,0x19,0x03);
    //让低压伺服电机变为速度模式(写入单个保持寄存器 25 号地址为 3)
    delay(10);
    ModbusRTUClient. holdingRegisterWrite(1,0x02,0x0a);
    //让低压伺服电机以 10 r/min 的速度正转(写入单个保持寄存器 2 号地址为 10)
    delay(2000);
    ModbusRTUClient. holdingRegisterWrite(1,0x02,-0x0d);
    //让低压伺服电机以 13 r/min 的速度正转(写入单个保持寄存器 2 号地址为 10)
    delay(3000);
    ModbusRTUClient. holdingRegisterWrite(1,0x19,0x00);
    //让低压伺服电机变为位置模式(写入单个保持寄存器 25 号地址为 0)
    delay(10);
    ModbusRTUClient. beginTransmission(1,HOLDING_REGISTERS,0x16,2);
    ModbusRTUClient. write(0x00);
    //让低压伺服电机回到零位(写入多个保持寄存器 0 号地址为 0)
    ModbusRTUClient. endTransmission();
    delay(2000);
}
```

第6章　蓝 牙 篇

蓝牙技术是一种无线通信标准,可实现固定设备、移动设备、个人域网之间的短距离数据交换,创始人为瑞典的爱立信公司,1998 年 5 月 20 日,爱立信联合 IBM、英特尔、诺基亚及东芝公司等 5 家著名厂商成立“特别兴趣小组”,即蓝牙技术联盟(Bluetooth Special Interest Group,Bluetooth SIG)的前身,目标是开发一个成本低、效益高、可以在短距离范围内随意无线连接的蓝牙技术标准。

6.1　蓝牙简介

蓝牙(Bluetooth)一词来源于 10 世纪的丹麦国王 HaraldBlatand(英文名字为 Harold Bluetooth)。这位国王将四分五裂的局面统一起来的行为,与这种传输技术将各种设备无线连接起来,有很多相似的地方。为了纪念他,SIG 将自己的无线技术取名为蓝牙。

1. 蓝牙的技术变迁

经过蓝牙 1.0 到 5.0 的技术变迁,从音频传输、图文传输、视频传输,再到以低功耗为主打的物联网传输。

第一代蓝牙:关于短距离通信的早期探索。

第二代蓝牙:发力传输速率的 EDR 时代。

第三代蓝牙:High Speed,传输速率高达 24 Mbit/s。

第四代蓝牙:主推低功耗。

第五代蓝牙:开启物联网时代大门。

Mesh 网状网络:实现物联网的关键“钥匙”。

2016 年 6 月 16 日,蓝牙技术联盟(SIG)在华盛顿正式发布了第五代蓝牙技术(简称蓝牙 5.0),在通信速度、距离、稳定性上都有很大提高,并且能够兼容之前的蓝牙标准,但新的技术基于新的硬件,所以旧版本不能升级到蓝牙 5.0,并且蓝牙 5.0 对音频信号的压缩并没有优化,所以蓝牙耳机的音质不会提高,在第五代蓝牙中类似烽火台传信的网状网络(Mesh Networking)已经加入,提升了信号传送距离。

2017 年,发布增强 Mesh 组网功能,7 月 19 日,正式宣布蓝牙(Bluetooth@)技术开始全面支持 Mesh 网状网络。全新的 Mesh 功能提供设备间多对多传输,并特别提高构建大范围网络覆盖的通信能力,适用于楼宇自动化、无线传感器网络等需要让数以万计的设备在可靠、安全的环境下传输的物联网解决方案。

蓝牙 Mesh 网络用于建立多对多(Many to Many) 设备通信的低能耗蓝牙(Bluetooth Low Energy,BLE)新的网络拓扑。它允许创建基于多个设备的大型网络,网络可以包含数十台,数百台甚至数千台蓝牙 Mesh 设备,这些设备之间可以相互进行信息的传递,无疑这样一种应用形态为楼宇自动化、无线传感器网络、资产跟踪和其他解决方案提供了理想的选择。

2. 应用的领域

在日常生活中,可以利用蓝牙进行文件传输、拨号上网、局域网访问、个人资料管理等,同时蓝牙在汽车领域、工业生产领域、医疗领域等都得到了广泛的应用。

(1)在汽车领域的应用。

①蓝牙免提通信。利用手机作为网关,打开手机蓝牙功能。只要手机在距离车载免提系统的 10 m 之内,都可以自动连接,控制车内的麦克风与音响系统,从而实现全双工免提通话。

②车载蓝牙娱乐系统。车载蓝牙娱乐系统,主要包括 USB 技术、音频解码技术、蓝牙技术等,利用汽车内部麦克风、音响等,播放储存在 U 盘中的各种音频以及电话簿等,还增添了流行音乐等播放功能。以 CAN 为基础连接车载系统中的网络,这样就可以实现车载信息娱乐系统的运行。同时也为系统保留了可扩展性。

③汽车蓝牙防盗技术。如果汽车处于设防状态,蓝牙感应功能将会自动连接汽车车主手机,一旦车辆状态出现变化或者遭受盗窃,将会自动报警。蓝牙防盗技术的应用为汽车提供了更安全的环境(图 6-1-1)。

图 6-1-1 汽车蓝牙

(2)在工业生产领域的应用。

①技术人员对数控机床的无线监控。利用蓝牙技术安装相应的监控设施,为数控机床用户生产提供方便,同时也维护了数控机床生产的安全。技术人员根据携带的蓝牙监控设备,随时监控与管理机床运行,发现数控机床产生问题及时处理。

②零部件磨损程度的检测。利用蓝牙检测软件结合磨损检测材料进行实验研究,可以具体到耐磨性优劣,及时利用蓝牙无线传输将磨损检测程度数据传输到相关设备中(图 6-1-2),相关设备进行智能分析,并将结果告知技术人员。

图 6-1-2 蓝牙数控装备

(3)在医药领域的应用。

①诊断结果输送。以蓝牙传输设备为依托,将医院诊断结果及时输送到存储器中。蓝牙听诊器的应用以及蓝牙传输本身耗电量较低,传输速度更加快速,所以利用电子装置及时传输诊断结果,提高医院诊断效率,确保诊断结果数据准确。

②病房监护。蓝牙技术在医院病房监护中的应用主要体现在病床终端设备与病房控制器,利用主控计算机,上传病床终端设备编号以及病人基本住院信息。为住院病人配备病床终端设备,一旦病人有什么突发状况,利用病床终端设备发出信号,蓝牙技术以无线传送的方式将其传输到病房控制器中(图 6-1-3)。

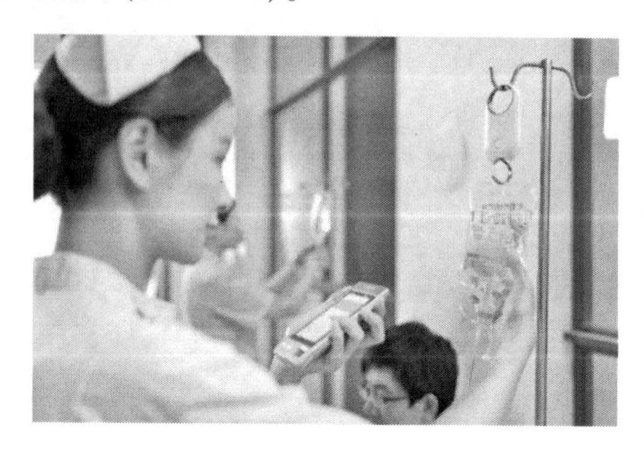

图 6-1-3 智慧病房

6.2 蓝牙系统状态

蓝牙系统有 3 种主要状态,即待机状态(STANDBY)、连接状态(CONNECTION)和节能状态(PARK)。

图 6-2-1 所示为蓝牙状态转换图,从图中可以看出,STANDBY 状态是蓝牙设备的默认状态。此模式下设备处于低功耗状态。

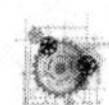

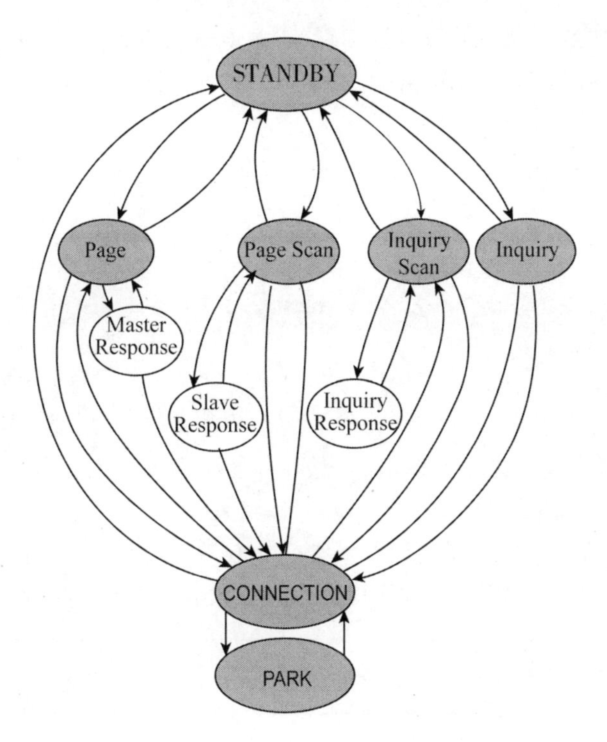

图 6-2-1 蓝牙状态转换图

Page:这个子状态就是通常所说的连接(寻呼),进行连接/激活对应的从设备的操作就称为 Page,指发起连接的设备(主设备)知道要连接设备的地址。

Page Scan:寻呼扫描,这个子状态是和 Page 对应的,它就是等待被 Page 的从设备所处的状态,换句话说,若想被 Page 到,就要处于 Page Scan 状态。

Inquiry:查询,就是通常所说的扫描状态,这个状态的设备是去扫描周围的设备。它是不知道周围有什么设备,因此要去查询,类似于广播。处于 Inquiry Scan 状态的设备可以回应这个查询。再经过必要的协商之后,它们就可以进行连接了。

此处需要说明的是:Inquiry 之后,不需要进入 Page 就可以连上设备。

Inquiry Scan:是指可被发现的设备。体现在上层就是在 Android 系统中单击“设备可被周围什么发现”,则设备就处于这样的状态。

Slave Response:在寻呼过程中,从设备收到了主设备的寻呼信息,然后回应相关信息,同时自己进入从设备相应状态。

Master Response:主设备收到从设备响应信息后,就会进入到 Master Response(主设备响应)的状态,同时会发送一个 FHS 的 Packet。

Inquiry Response:Inquiry Scan 设备在收到 Inquiry 的信息后,就会发送 Inquiry Response 的信息,在这之后它就进入 Inquiry Response 的状态了。

以上的各种状态可以总结到下面的寻呼过程中,即寻呼过程按照如下步骤进行。

①一个设备(源)寻呼另外一个设备(目的),此时处于寻呼状态(Page State)。

②目的设备接收到该寻呼,此时处于寻呼扫描状态(Page Scan State)。

③目的设备发送对源设备的回复,此时处于子设备响应状态(Slave Response State)。

④源设备发送 FHS 包到目的设备,此时处于主设备响应状态(Master Response State)。

⑤目的设备发送第二个回复给源设备,此时处于子设备响应状态(Slave Response State。)

⑥目的设备和源设备切换并采用源信道的参数,此时处于主设备响应状态和子设备响应状态。

6.3 蓝牙地址

为了识别众多的蓝牙设备,像对待存储器的存储单元一样,每个蓝牙设备都分配了一个 48 位的地址,简称蓝牙地址(BD_ADDR)。使用中把蓝牙地址分成了三段:低 24 位地址段(LAP);未定义 8 位地址段(NAP);高 16 位地址段(UAP)。

UAP 和 LAP 合在一起形成了蓝牙寻址空间 240;NAP 和 UAP 合在一起形成了 24 位地址,用作生产厂商的唯一标识码,由蓝牙权威部门分配给不同的厂商(图 6-3-1)。

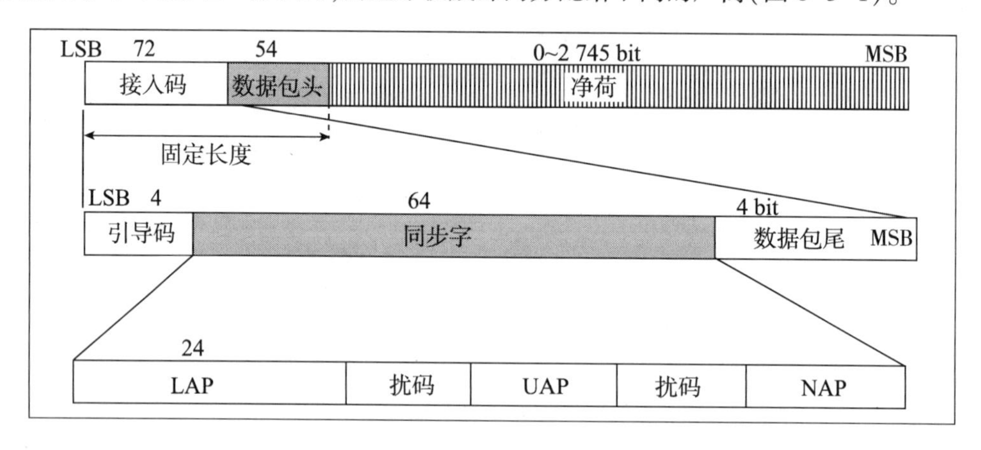

图 6-3-1 蓝牙地址分段表

6.4 蓝牙模块的使用

6.4.1 常见的蓝牙模块

市场上的蓝牙设备一般都属于 Slave(从)设备,如蓝牙鼠标/键盘、蓝牙 GPS 等。常见的与 Arduino 设备相连的蓝牙模块,如 HC-05、HC-06、BT-04、BlueTooth Bee、SPP-CA 等型号的蓝牙设备外观看似一样,但在使用与控制等方面存在一些区别(图 6-4-1、图 6-4-2)。

 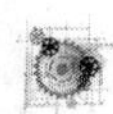

图 6-4-1 BlueTooth Bee

图 6-4-2 HC-06

一般来说,这种蓝牙模块因为支持透传,所以一般的操作都是将其与单片机的串口相连,然后蓝牙连接到手机或者计算机,这样单片机串口发送的消息就能通过蓝牙传输到连接的手机或者计算机了,而手机发送的数据也能通过蓝牙传输到单片机的串口,而用户不需要考虑这个数据内部的转换等问题,大大方便了使用。

这种蓝牙模块支持多种运行模式:从设备模式(透传模式)、主设备模式、广播模式、Mesh 组网模式,HC-06 和 BT04 与 HC-05 蓝牙模块的一个重要区别在于,HC-06 和 BT04 只支持从设备模式,而 HC-05 支持从设备模式,也支持主设备模式。

也正是因为这一点,导致它们的 AT 指令不同,首先需要明确一点,那就是不同型号蓝牙的 AT 指令是不完全一样的,一定要参考手册。而且 AT 指令只有蓝牙在 AT 状态下才能有效。

这些 AT 指令可简单地分为两类,即查询类指令和控制类指令。其中,两类指令中又分为很多种操作,包括设置波特率、蓝牙名称等,下面以 HC-06 为例,来对 AT 指令进行操作。

6.4.2 HC-06 蓝牙模块 AT 指令操作

1. HC-06 蓝牙模块简介

(1)蓝牙核心模块使用 HC-06 从模块,引出接口包括 VCC、GND、TXD、RXD,预留 LED 状态输出脚,单片机可通过该脚状态判断蓝牙是否已经连接。

(2)LED 指示蓝牙连接状态,闪烁表示没有蓝牙连接,常亮表示蓝牙已连接并打开了端口。

(3)输入电压 3.6~6 V,未配对时电流约 30 mA,配对后约 10 mA,输入电压禁止超过 7 V。

(4)可以直接连接各种单片机(51、AVR、PIC、ARM、MSP430 等),5 V 单片机也可直接连接。

(5)在未建立蓝牙连接时支持通过 AT 指令设置波特率、名称、配对密码,设置的参数掉电保存。蓝牙连接以后自动切换到透传模式。

(6)体积 3.57 cm×1.52 cm。

(7)该蓝牙为从机,从机能与各种带蓝牙功能的计算机、蓝牙主机、大部分带蓝牙的手机、Android、PDA、PSP 等智能终端配对,从机之间不能配对。

2. HC-06 蓝牙模块硬件连接

从上面的讲述来看,蓝牙模块可以设置为主设备模式和从设备模式,此外蓝牙模块默认的串口传输波特率也不一定符合需要,这时就需要对这个模块进行重新设置,而这个设置的过程就是对蓝牙模块发送 AT 指令。

操作时,可以用一个 USB 转 TTL 的模块来连接蓝牙模块,一般只需要四根线即可(表 6-4-1、图 6-4-3)。

表 6-4-1 USB 转 TTL 的模块与蓝牙模块接线情况

USB 转 TTL	蓝牙模块
RX	TX
TX	RX
5 V	5 V
GND	GND

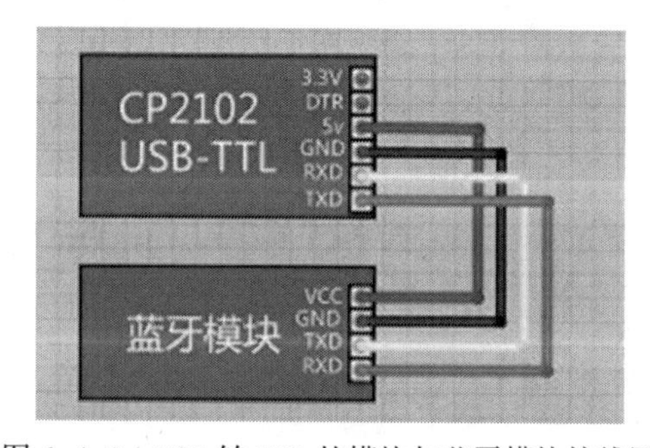

图 6-4-3 USB 转 TTL 的模块与蓝牙模块接线图

按照图 6-4-3 对 USB 转 TTL 的模块与 HC-06 模块进行接线,USB 接口与计算机连线,如果没有 USB 转 TTL 模块,也可以使用单片机通过串口给蓝牙模块发送数据。注意,此时蓝牙模块不能处于连接状态,连线和表 6-4-1 一样。

虽然连接蓝牙模块的设备不同,但其控制指令一样,都是 AT 指令,下面将以 HC-06 蓝牙模块为例对 AT 指令进行讲解。

3. HC-06 AT 指令设置

接线完成后,HC-06 通过 USB 转 TTL 模块与计算机连接,可以看到模块灯不停地闪,如果不闪就是电源接反了。打开串口调试助手(图 6-4-4),找到有线串口线对应的端口,将波特率设置为与 HC-06 波特率一致(默认为“9600”),8 位数据位、1 位结束位、无奇偶校验,然后打开串口。

首先输入 AT(无空格回车),然后串口助手会返回 OK,修改波特率时输入 AT+BAUDx(x

为波特率编号)，串口助手会返回 OKnnnn(nnnn 是设置的波特率)，可以根据表 6-4-2 进行指令操作，修改蓝牙模块配置。注意，在这之后若还做其他命令操作，必须先断开连接，修改串口助手的波特率为刚刚设置的波特率，然后再打开串口继续操作。

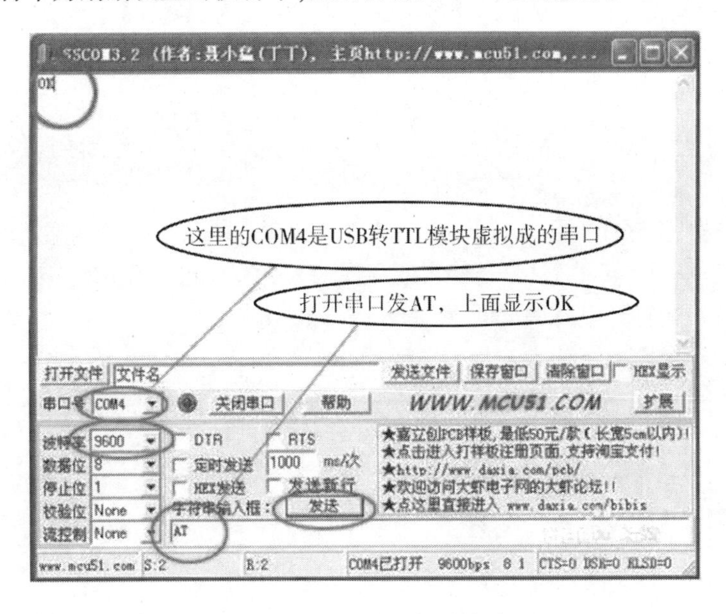

图 6-4-4　　串口调试助手

表 6-4-2　HC-6 蓝牙模块 AT 指令说明

指令	回应	说明
AT	OK	用于确认通信
AT+VERSION	OKlinvorV1.8	查看模块版本
AT+NAMExxxx	Oksetname	设置蓝牙名称
AT+PINxxxx	OksetPIN	设置蓝牙配对密码(4 位数字)
AT+BAUD1	OK1200	设置波特率为 1 200
AT+BAUD2	OK2400	设置波特率为 2 400
AT+BAUD3	OK4800	设置波特率为 4 800
AT+BAUD4	OK9600	设置波特率为 9 600
AT+BAUD5	OK19200	设置波特率为 19 200
AT+BAUD6	OK38400	设置波特率为 38 400
AT+BAUD7	OK57600	设置波特率为 57 600
AT+BAUD8	OK115200	设置波特率为 115 200
AT+BAUD9	OK230400	设置波特率为 230 400
AT+BAUDA	OK460800	设置波特率为 460 800
AT+BAUDB	OK921600	设置波特率为 921 600
AT+BAUDC	OK1382400	设置波特率为 1 382 400

根据以上操作步骤及 AT 指令集,就可以对蓝牙模块进行参数配置了,不同型号蓝牙的 AT 指令是不完全一样的,一定要参考手册！而且 AT 指令只有蓝牙在 AT 状态下才能有效。

6.4.3 测试蓝牙模块

计算机通过蓝牙模块与手机进行通信,如果通信正常,说明此蓝牙模块可以进行正常通信。

测试蓝牙模块步骤如下。

(1)首先利用 USB 转 TTL 接口,使得蓝牙模块与计算机进行连接(图 6-4-3)。

(2)在计算机端打开串口调试助手(图 6-4-5)。

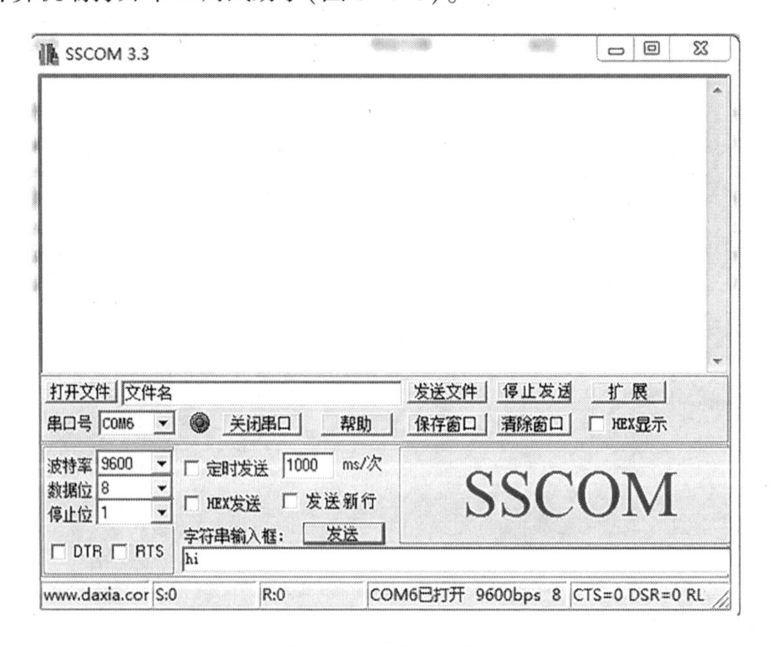

图 6-4-5 界面图 1

(3)在手机端下载蓝牙调试助手,打开手机端的蓝牙调试助手,搜索 HC-06 的设备号,与其进行配对连接,连接成功后,串口调试助手显示界面如图 6-4-6 所示。

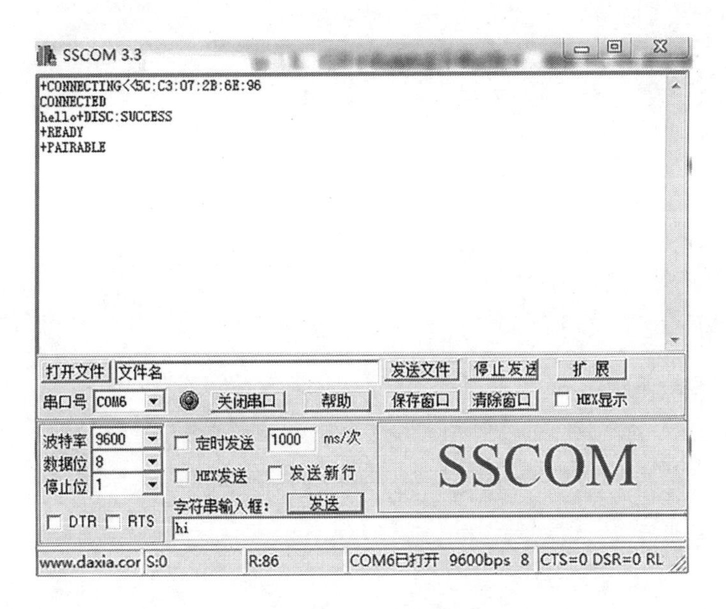

图 6-4-6 界面图 2

(4)令手机端的蓝牙助手与计算机端的串口调试助手进行通信,如果可以收发信息,则证明蓝牙模块可以正常使用,图 6-4-7 所示为通过手机向计算机发送 hello 字样,图 6-4-8 所示为计算机端接收到手机通过蓝牙模块发送过来的 hello 字样。

图 6-4-7 通过手机向计算机发送 hello 字样

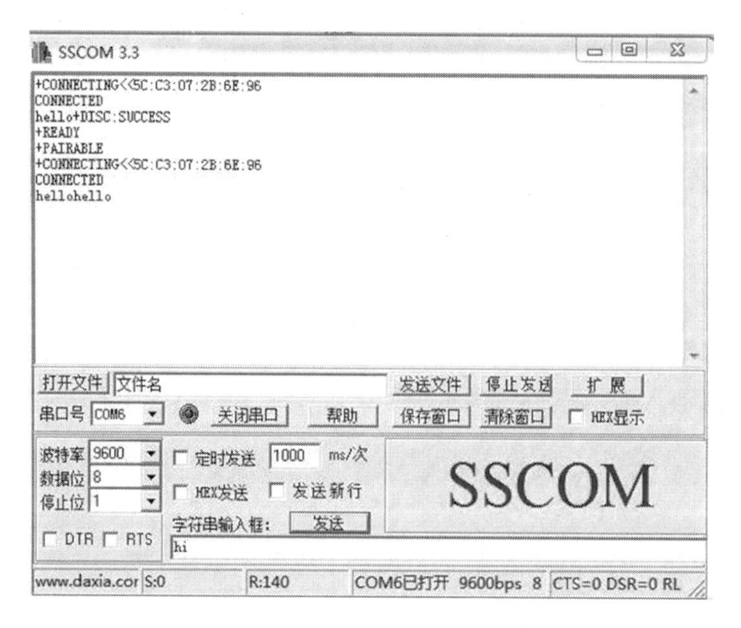

图 6-4-8　计算机端接收到手机通过蓝牙模块发送过来的 hello 字样

6.4.4　蓝牙模块与 Arduino 电路连接

在前面已经配置了蓝牙模块的参数及测试蓝牙模块的通信，那么本节介绍蓝牙模块如何和 Arduino UNO 进行连接及使用。

首先介绍透传，透传即透明传输（Pass-Through），指的是在通信中不管传输的业务内容如何，只负责将传输的内容由源地址传输到目的地址，而不对业务数据内容做任何改变。

蓝牙模块支持透传，一般的操作都是将其与单片机的串口相连，然后蓝牙连接到手机或者计算机，这样单片机串口发送的消息就能通过蓝牙传输到手机或计算机，而手机或计算机发送的数据也能通过蓝牙传输到单片机的串口，而用户不需要考虑这个数据内部的转换等问题，大大方便了使用（图 6-4-9）。

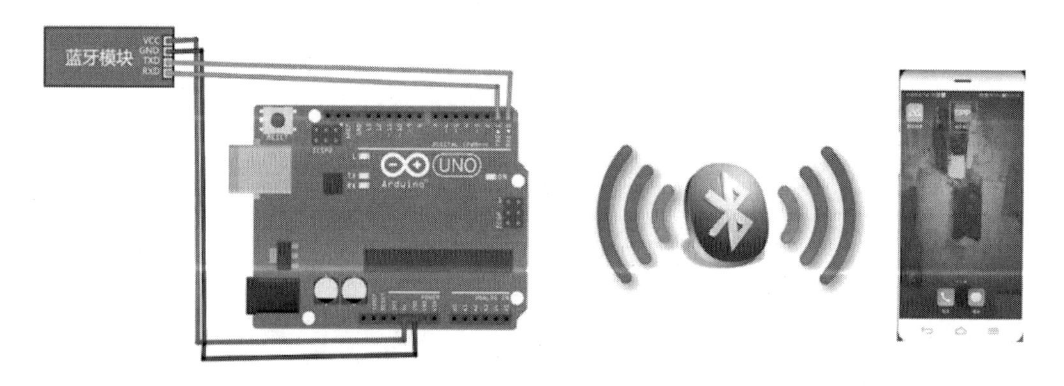

图 6-4-9　Arduino 通过蓝牙模块与手机进行无线通信

在程序中，只要对 Arduino 的串口进行操作，就可以通过蓝牙模块与设备 A 进行无线通信了。如程序中“Serial. print("hello")”,就可以实现 Arduino 向设备 A 发送 hello 字样,同样通过“Serial. read()”指令,Arduino 可以将设备 A 发送过来的数据进行读取(图 6-4-10)。

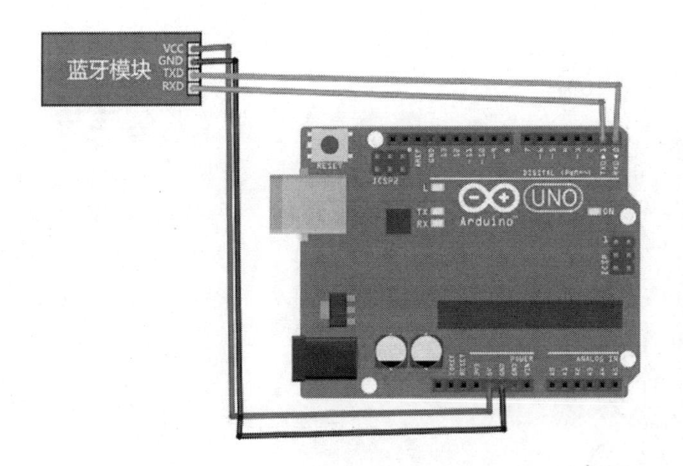

Arduino	蓝牙
TX	RX
RX	TX
VCC(5 V)	VCC(5 V)
GND	GND

图 6-4-10　Arduino 与蓝牙 HC-06 线路连接

6.4.5　实验:手机端控制 Arduino 板 LED 灯

本实验实现的功能为通过手机蓝牙向 Arduino 发送不同的信号,来控制三色灯的亮灭。手机蓝牙端口向 Arduino 发送 RON,红灯亮,发送 ROFF,红灯灭;发送 GON,绿灯亮,发送 GOFF,绿灯灭;发送 BON,蓝灯亮,发送 BOFF,蓝灯灭。

(1)材料:Arduino UNO 开发板、HC-06 蓝牙模块、三色灯。

(2)电路接线图如图 6-4-11 所示。

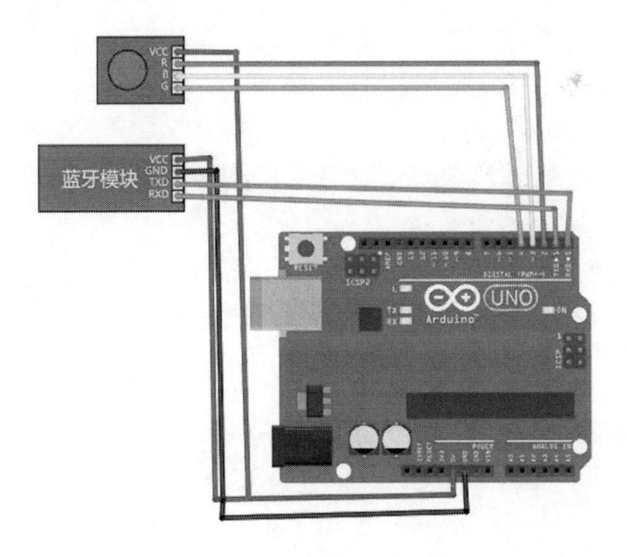

图 6-4-11　电路接线图

(3)程序如下。

```
#define LED_R 2
```

```
#define LED_G 3
#define LED_B 4
#define LED_ON    HIGH
#define LED_OFF   LOW
const unsigned int RxBufferLength = 100;
char RxBuffer[RxBufferLength];
unsigned int BufferCount = 0;
/****************初始化函数****************/
void setup()
{
        pinMode(LED_R,OUTPUT);
        pinMode(LED_G,OUTPUT);
        pinMode(LED_B,OUTPUT);
        digitalWrite(LED_R,LED_OFF);
        digitalWrite(LED_G,LED_OFF);
        digitalWrite(LED_B,LED_OFF);
        Serial.begin(9600);
}
/****************清空缓存函数****************/
void clrRxBuffer(void)
{
        memset(RxBuffer,0,RxBufferLength);
        BufferCount = 0;
}
/****************主函数****************/
void loop()    //主循环
{/****读取串口接收到的数据,并将每次接收到的数据赋值给数组 RxBuffer****/
        while (Serial.available())
        {
            char buffer =  Serial.read();
            RxBuffer[BufferCount++] = buffer;
        }
/**判读数组 RxBuffer 中的字符串是否是 RON,如果是,则 LED_R 端输出高电平**/
        if(strstr(RxBuffer,"RON") != NULL)
        {
            digitalWrite(LED_R,LED_ON);
            clrRxBuffer();
        }
/**判读数组 RxBuffer 中的字符串是否是 ROFF,如果是,则 LED_R 端输出低电平**/
```

```
    else if( strstr( RxBuffer," ROFF" ) ! = NULL)
    {
          digitalWrite( LED_R,LED_OFF);
          clrRxBuffer( );
    }
  /* * 判读数组 RxBuffer 中的字符串是否是 GON,如果是,则 LED_G 端输出高电平 * */
    if( strstr( RxBuffer," GON" ) ! = NULL)
  {
      digitalWrite( LED_G,LED_ON);
      clrRxBuffer( );
    }
/* * 判读数组 RxBuffer 中的字符串是否是 GOFF,如果是,则 LED_F 端输出低电平 * */
    else if( strstr( RxBuffer," GOFF" ) ! = NULL)
    {
          digitalWrite( LED_G,LED_OFF);
          clrRxBuffer( );
    }
/* * 判读数组 RxBuffer 中的字符串是否是 BON,如果是,则 LED_B 端输出高电平 * */
    if( strstr( RxBuffer," BON" ) ! = NULL)
    {
        digitalWrite( LED_B,LED_ON);
        clrRxBuffer( );
  }
/* * 判读数组 RxBuffer 中的字符串是否是 BOFF,如果是,则 LED_B 端输出低电平 * */
    else if( strstr( RxBuffer," BOFF" ) ! = NULL)
    {
        digitalWrite( LED_B,LED_OFF);
        clrRxBuffer( );
    }
}
```

(4)手机端设置步骤。

①手机端下载蓝牙串口调试助手 APP(图 6-4-12),这里要注意的是手机需要安卓系统。

图 6-4-12　手机端蓝牙串口调试助手

②连接蓝牙,进行配对(图 6-4-13)。

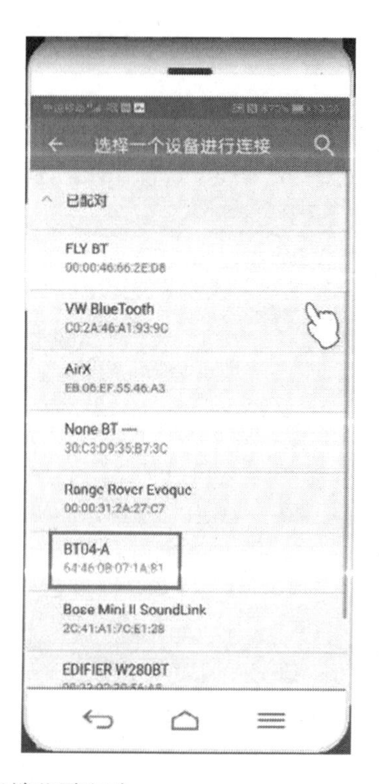

图 6-4-13　手机端蓝牙配对

 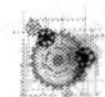

(5)实验结果。

连接成功后,就可以通过蓝牙发送相应的信息给 Arduino,控制灯的亮灭,手机端发送 RON,红灯亮,发送 ROFF,红灯灭;发送 GON,绿灯亮,发送 GOFF,绿灯灭;发送 BON,蓝灯亮,发送 BOFF,蓝灯灭(图 6-4-14)。

图 6-4-14 手机端控制 Arduino UNO 开发板 LED 灯亮灭

第 7 章　网 络 篇

无线网络是一种可以将计算机、手持设备(如 PDA、手机)等终端以无线方式互相连接的技术。几十年前,计算机刚刚兴起,它们之间是相互独立的,然而随着时代的发展,越来越需要计算机之间的相互通信,需要计算机之间进行共享数据、传输数据,也就是多个计算机协同完成业务,于是网络互连由此产生。从系统组成上来看,计算机网络是由网络硬件系统和网络软件系统构成。网络硬件系统由各类主机系统、终端、传媒介质、交换机、路由器等网络互联设备以及网卡等网络接入设备组成。网络软件系统则由网络操作系统、网络通信协议和各种网络应用系统组成。

7.1　初识网络

多台计算机连接在一起,实现数据的共享。数据共享的本质其实就是网络中的数据传输,即计算机通过网络来传输数据,又称网络通信。

在网络系统中,为了保证通信设备之间能正确地进行通信,必须使用一种双方都能够理解的语言,这种语言被称为“协议”。

TCP/IP 协议簇是 Internet 的基础,也是当今最流行的组网形式。TCP/IP 是一组协议的代名词,TCP/IP 协议被划分为 4 层(表 7-1-1)。

表 7-1-1　TCP/IP 协议分层

分层名称	包含协议
链路层(也称网络接口层)	Ethernet,WiFi …
网络层	IP
传输层	TCP,UDP
应用层	HTTP,FTP,mDNS,WebSocket,OSC …

下面分别对链路层、网络层、传输层、应用层进行介绍。

7.1.1　链路层

链路层的主要作用是实现设备之间的物理链接,如日常使用的 WiFi 就是链路层的一种。链路层有以下几个功能。

(1)为网络层提供服务。主要作用是加强物理层传输原始比特流的功能,将物理层提供的可能出错的物理连接在数据链路层的加持下,改造成逻辑上无差错的链路,对物理层的数据负责起来。

(2)在面向连接时,负责连接的建立、维持和释放。

(3)组帧。给网络层传输下来的 IP 数据报的前后分别添加帧首部和帧尾部。接收端根据帧的首部和尾部的标记,就可以识别出这一段帧的开始和结束。

7.1.2 网络层和 IP 协议

尽管设备可以通过链路层联网,但是光有链路层还无法实现设备之间的数据通信。因为网络设备没有明确的标识。网络设备无从知晓要向谁传输数据,也无法确定从何处获取数据。

IP 协议是为计算机网络相互连接进行通信而设计的协议。在互联网中,它是能使连接到网上的所有计算机网络实现相互通信的一套规则,规定了计算机在互联网上进行通信时应当遵守的规则。任何厂家生产的计算机系统,只要遵守 IP 协议就可以与互联网互联互通。各个厂家生产的网络系统和设备,如以太网、分组交换网等,它们相互之间不能互通,不能互通的主要原因是它们所传送数据的基本单元(技术上称之为“帧”)的格式不同。IP 协议实际上是一套由软件程序组成的协议软件,它把各种不同“帧”统一转换成“IP 数据报”格式,这种转换是互联网的一个最重要的特点,使各种计算机都能在互联网上实现互通,即具有“开放性”的特点。正是因为有了 IP 协议,互联网才得以迅速发展成为世界上最大的、开放的计算机通信网络。因此,IP 协议也可以称为“互联网协议”。

Internet 网络中设备非常多,如主机、交换机、路由器等设备都属于网络互联中的设备,对这些设备进行区分就用到了 IP 地址。

网络层主要作用是通过 IP 协议为联网设备提供 IP 地址。IP 协议有两个版本,分别是 IPv4 和 IPv6。IPv6 是 IPv4 的升级版本,因为 IPv6 可以为更多的网络设备提供独立的 IP 地址。本章着重讲解 IPv4,以下统称 IP。

1. IP 地址和 DNS 域名服务器

IP 地址用于标识网络主机以及其他网络设备(如路由器)的网络地址,简单来说,IP 地址定位了网络中每台设备的位置(图 7-1-1),是 IP 协议提供的一种统一的地址格式,它为互联网上的每一个网络和每一台主机分配一个逻辑地址,以此来屏蔽物理地址的差异,IP 地址中包含了网络地址和主机地址。

IP 协议中还有一个非常重要的内容,那就是给互联网上的每台计算机和其他设备都规定一个唯一的地址,称为 IP 地址。由于有这种唯一的地址,才保证了用户在联网的计算机上操作时,能够高效而且方便地从千千万万台计算机中选出自己所需的对象来。

IP 地址被用来给 Internet 上的计算机一个编号。大家日常见到的情况是,每台联网的计算机上都需要有 IP 地址,才能正常通信。可以把计算机比作电话,那么 IP 地址就相当于电话号码,而 Internet 中的路由器,就相当于电信局的程控式交换机。

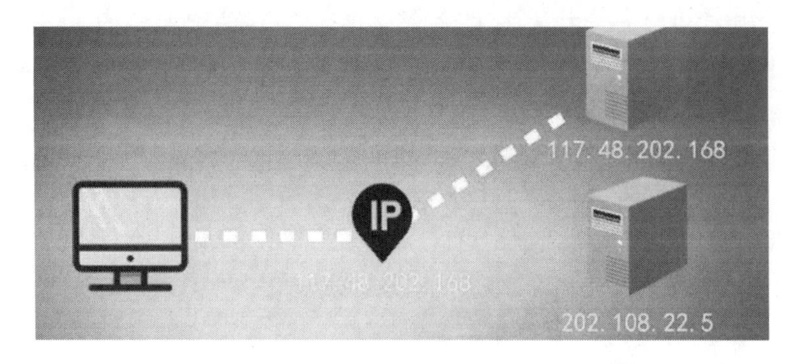

图 7-1-1　IP 地址定位网络中每台设备的位置

IP 地址是一个 32 位的二进制数,通常被分割为 4 个“8 位二进制数”(也就是 4 个字节)。IP 地址通常用“点分十进制”表示成“a. b. c. d”的形式,其中,a、b、c、d 都是 0~255 之间的十进制整数,最大的 IP 地址为“255. 255. 255. 255”。如点分十进制 IP 地址“100. 4. 5. 6”,实际上是 32 位二进制数“01100100. 00000100. 00000101. 00000110”。

可以通过设置 Internet 协议属性来查看 IP 地址(图 7-1-2),或者利用“IPCONFIG”来查看 IP 相关信息(图 7-1-3)。

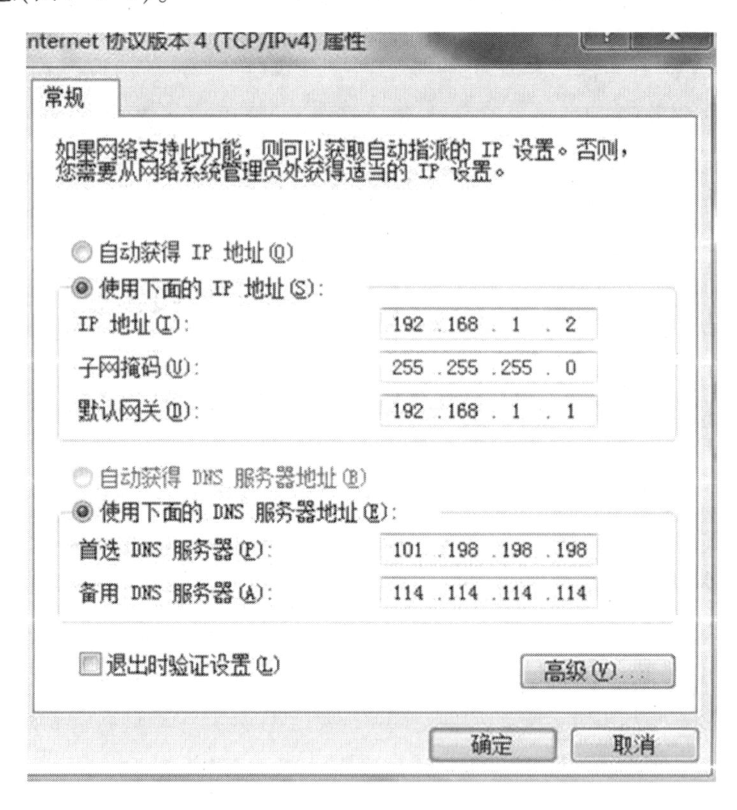

图 7-1-2　Internet 协议(TCP/IP)属性对话框

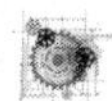

图 7-1-3 “IPCONFIG”查看 IP 相关信息

尽管 IP 地址能够唯一地标记网络上的计算机,但 IP 地址是一长串数字,不直观,而且用户记忆十分不方便,于是人们又发明了另一套字符型的地址方案,即域名地址。前面将 IP 地址比作电话号码,那么域名就是电话号码所对应的“名称”,IP 地址和域名是一一对应的,这份域名地址的信息存放在一个名为域名服务器(DNS,Domain name server)的主机内,使用者只需了解易记的域名地址,其对应转换工作就留给了域名服务器。域名服务器就是提供 IP 地址和域名之间转换服务的服务器。

2. 子网掩码

(1)子网划分。

假如一个组织在一个庞大的网络(图 7-1-4)中,拥有大量的计算机,现在一台计算机想要与另一台计算机通信,它需要知道如何以及从哪里可以到达那台计算机,通过使用广播可以做到这一点,广播是指计算机向网络中的所有计算机发送数据,以便定位某台计算机并与之对话,但想象一下,这个大型网络中的每台计算机为了通信,都向这个网络中的所有计算机进行广播,那将是一片混乱,会减慢网络速度,并可能导致网络停止。

为了防止这种情况,需要将网络分解为更小的网络(图 7-1-5),网络可以在逻辑上分解为更小的网络,这称为子网划分,可通过使用路由器进行物理分离,此时如果两个在不同子网的计算机进行通信,那么计算机会发布一个只有它所在的子网内计算机才能接收到的广播,但是由于目标计算机在不同的子网中,数据会被发送到默认网关,也就是路由器,然后路由器会智能地将数据路由到目的地,这就需要知道子网的地址以及目标计算机的地址。

图 7-1-4　庞大的网络

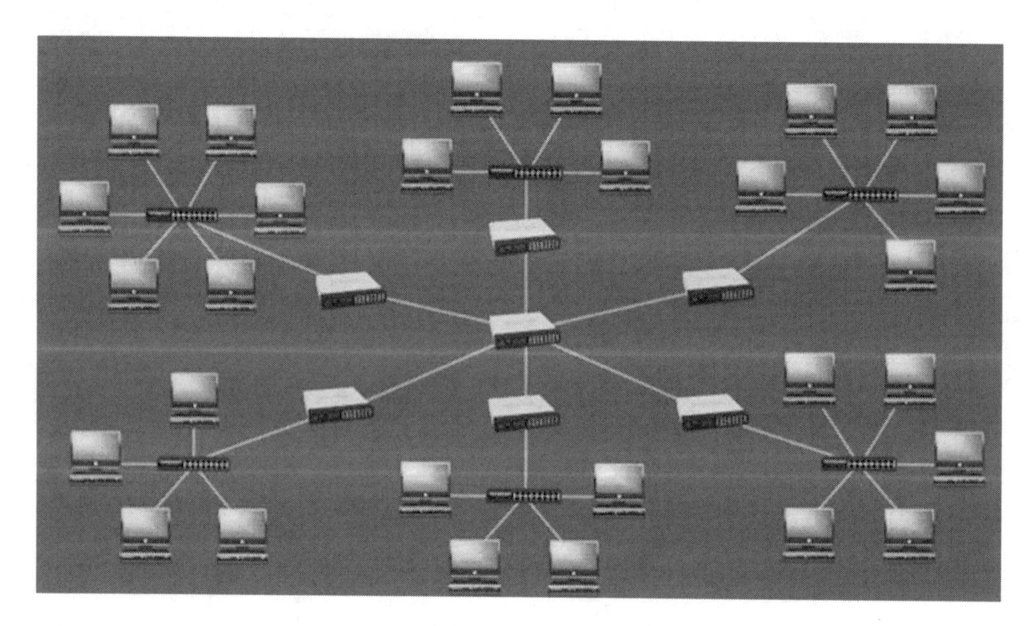

图 7-1-5　网络分解

(2)子网掩码。

前面讲解 IP 地址时提到 IP 地址包括网络地址和主机地址,网络地址或网络 ID 是分配给网络的编号,主机地址分配给子网中的主机,如平板电脑、路由器、计算机、服务器等,所以每个主机都有唯一的主机地址,这样就可以将网络进行划分,每个设备都会通过 WiFi 路由器内置的 DHCP(Dynamic Host Configuration Protocol) 服务器,被分配一个独立的 IP 地址(图 7-1-6)。

网络地址为 192.168.1.0,网络中每个主机都有不同的主机地址,当寻找某个子网中的

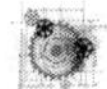

目标主机时,只要确定其子网地址及主机地址就可以了,那么在 IP 地址中,如何判断哪一部分是网络地址,哪一部分是主机地址呢? 这里就需要子网掩码了。

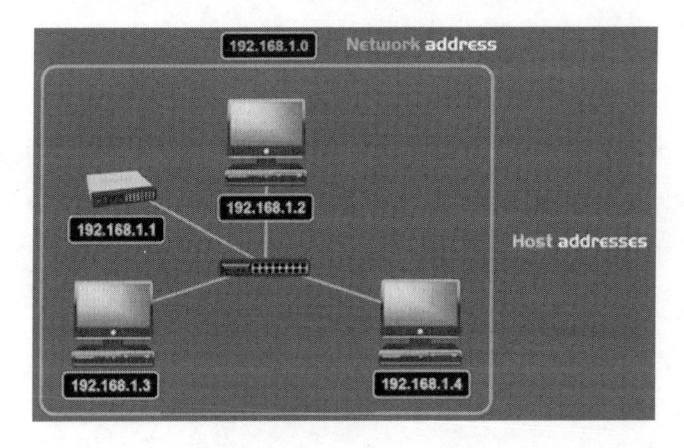

图 7-1-6　网络地址与主机地址

子网掩码(Subnet Mask)又称网络掩码、地址掩码、子网络遮罩,它用来指明一个 IP 地址的哪些位标识的是主机所在的子网,以及哪些位标识的是主机的位掩码。子网掩码不能单独存在,它必须结合 IP 地址一起使用(图 7-1-2)。

子网掩码是在 IPv4 地址资源紧缺的背景下为了解决 IP 地址分配而产生的虚拟 IP 技术,通过子网掩码将 A、B、C 三类地址划分为若干子网,从而显著提高了 IP 地址的分配效率,有效解决了 IP 地址资源紧张的局面(表 7-1-2)。另外,在企业内网中为了更好地管理网络,网管人员也利用子网掩码的作用,人为地将一个较大的企业内部网络划分为更多个小规模的子网,再利用三层交换机的路由功能实现子网互联,从而有效解决了网络广播风暴和网络病毒等诸多网络管理方面的问题。

表 7-1-2　默认子网掩码

类别	子网掩码的二进制数表示	子网掩码的十进制数值
A	11111111 00000000 00000000 00000000	255. 0. 0. 0
B	11111111 11111111 00000000 00000000	255. 255. 0. 0
C	11111111 11111111 11111111 00000000	255. 255. 255. 0

根据 RFC950 定义,子网掩码是一个 32 位的二进制数,其为 1 时所对应的 IP 地址为网络地址,其为 0 时所对应的 IP 地址对应于主机地址,左边是网络位,用二进制数字“1”表示,1 的数目等于网络位的长度;右边是主机位,用二进制数字“0”表示,0 的数目等于主机位的长度。这样做的目的是让掩码与 IP 地址做按位与运算时用 0 遮住原主机数,而不改变原网络段数字,而且很容易通过 0 的位数确定子网的主机数。通过子网掩码,才能表明一台主机所在的子网与其他子网的关系,使网络正常工作。

例如：

IP 地址为 192.168.1.1。

IP 地址转为二进制：11000000.10101000.00000001.00000001。

子网掩码为 255.255.255.0。

子网掩码转为二进制：11111111.11111111.11111111.00000000。

将子网掩码转为的二进制与 IP 地址转为的二进制一一对应，那么子网掩码中所有 1 对应的 IP 地址都为网络地址，所有 0 对应的位置都为主机位置（表 7-1-3）。

表 7-1-3　IP 地址转换

	网络地址			主机地址
IP 地址十进制	192	168	1	1
IP 地址转为二进制	11000000	10101000	00000001	00000001
子网掩码转为二进制	11111111	11111111	11111111	00000000

所以，IP 地址为 192.168.1.1，子网掩码为 255.255.255.0，根据上面的分析可知：

网络地址为 192.168.1；主机地址为 1；子网中主机个数为 $2^8-2=254$。

子网掩码告知路由器，地址的哪一部分是网络地址，哪一部分是主机地址，使路由器正确判断任意 IP 地址是否是本网段的，从而正确地进行路由。网络上，数据从一个地方传到另外一个地方，是依靠 IP 寻址。从逻辑上来讲，分两步：第一步，从 IP 中找到所属的网络，就如确认一个人是哪个小区的；第二步，再从 IP 中找到主机在这个网络中的位置，就如在小区里面找到了这个人。

可以通过设置 Internet 协议属性来查看 IP 地址，或者利用 IPCONFIG 来查看 IP 相关信息（图 7-1-3），在图中还看到了默认网关，那么这个网关在 Internet 地址中又起到什么作用呢？

3. MAC 地址（Media Access Control Address）和 ARP（Address Resolution Protocol）

网络设备间要想实现通信，不仅要知道彼此的 IP 地址，还要知道设备的 MAC 地址（也称 MAC 码）。

网络中的每一个设备都有一个独立的 MAC 地址。这个 MAC 地址是固化在网络设备硬件中的。可以通过系统设置或工具软件改变 MAC 地址，但这也仅仅是临时的修改，而不是真正地将设备硬件的 MAC 地址进行永久性的更改。如果想永久性地修改 MAC 地址，那么就要借助硬件生产商所提供的工具软件了。

假如图 7-1-6 中 IP 地址为 192.168.1.2 的设备 A，想要和 IP 地址为 192.168.1.3 的设备 B 通信，除了要知道设备 B 的 IP 地址信息外，还要知道设备 B 的 MAC 地址。

如果设备 A 和设备 B 都是刚刚连入 WiFi 的，它们从来没有互相通信过，那么它们不可能知道彼此的 MAC 地址。

 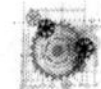

这时,设备 A 会向网络中的所有设备进行广播,寻找设备 B,设备 B 收到广播后会给予回应,将 IP 地址及 MAC 地址发送给设备 A,知道对方的 IP 地址和 MAC 地址后,就可以进行网络通信了。这种让两台完全不认识彼此的设备获取到对方 IP 地址和 MAC 地址的协议就是 ARP 了。

4. 默认网关

(1)什么是网关。

网关(Gateway)又称网间连接器、协议转换器。网关在传输层上以实现网络互连,是最复杂的网络互联设备,它仅用于两个高层协议不同的网络互联。

大家都知道,从一个房间走到另一个房间,必然要经过一扇门。同样,从一个网络向另一个网络发送信息,也必须经过一道"关口",这道关口就是网关。顾名思义,网关就是一个网络连接到另一个网络的"关口"。

按照不同的分类标准,网关也分很多种。TCP/IP 协议里的网关是最常用的,在这里所讲的"网关"均指 TCP/IP 协议下的网关。

网关实质上是一个网络通向其他网络的 IP 地址,网关在网段内的可用 IP 中选一个,但一般用的是第 1 个和最后一个。

例如,网络 A 的 IP 地址范围为 192.168.1.1 ~ 192.168.1.254,子网掩码为 255.255.255.0,如果需要与其他网段通信,那么它的网关可设置为 192.168.1.1,当然也可以设置为网段内其他的 IP 地址。

在没有路由器的情况下,两个不同的网络之间是不能进行 TCP/IP 通信的,即使是两个网络连接在同一台交换机(或集线器)上,TCP/IP 协议也会根据子网掩码(255.255.255.0)判定两个网络中的主机处在不同的网络里。而要实现这两个网络之间的通信,就必须通过网关。

如果网络 A 中的主机发现数据包的目的主机不在本地网络中,就会把数据包转发给它自己的网关,再由网关转发给网络 B 的网关,网络 B 的网关再转发给网络 B 的某个主机。所以,只有设置好网关的 IP 地址,TCP/IP 协议才能实现不同网络之间的相互通信。

(2)默认网关。

默认网关就像一个房间可以有多扇门一样,一台主机可以有多个网关。默认网关的意思是一台主机如果找不到可用的网关,就把数据包发给默认指定的网关,由这个网关来处理数据包。现在主机使用的网关,一般指的是默认网关。

IP 地址解决了设备在网络中的地址问题,然而服务器可能同时运行着多个进程,数据传输到相应的服务器之后,要由哪个进程来进行接收呢?

5. 端口号

端口号的主要作用是表示一台计算机中的特定进程所提供的服务。如果将 IP 地址比作是电话号码,那么端口号就是分机号,如拨打 10086 后,按 0 号键进入人工服务,那么 10086 就是 IP 地址,0 号就是人工服务程序进程的端口号,中国移动就是域名。

一台计算机可以同时提供很多个服务,如数据库服务、FTP 服务、Web 服务等,可通过端口号来区别相同计算机所提供的这些不同的服务,如常见的端口号 21 表示的是 FTP 服务,端口号 23 表示的是 Telnet 服务,端口号 25 表示的是 SMTP 服务等。端口号一般习惯为 4 位整数,在同一台计算机上端口号不能重复,否则就会产生端口号冲突。

7.1.3 传输层

网络设备通信时,数据丢失和数据受损的情况经常出现。传输层的 TCP(Transmission Control Protocol)和 UDP(User Datagram Protocol)协议可以用来解决这一问题。通常选择这两种协议中的一种来保证数据传输的准确性。具体选择哪一种协议要看使用的是何种网络应用。因为不同的网络应用对于数据的传输要求是不同的。

举例来说,网络游戏对数据的传输速度要求很高。因为玩家在发出了一个游戏控制指令后,这个指令需要以最快的速度传送给游戏服务器。如果传输速度跟不上,游戏体验将会大打折扣。相反,有一些网络应用对数据传输速度要求较低,但是对数据传输的准确性要求是极高的,如电子邮件应用。当发出电子邮件以后,通常不太介意这封邮件的传输速度。邮件可以是 1 min 后送达,也可以是 10 min 后送达,这没有什么影响,但是邮件的信息内容是绝对要保证准确的。

所以 TCP 协议可以更好地保证数据传输的准确性,但是传输速度比 UDP 协议要慢一些。TCP 协议的特点是可以保证所有数据都能被接收端接收,数据的传输顺序也不会被打乱,而且如果有数据损坏则重发受损数据。基于以上功能特点,TCP 通常用于电子邮件及文件上传等。

UDP 协议并不能保证所有数据都被接收端所接受。一旦出现数据受损的情况,UDP 协议将会抛弃受损的数据。这些数据一旦被抛弃将会永久性消失,发送端不会因为数据受损而重新发送,因此 UDP 协议远不如 TCP 协议可靠。UDP 协议通常用于网络游戏以及语音聊天或视频聊天应用。

7.1.4 应用层

传输层可以实现设备间的数据传输,但发送端和接收端还需要一种协议来理解这些传输信息的含义,这就需要应用层。

应用层中有很多种协议,最常见的是 HTTP 协议,它常被用来传输网页数据,HTTP 协议由请求和响应构成,工作模式很像是一问一答。

1. HTTP 请求

举例来说,在浏览器输入 www. baidu. com 这一网址并按下回车键,浏览器会把这一操作转换成一个 HTTP 请求。

这个 HTTP 请求主要分为两部分,一部分是请求头(Request Header),另一部分是请求体(Request Body)。对于学习物联网知识来说,请求头是重点要关注的内容。

简化后的请求头内容如下:

GET / HTTP/1.1

Host: www. baidu. com

在以上的 HTTP 请求中：

“GET”是一个读取请求,也就是请求网站服务器把网页数据发送过来。

“/”的作用是告诉网站服务器,要读取请求的内容是网站根目录下的内容。也就是说,请求服务器把网站首页的网页数据发过来。

“HTTP/1.1”是指请求所采用的 HTTP 协议版本是 1.1。

“Host:www.baidu.com”表示请求的域名是 www.baidu.com。

以上是 HTTP 协议的 GET 请求中最关键的内容。在 HTTP 协议中,GET 只是诸多请求方法中的一种。以下是 HTTP 协议中的其他请求方法：

HTTP1.0 定义了三种请求方法:GET、POST 和 HEAD 方法。

HTTP1.1 新增了五种请求方法:OPTIONS、PUT、DELETE、TRACE 和 CONNECT 方法。

关于请求方法,这里主要介绍 GET。

2. HTTP 响应

接下来看浏览器发送以上 HTTP 请求后,接收到请求的服务器 HTTP 响应。HTTP 响应内容也分为两部分,一部分是响应头(Response Header),另一部分是响应体(Response Body)。其中响应体部分是可选项,也就是说,有些 HTTP 响应只有响应头,而响应体是空的。

首先介绍响应头部分,由于响应头信息量比较大,因此选出主要内容给大家讲解。如下所示：

HTTP/1.1 200 OK

Content-Type: text/html;charset=UTF-8

“HTTP/1.1”是指此 HTTP 响应所采用的协议版本是 1.1。

“200”是 HTTP 响应状态码。它的作用是以代码的形式表达服务器在接到请求后的状态。“200”代表服务器成功找到了请求的网页资源,“404”代表服务器无法找到请求的网页资源。

“Content-Type”指示响应体内容类型。这里的响应体内容类型是“text/htm”,即网页 HTML 代码。通过这一行响应头信息,浏览器将会知道在这一个响应中的响应体部分都是 HTML 网页代码。于是浏览器将会做好准备,将网页代码翻译成容易读懂的格式并且呈现在浏览器中。

假设某一个响应头中“Content-Type”类型是“image/jpeg”。这就表明该响应体中的信息是一个 jpeg 格式的图片,那么浏览器也就会按照 jpeg 的解码方式将图片呈现出来。

7.1.5 客户端与服务器

客户端与服务器又称主从式架构,简称 C/S 结构,是一种网络架构,它把客户端(Client)(通常是一个采用图形用户界面的程序)与服务器(Server)(图 7-1-7)区分开来。每一个客户端软件的实例都可以向一个服务器或应用程序服务器发出请求。有很多不同类型的服务器,如文件服务器、终端服务器和邮件服务器等。虽然它们存在的目的不一样,但基本构架是一样的。

这个方法通过不同的途径应用于很多不同类型的应用程序,最常见就是目前在互联网上用的网页。例如,在维基百科阅读文章时,读者的计算机和网页浏览器就被当作一个客户端,组成维基百科的计算机、数据库和应用程序就被当作服务器。当读者的网页浏览器向维基百科请求一个指定的文章时,维基百科服务器从数据库中找出所有该文章需要的信息,组合成一个网页,再发送回网页浏览器。

服务端的特征:被动的角色(从)。等待来自客户端的要求,处理要求并传回结果。

客户端的特征:主动的角色(主)。发送要求,等待直到收到回应。

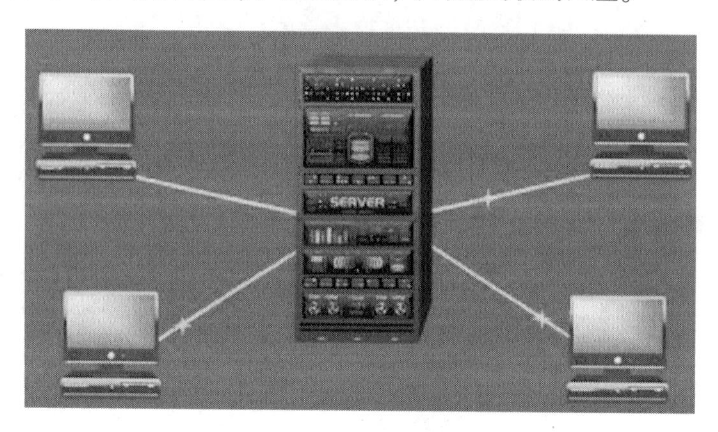

图 7-1-7　服务器

可以利用网络调试助手对服务器与客户端进行设置,进而通信,步骤如下。

(1)服务器设置(图 7-1-8)。

图 7-1-8　网络调试助手(服务器)

协议类型为 TCP Server。

本地主机地址为 192. 168. 1. 13,这个可以通过 cmd 运行下,输入“ipconfig”指令进行查询(图 7-1-9),可以看出,默认网关为 255. 255. 255. 0,那么所在网络的地址为 192. 168. 1,主机地址为 13。

本地主机端口号为 8080,虽然知道了主机的地址,但主机中存在很多的进程,要访问哪个进程,得需要端口号,这个端口号自己拟定即可。

图 7-1-9　IP 地址显示

(2)客户端设置(图 7-1-10)。

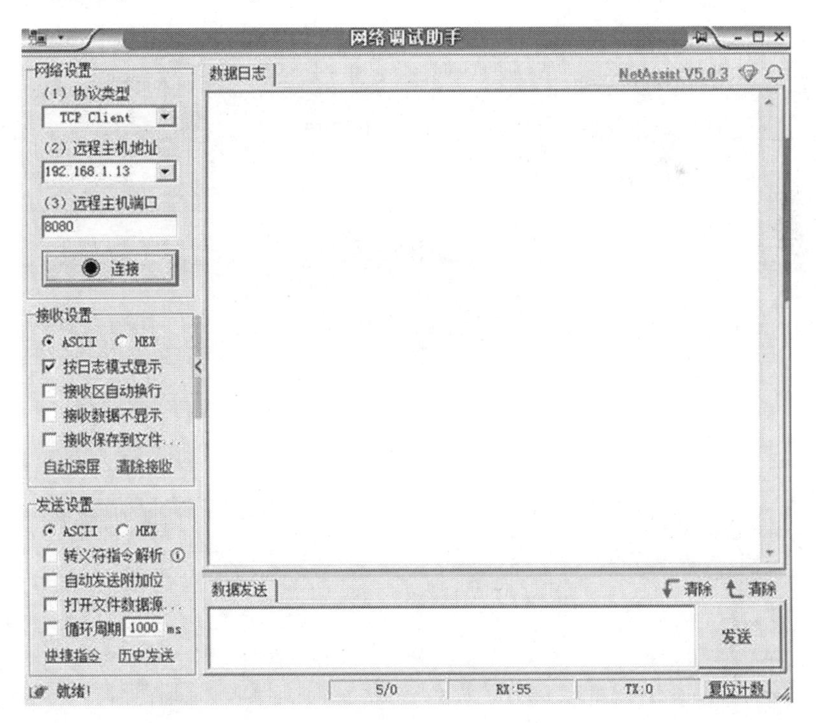

图 7-1-10　网络调试助手(客户端)

协议类型为 TCP Server。

远程主机地址为 192.168.1.13,因为要访问服务器,所以填入要访问的主机地址。

远程主机端口号为 8080,这个应与要访问的主机相应进程的端口号一致。设置完成后,客户端与服务器就可以通信了(图 7-1-11)。

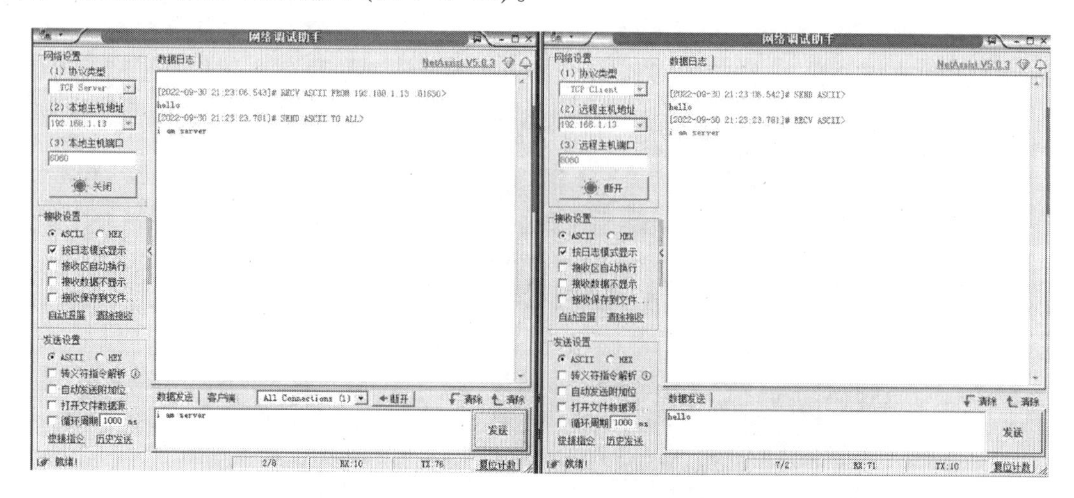

图 7-1-11　客户端与服务器通信

7.2　初识物联网开发板 ESP8266-NodeMCU

ESP8266-NodeMCU(图 7-2-1)是一个开源硬件开发板,由于它支持 WiFi 功能,因此在物联网(IOT)领域,ESP8266-NodeMCU 尺寸与 Nano 类似,也可以使用 Arduino IDE 对其进行开发,而且它还有一颗地道的"中国芯"——ESP8266 模块。

图 7-2-1　ESP8266-NodeMCU

7.2.1　引脚说明

1. 不能用的引脚

ESP8266 芯片有 17 个 GPIO 引脚(GPIO0~GPIO16)(图 7-2-2)。这些引脚中的 GPIO6~GPIO11 用于连接开发板的闪存(Flash Memory)。如果在实验电路中使用 GPIO6~GPIO11,

NodeMCU 开发板将无法正常工作,因此不建议使用 GPIO6~GPIO11。

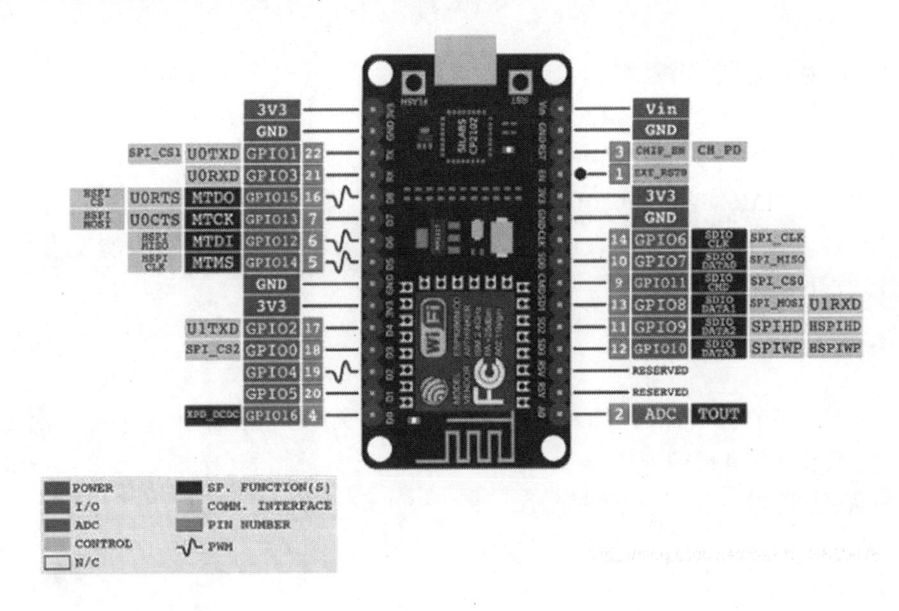

图 7-2-2 ESP8266-NodeMCU 引脚图

2. 特殊引脚说明

GPIO2 引脚在 NodeMCU 开发板启动时是不能连接低电平的。

GPIO15 引脚在开发板运行中一直保持低电平状态。因此请不要使用 GPIO15 引脚来读取开关状态或进行 I^2C 通信。

GPIO0 引脚在开发板运行中需要一直保持高电平状态。否则 ESP8266 将进入程序上传工作模式,开发板也就无法正常工作了。无须对 GPIO0 引脚进行额外操作,因为 NodeMCU 的内置电路可以确保 GPIO0 引脚在工作时连接高电平而在上传程序时连接低电平。

3. 上拉电阻/下拉电阻

GPIO0~GPIO15 引脚都配有内置上拉电阻。这一点与 Arduino 十分类似。GPIO16 引脚配有内置下拉电阻。

4. 模拟输入

ESP8266 只有一个模拟输入引脚(该引脚通过模拟-数字转换将引脚上的模拟电压数值转化为数字量)。此引脚可以读取的模拟电压值为 0~1.0 V。注意,若 ESP8266 芯片模拟输入引脚连接 1.0 V 以上电压,则有可能损坏 ESP8266 芯片。

以上描述针对 ESP8266 芯片的引脚。而对于 NodeMCU 开发板引脚,情况就不同了,NodeMCU 开发板配有降压电路。可以用 NodeMCU 开发板的模拟输入引脚读取 0~3.3 V 的模拟电压信号。

5. 串行端口

ESP8266 有 2 个硬件串行端口(UART)。

串行端口 0(UART0)使用 GPIO1 和 GPIO3 引脚。其中 GPIO1 引脚是 TX0,GPIO3 引脚是 RX0。

串行端口 1(UART1)使用 GPIO2 和 GPIO8 引脚。其中 GPIO2 引脚是 TX1,GPIO8 引脚是 RX1。注意,由于 GPIO8 引脚被用于连接闪存芯片,因此串行端口 1 只能使用 GPIO2 引脚来向外发送串行数据。

6. I^2C

ESP8266 只有软件模拟的 I^2C 端口,没有硬件 I^2C 端口。也就是说,可以使用任意的两个 GPIO 引脚通过软件模拟来实现 I^2C 通信。ESP8266 的数据表(Datasheet)中,GPIO2 引脚标注为 SDA,GPIO14 引脚标注为 SCL。

7. SPI

ESP8266 的 SPI 端口情况如下:

GPIO14 — CLK

GPIO12 — MISO

GPIO13 — MOSI

GPIO 15 — CS(SS)

7.2.2 开发环境

(1)可以使用 Arduino IDE 进行开发,可以到 Arduino 官网下载 Arduino IDE 集成开发环境,网址如下:

https://www.Arduino.cc/en/software

(2)去 USB 官网下载相应的驱动,网址如下:

https://cn.silabs.com/developers/usb-to-uart-bridge-vcp-drivers

(3)安装好驱动后,设置 Arduino 的通信 COM 口(图 7-2-3)。

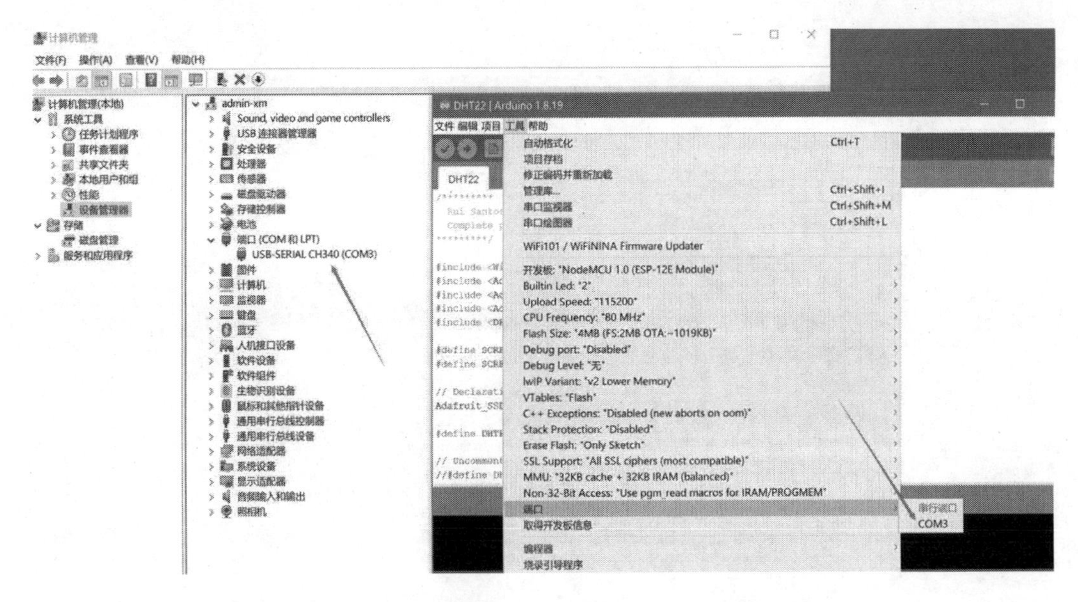

图 7-2-3　设置串口

(4)选择文件→首选项→附加开发板管理器网址(图 7-2-4),如下:

http://arduino. esp8266. com/stable/package_esp8266com_index. json

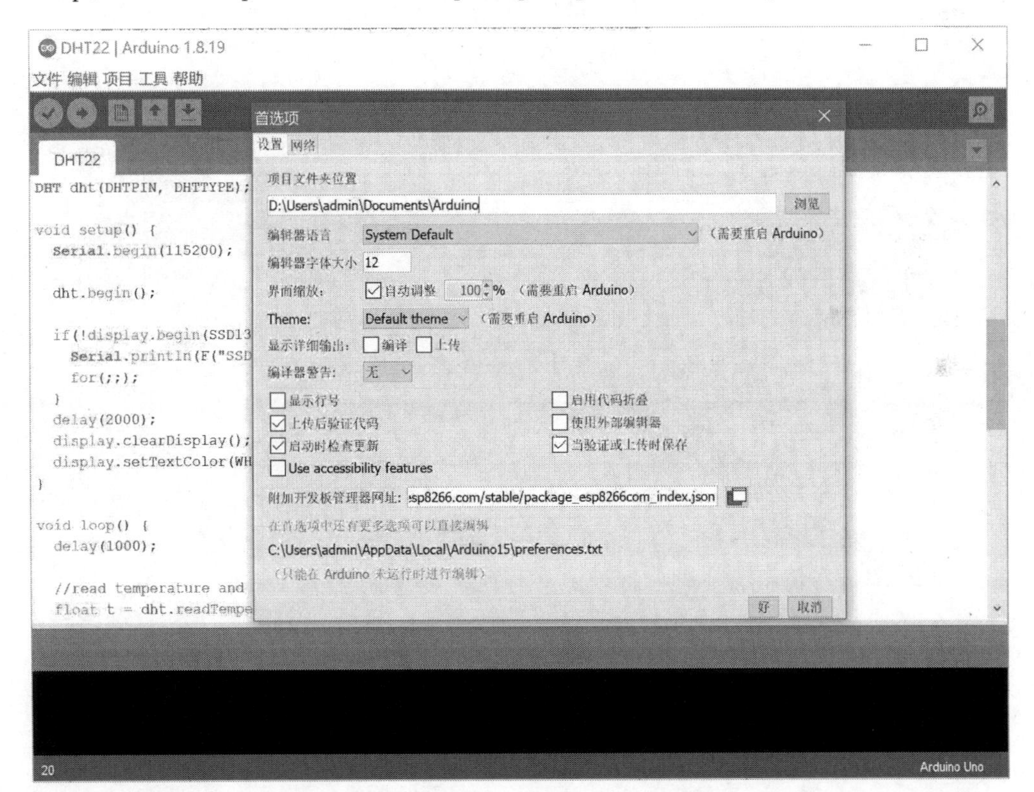

图 7-2-4　附加开发板网址管理器网址

(5)选择工具→开发板→开发板管理器(图 7-2-5),搜索“esp8266”,下载 esp8266 开发环境(图 7-2-6)。

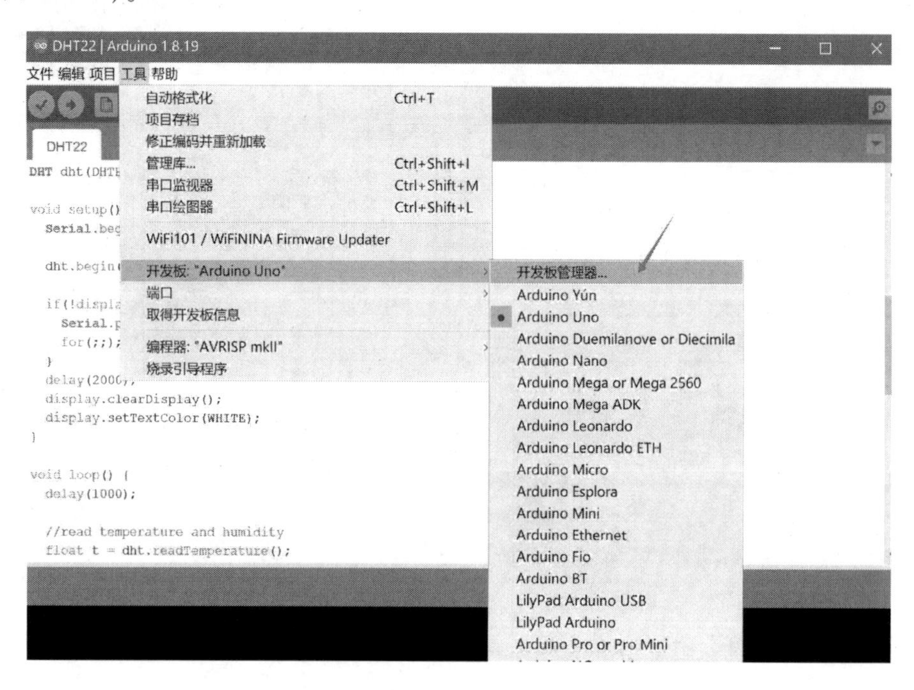

图 7-2-5　开发板管理器

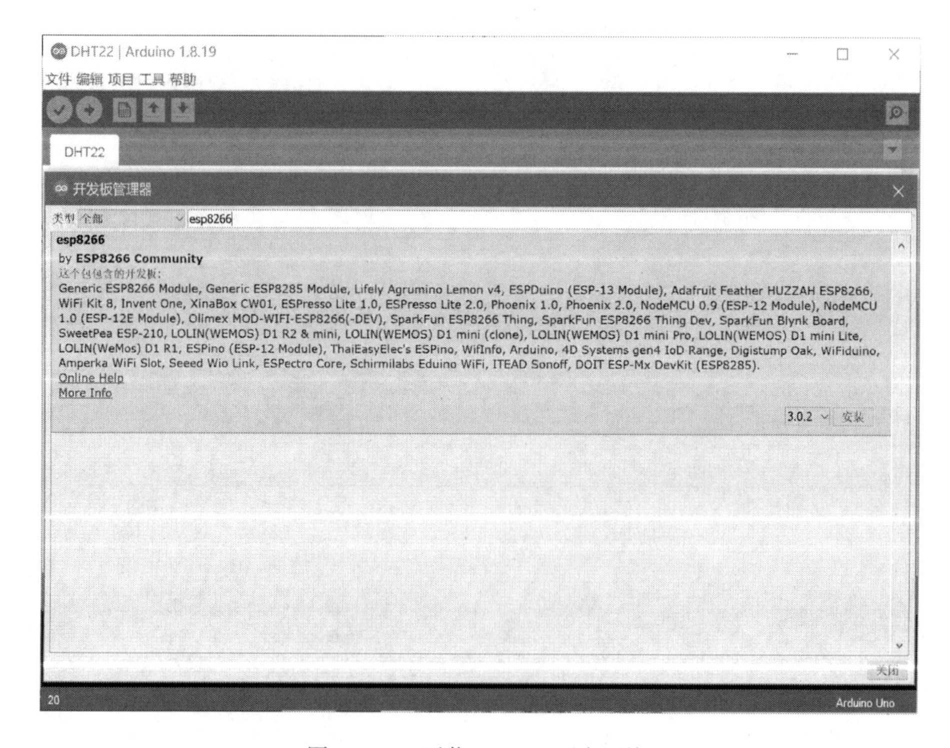

图 7-2-6　下载 esp8266 开发环境

(6)设置开发板类型 NodeMCU 1.0 (ESP-12E Module)(图 7-2-7)

 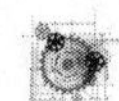

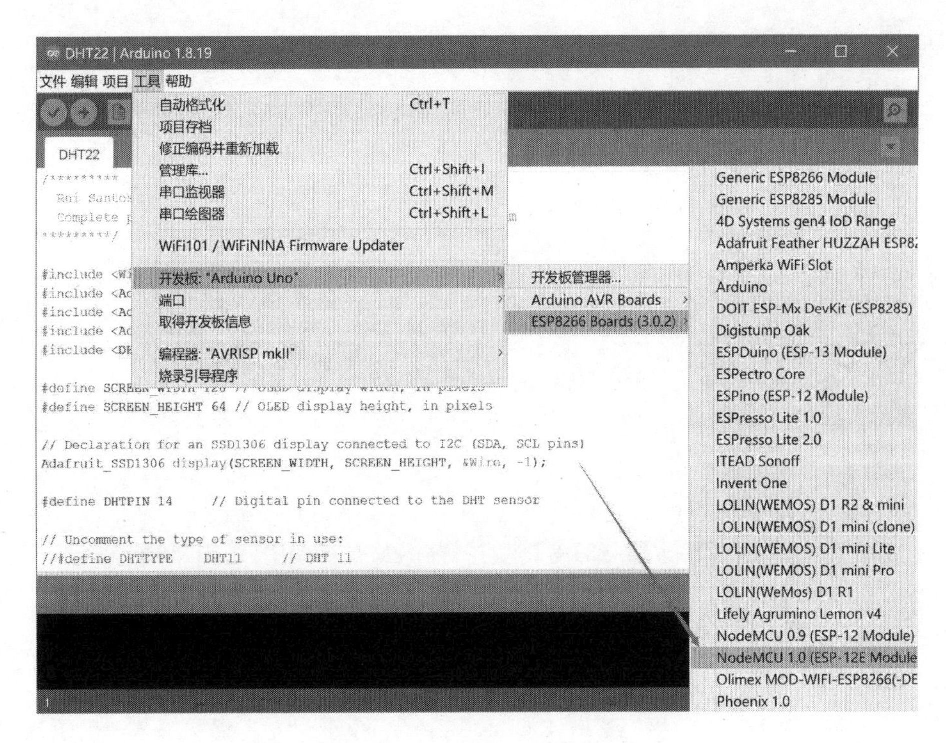

图 7-2-7　设置开发板类型

根据以上步骤,就可以完成 ESP8266-NodeMCU 开发环境的搭建。

7.2.3　NodeMCU 开发板的接入点模式

1. 接入点模式(Access Point,AP)

NodeMCU 可以建立 WiFi 网络供其他设备连接。当 NodeMCU 以此模式运行时,可以使用手机搜索 NodeMCU 所发出的 WiFi 网络并进行连接(图 7-2-8)。

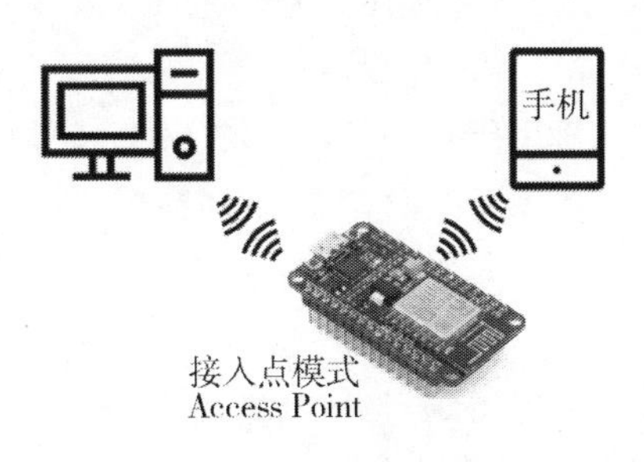

图 7-2-8　接入点模式

通过以下示例程序,NodeMCU 将会建立一个名为 helloesp8266 的 WiFi。可以使用手机或计算机连接该 WiFi 从而实现与 NodeMCU 的网络通信。

程序代码如下:

/ * 本程序使用 ESP8266WiFi 库 * /

```
#include <ESP8266WiFi.h>
/*这里定义将要建立的 WiFi 名称*/
constchar * ssid="helloesp8266";
/*这里定义将要建立的 WiFi 密码。*/
constchar * password="12345678";
voidsetup(){
/*启动串口通信*/
Serial.begin(9600);
/* WiFi.softAP 用于启动 NodeMCU 的 AP 模式*/
WiFi.softAP(ssid,password);
/*通过串口监视器输出信息*/
Serial.print("Access Point:");
/*告知用户 NodeMCU 所建立的 WiFi 的名称以及 NodeMCU 的 IP 地址*/
Serial.println(ssid);
Serial.print("IP address:");
/*通过调用 WiFi.softAPIP()可以得到 NodeMCU 的 IP 地址*/
Serial.println(WiFi.softAPIP());    //
}
voidloop(){
}
```

重点指令讲解:

① const char * ssid = "helloesp8266";语句。

这里定义将要建立的 WiFi 名称。可以将自己想要建立的 WiFi 名称填写入此处的双引号中。

②const char * password = "12345678";语句。

这里定义将要建立的 WiFi 密码。可以将自己想要使用的 WiFi 密码放入引号内,如果建立的 WiFi 不要密码,则在双引号内不要填入任何信息。

③WiFi.softAP(ssid,password);语句。

此语句是重点。WiFi.softAP 用于启动 NodeMCU 的 AP 模式,括号中有两个参数,ssid 是 WiFi 名称,password 是 WiFi 密码,这两个参数具体内容在 setup 函数之前的位置进行定义。

④WiFi.softAPIP()语句。

通过调用 WiFi.softAPIP()可以得到 NodeMCU 的 IP 地址。

将以上程序上传以后,NodeMCU 在每次启动以后,都会自动启动接入点模式。接入点 WiFi 的详细信息会通过串口监视器输出给用户查看,包括 WiFi 名称及 IP 地址(图 7-2-9)。

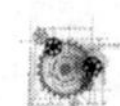

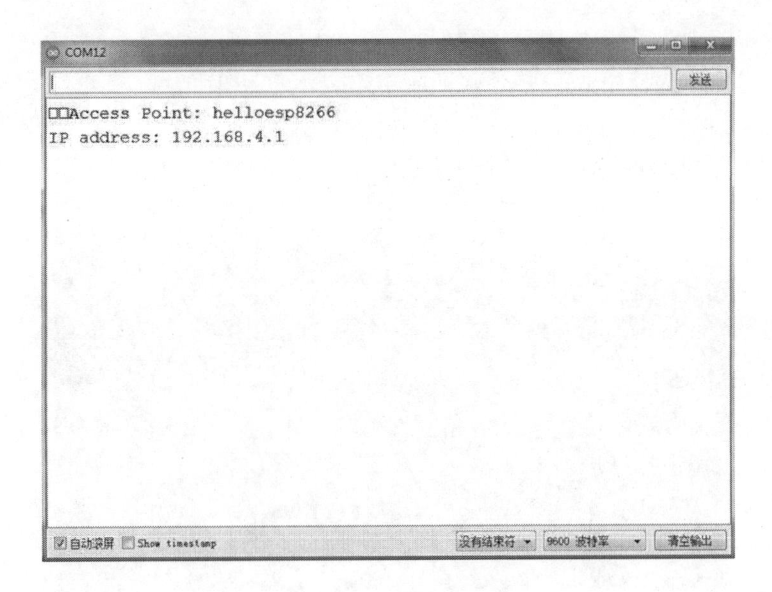

图 7-2-9 串口监视器输出

接下来,可以使用计算机或手机来连接 NodeMCU 所建立的 WiFi(图 7-2-10)。

图 7-2-10 连接 WiFi

成功连接 NodeMCU 所建立的 WiFi 后,如果想要验证一下计算机是否可以与 NodeMCU 进行网络通信,那么可以在 Windows 操作系统的“命令提示符”中输入:ping 192.168.4.1,然后按回车键。这时计算机将会向 NodeMCU 所在的 IP 地址 192.168.4.1 发送多个数据包。如果 NodeMCU 成功接收到了这些数据包,那么它会同样回复几个数据包给计算机。于是在“命令提示符”窗口中,看到了这几条来自 192.168.4.1 的信息,图 7-2-11 中方框标注部分。

注意,这里 ping 的 IP 地址是 NodeMCU 默认的接入点 IP 地址:ping 192.168.4.1。这一

信息在上面的串口监视器截屏中可以看到。

图 7-2-11 所示为使用 ping 指令验证成功连接 NodeMCU 的截屏。

图 7-2-11　指令验证成功

遗憾的是,当计算机或手机连接了 NodeMCU 所建立的 WiFi 网络以后,手机和计算机是无法连接互联网的。这是因为 NodeMCU 建立的 WiFi 网络没有与互联网相互连接。这也是为什么当计算机与 NodeMCU 建立的 WiFi 连接后会在任务栏的 WiFi 符号上看到一个×(图7-2-12)。

图 7-2-12

2. 无线终端模式(Station)

如图 7-2-13 所示,ESP8266 可通过 WiFi 连接无线路由器。这与用手机通过 WiFi 连接无线路由器的模式相同。

图 7-2-13　无线终端模式

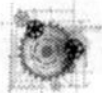

以下示例程序用于演示如何使用 NodeMCU 以无线终端模式通过 WiFi 连接无线路由器。

```
/＊本程序使用 ESP8266WiFi 库＊/
#include <ESP8266WiFi. h>
/＊连接 WiFi 名(此处使用 CMCC-nFp7 为示例,将需要连接的 WiFi 名称填入引号＊/
const char＊ ssid= "CMCC-nFp7";
/＊连接 WiFi 密码＊/
const char＊ password = "1234567";
void setup() {
  Serial. begin(9600);
   /＊启动网络连接＊/
  WiFi. begin(ssid,password);
  Serial. print("Connecting to ");
/＊告知用户 NodeMCU 正在尝试 WiFi 连接＊/
  Serial. print(ssid);Serial. println(" ... ");
/＊这一段程序语句用于检查 WiFi 是否连接成功＊/
  int i = 0;
/＊WiFi. status()函数的返回值是由 NodeMCU 的 WiFi 连接状态所决定的。＊/
/＊如果 WiFi 连接成功则返回值为 WL_CONNECTED＊/
while (WiFi. status() ! = WL_CONNECTED) {
delay(1000);
Serial. print(i++);Serial. print(' ');
/＊此处通过 while 循环让 NodeMCU 每隔一秒钟检查一次 WiFi. status()函数返回值＊/
  }
/＊WiFi 连接成功后 NodeMCU 将通过串口监视器输出"连接成功"信息。＊/
Serial. println("");
Serial. println("Connection established!");
/＊同时还将输出 NodeMCU 的 IP 地址＊/
Serial. print("IP address:    ");
/＊这一功能是通过调用 WiFi. localIP()函数来实现的。该函数的返回值即 NodeMCU 的 IP 地址＊/
Serial. println(WiFi. localIP());
}
void loop() {
}
```

重点指令讲解:

①const char * ssid = "CMCC-nFp7";

const char * password = "1234567";

需要连接的 WiFi 名称和密码。

② WiFi. begin(ssid,password);

启动网络连接。

③WiFi. status()。

函数的返回值是由 NodeMCU 的 WiFi 连接状态所决定的,如果 WiFi 连接成功则返回值为 WL_CONNECTED。

④WiFi. localIP()。

该函数的返回值即 NodeMCU 的 IP 地址。

在以上程序的控制下,NodeMCU 将会连接名称是"CMCC-nFp7"的 WiFi 网络。当网络连接成功后,就可以通过串口监视器看到显示信息(图 7-2-14)。其中最后一行"IP address"信息就是 NodeMCU 连接 WiFi 以后的 IP 地址了。

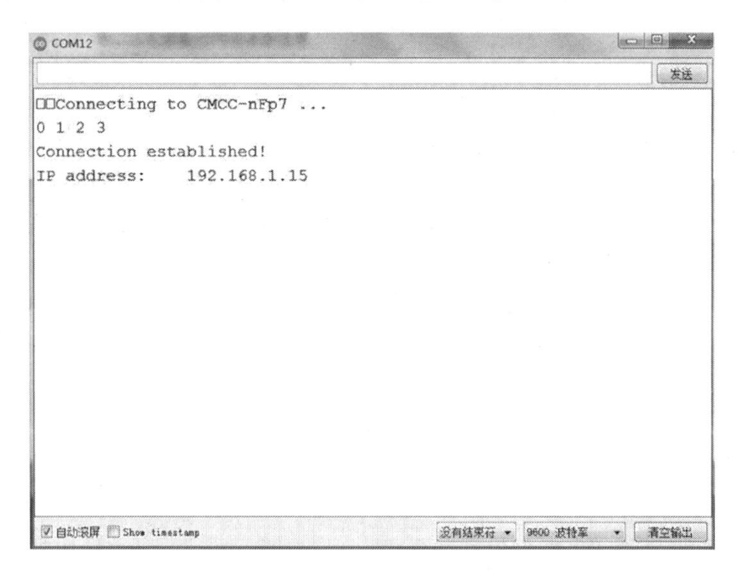

图 7-2-14 显示信息

为了确认 NodeMCU 的确已经联网,可以在 Windows 操作系统的"命令提示符"中输入:ping 192. 168. 1. 15(图 7-2-15)。

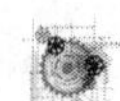

图 7-2-15　确认联网

从图 7-2-15 可以看出，NodeMCU 成功地对 ping 指令做出应答。到这里就可以确定当前 NodeMCU 已经成功连接 WiFi 了。

7.2.4　实验：建立基本网络服务器

网络服务器有很多种类型，它们的功能也十分丰富。通常承担网络服务器工作的设备都是运算能力比较强大的计算机，ESP8266-NodeMCU 虽然也能实现网络服务器的一些功能，但是毕竟它的运算能力无法与服务器计算机相比，因此 ESP8266-NodeMCU 只能实现一些基本的网络服务功能。

网络服务是一个很宽泛的概念，这里即将学习的是网络服务中的网页服务功能。网页服务就是专门用于网页浏览的服务，如通过网页服务查阅资料、浏览网页等。

为了便于理解，一起回忆一下打开百度网页经历的过程。首先，要想访问百度网站就要在浏览器地址栏输入百度的网站地址：www. baidu. com。当输入完地址并按下回车键以后，浏览器会通过 DNS 服务查到百度网站服务器的 IP 地址。假设某服务器地址为 12. 34. 56. 78。接下来浏览器就会向 IP 地址为 12. 34. 56. 78 的服务器发送 http 请求。网站服务器收到请求后，会把被请求的网页信息传输给浏览器，然后浏览器就会把收到的网页信息转换成网页显示在浏览器中，为了能够应付大量访问，百度网站服务器是一台运算能力很强的计算机。但假如这个网站只有一个人访问，那么 ESP8266-NodeMCU 就足够了。

本实验可以让 ESP8266-NodeMCU 实现最基本的网页服务功能，打开浏览器，并且在地址栏中输入 NodeMCU 的 IP 地址并按下回车键，就能在浏览器中看到“Hello from ESP8266”字样。

（1）材料：ESP8266-NodeMCU。

（2）硬件电路图如图 7-2-16 所示。

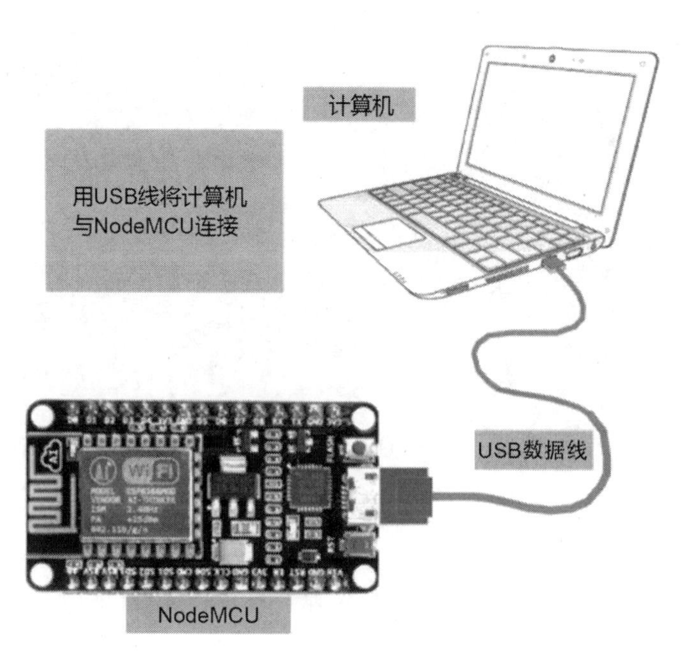

图 7-2-16　硬件电路图

(3)程序如下。

```
/*本程序使用 ESP8266WiFi 库*/
#include <ESP8266WiFi.h>
/*ESP8266WiFiMulti 库*/
#include <ESP8266WiFiMulti.h>
/*ESP8266WebServer 库 */
#include <ESP8266WebServer.h>
/*建立 ESP8266WiFiMulti 对象,对象名称是 wifiMulti*/
ESP8266WiFiMulti wifiMulti;
/*建立 ESP8266WebServer 对象,对象名称为 esp8266_server*/
/*括号中的数字是网络服务器响应 HTTP 请求的端口号*/
/*网络服务器标准 HTTP 端口号为 80,因此这里使用 80 为端口号*/
ESP8266WebServer esp8266_server(80);
    void setup(void){
/*启动串口通信*/
  Serial.begin(9600);
/*通过 addAP()函数存储 WiFi 名称及 WiFi 密码*/
  wifiMulti.addAP("CMCC-nFp7","7654321");
  /*通过调用 addAP()函数来记录 WiFi 网络信息,此处可以存储更多的 WiFi 信息*/
  wifiMulti.addAP("CMCC-nFp8","12345678");
  int i = 0;
/*此处的 wifiMulti.run()是重点。通过 wifiMulti.run(),NodeMCU 将会在当前*/
```

```
/＊环境中搜索 addAP 函数所存储的 WiFi。如果搜到多个存储的 WiFi 那么 NodeMCU
将会连接信号最强的那一个 WiFi 信号＊/
    while (wifiMulti. run() ! = WL_CONNECTED) {
    delay(1000);
  Serial. print(i++);
  Serial. print(' ');}
  /＊一旦连接 WiFi 成功,wifiMulti. run()将会返回"WL_CONNECTED",跳出循环＊/
    /＊WiFi 连接成功后将通过串口监视器输出连接成功信息＊/
    Serial. println('\n');
    Serial. print("Connected to ");
  /＊ 连接的 WiFi 名称＊/
    Serial. println(WiFi. SSID());
    Serial. print("IP address:\t");
  /＊NodeMCU 的 IP 地址＊/
    Serial. println(WiFi. localIP());
  /＊-------"启动网络服务功能"程序部分开始--------＊/
    esp8266_server. begin();
    esp8266_server. on("/",handleRoot);
    esp8266_server. onNotFound(handleNotFound);
  /＊--------"启动网络服务功能"程序部分结束--------＊/
    Serial. println("HTTP esp8266_server started");
  }
  void loop(void){
  /＊处理 HTTP 服务器访问＊/
    esp8266_server. handleClient();
  }
  /＊处理网站根目录"/"的访问请求,NodeMCU 将调用此函数＊/
  void handleRoot() {
    esp8266_server. send(200,"text/plain","Hello from ESP8266");
  }
  /＊设置处理 404 情况的函数 'handleNotFound'＊/
  void handleNotFound(){
  /＊当浏览器请求的网络资源无法在服务器中找到时,NodeMCU 将调用此函数。＊/
    esp8266_server. send(404,"text/plain","404: Not found");
  }
```

重点指令讲解:

①esp8266_server. begin();语句。

使用了 ESP8266WebServer 库中的 begin() 函数。这个函数的作用是让 ESP8266-NodeMCU 来启动网络服务功能,该函数不需要任何参数。

②esp8266_server. on("/",handleRoot);语句。

这条语句调用了 ESP8266WebServer 库中的 on()函数,该函数的作用是指挥 NodeMCU 来处理浏览器的 HTTP 请求。on()函数一共有两个参数,第一个参数是字符串"/",第二个参数是一个函数的名称 handleRoot。

参数"/"的作用:一个网站有很多页面,为了加以区分,这些页面都有各自的名称,这里将要浏览的网站首页的名称正是"/"。目前的 ESP8266-NodeMCU 服务器中只有一页。

on()函数的第二个参数是 handleRoot 函数的名字。handlRoot 函数的主要作用是告诉 NodeMCU 该如何生成和发送网站首页给浏览器。

这条语句 esp8266_server. on("/",handleRoot)的作用就是告诉 NodeMCU,当有浏览器请求网站首页时,请执行 handlRoot 函数来生成网站首页内容,然后发送给浏览器。

只是在浏览器地址栏输入 NodeMCU 的 IP 地址,然后就按下了回车键。浏览器怎么知道需要的是网站的首页呢。这是浏览器约定俗成的一种操作方法,在地址栏只输入 IP 地址而没有任何附加地址信息,浏览器就知道要获取的是一个网站的首页信息。

③esp8266_server. onNotFound(handleNotFound);语句。

这条语句使用了 onNotFound()函数,其作用是指挥 NodeMCU 在收到无法满足的 HTTP 请求时应该如何处理。目前 Hello from ESP8266 网站只有一个页面。假如有人想要浏览网站的其他页面,NodeMCU 是无法满足这一请求的,这时可以让 NodeMCU 答复一个"错误提示"页面给提出请求的浏览器。onNotFound()函数就是用来告诉 NodeMCU 如果出现无法满足的 HTTP 请求时该如何进行处理。onNotFound()函数有一个参数,这个参数的内容是函数 handleNotFound 的名字。

④ esp8266_server. send(404,"text/plain","404: Not found");语句。

这条语句调用了 ESP8266WebServer 库中的 send()函数。该函数的作用是生成并且发送 HTTP 响应信息。send()函数一共有 3 个参数:第一个参数 404 是服务器状态码;第二个参数"text/plain"说明 HTTP 响应体信息类型;第三个参数"404:Not found"则是响应体的具体信息。

404 是一个服务器状态码,其含义是"客户端的请求有错误"。浏览器能够看懂的信息是 send()函数的第一个参数,它的类型是整数型,它的内容是数字 404。而显示在浏览器中的出错信息是一个字符串型的参数,它是 send()函数的最后一个参数。在示例程序里,它的内容是"404:Not found"。

HTTP 响应分为两部分:第一部分是响应头,在示例中,响应头的内容就是 404 和"text/plain",而响应体的内容就是"404: Not found"。

⑤void handleRoot() {

```
  esp8266_server.send(200,"text/plain","Hello from ESP8266");
}
```

这段示例程序与 handleNotFound 函数非常相似,都是使用 send()函数生成并且发送 HTTP 响应信息。

send()函数的第一个参数是 200,它同样是一个服务器状态码,含义是"成功接收请求,并已完成整个处理过程"。第二个参数"text/plain"的作用是说明 HTTP 响应体信息类型。

⑥esp8266_server. handleClient();语句。

这句程序调用了 handleClient()函数,它的主要作用之一是检查有没有设备通过网络向

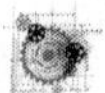

NodeMCU 发送请求。handleClient( )函数每次被调用时,NodeMCU 都会检查一下是否有人发送 HTTP 请求。因此需要把它放在 loop( )函数中,从而确保它能经常被调用。假如 loop( )函数里有类似 delay( )函数的延迟程序运行,那么这时就一定要注意了。如果 handleClient( )函数长时间得不到调用,NodeMCU 的网络服务会变得很不稳定。因此在使用 NodeMCU 执行网络服务功能时,一定要确保 handleClient( )函数经常被调用。

(4)实验结果。

打开串口查看 NodeMC IP 地址(图 7-2-17),确保 NodeMC 已经成功连接 WiFi。

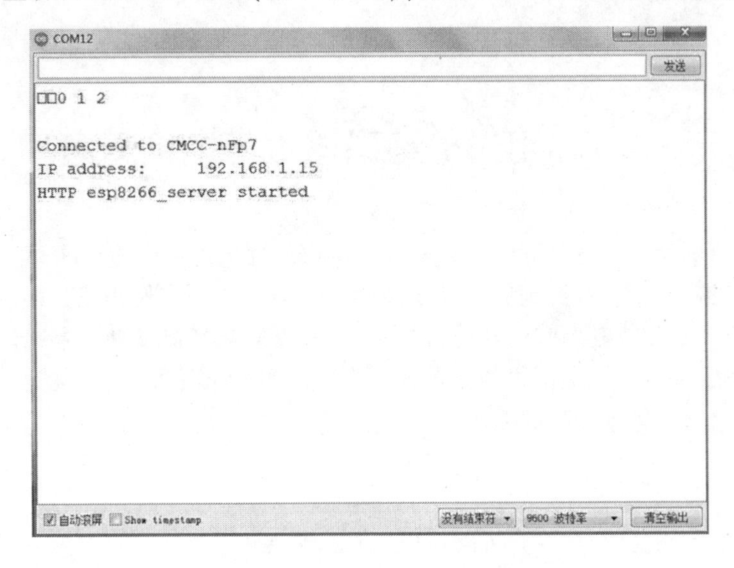

图 7-2-17 查看 NodeMC IP 地址

程序上传给 NodeMCU 以后,请打开浏览器,并且在地址栏中输入 NodeMCU 的 IP 地址并按下回车键。假如在浏览器中看到“Hello from ESP8266”(图 7-2-18),那么说明已经成功地让 NodeMCU 实现了网络服务功能,因为所看到的这条文字信息正是来自于 NodeMCU。

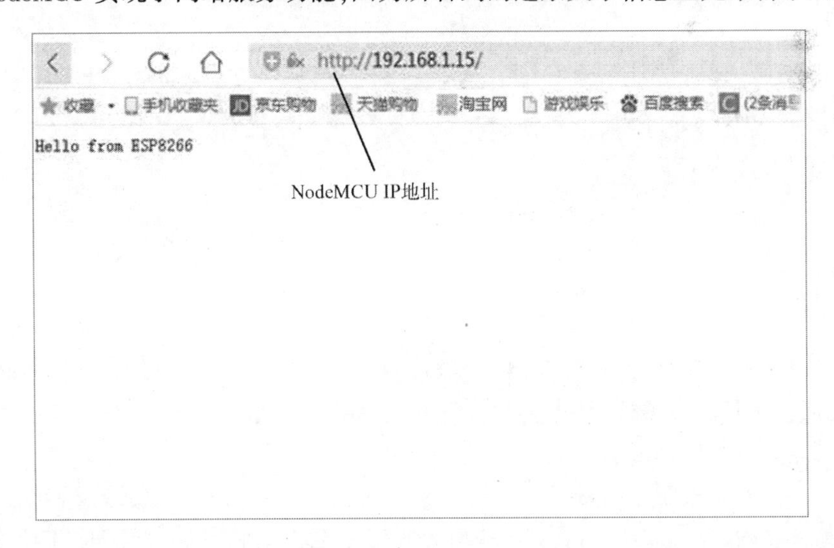

图 7-2-18 实验结果

第 8 章　高级实验篇

8.1　利用光电编码器进行电机测速

通过前几章的学习,已经学会了如何通过控制 PWM 来控制电机速度,但是在使用 PWM 调速时并不能准确地知道电机到底以什么速度在旋转。在一些使用场景中,如在控制电风扇转动时,只需要大致控制扇叶的转速,而在一些精度需求较高的使用场景时,需要准确地知道电机的速度,如平衡车上使用的电机就需要知道准确的速度。本节实验主要就是实现如何使用编码器对电机进行准确测速。

1. 编码器原理

在对电机进行测速前,需要先了解对电机测速所使用的关键传感器——编码器。编码器有很多分类方式,按照使用场景分为线性编码器和旋转编码器,按照工作原理分为光电、激光、电磁、电容、电感等,又根据测量类型分为绝对值编码器和增量式编码器。本次实验主要使用的是增量式光电编码器。增量式光电编码器的基本组成如图 8-1-1 所示,其主要流程就是光栅盘与电机同轴使电机的旋转带动光栅盘的旋转,再经光电检测装置输出若干个脉冲信号,根据该信号的每秒脉冲数便可计算当前电机的转速。

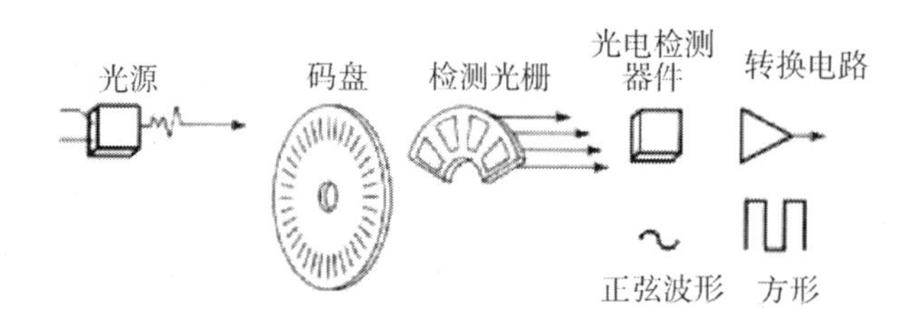

图 8-1-1　增量式光电编码器的基本组成

增量式光电编码器的优点是原理构造简单,机械平均寿命为几万小时,抗干扰能力强,可靠性高,适合于长距离传输;缺点是只能输出转轴的位置相对于前一个位置的增量,因此实际工作时需要在一段区域内连续工作,不能中断。

但当用上述原理去制作增量式光电编码器时,会发现不规则地正转或反转编码器码盘,都会产生脉冲。因此用其进行计算后,得到的数据是电机正转与反转叠加后的速度。为解决这个问题,需要在码盘上刻录两项光栅,而这两项光栅相位相差为 90°。这样当正转编码器时,会得到正转编码器波形如图 8-1-2 所示。

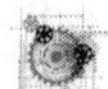

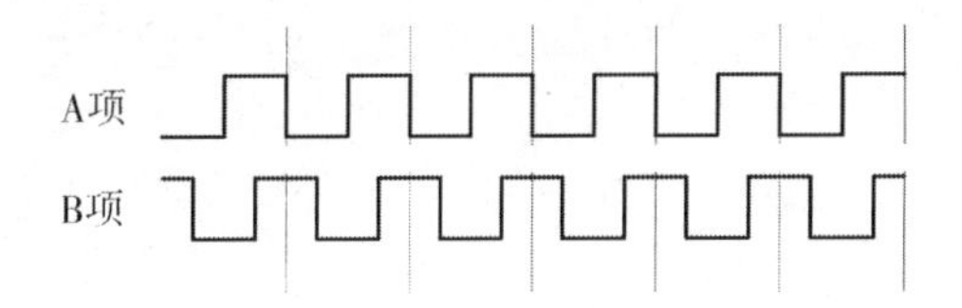

图 8-1-2　正转编码器波形

当反转编码器时,会得到反转编码器波形如图 8-1-3 所示。

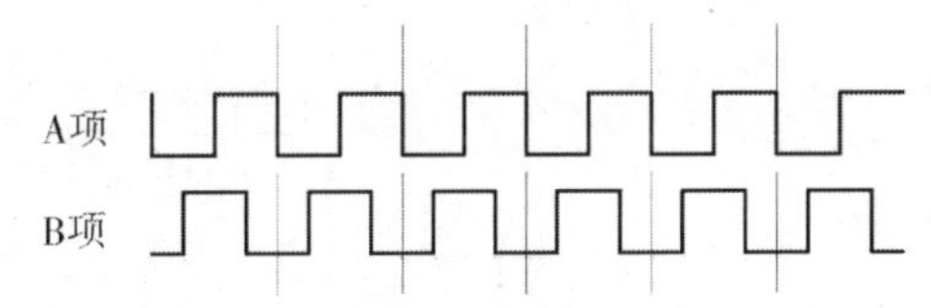

图 8-1-3　反转编码器波形

首先观察一下正转编码器波形,A 项波形从高电平置为低电平的瞬间,可以看到,B 项电平始终都为高电平;而在反转编码器波形中可以看到,A 项波形从高电平置为低电平的瞬间,B 项电平始终都为低电平。由此就可以判断出电机的正反转。

本实验中所使用的增量式光电编码器型号为 RT3806-AB-360N,有 A 相、B 相、两条电源线和一条屏蔽线,其与 Arduino 接线图如图 8-1-4 所示。

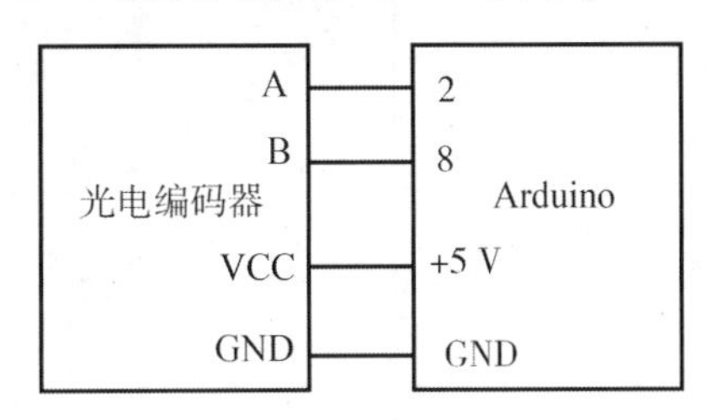

图 8-1-4　编码器与 Arduino 接线图

电机转一圈,RT3806-AB-360N 编码器输出 360 个脉冲,那么转速 n 为一分钟的脉冲数,即 $n/360$(r/min)。

2. 硬件电路图

本实验用到的材料:220 V 转 5 V、12 V、24 V 电源,Arduino UNO,L298N,电机,编码器。图 8-1-5 所示为硬件电路图。

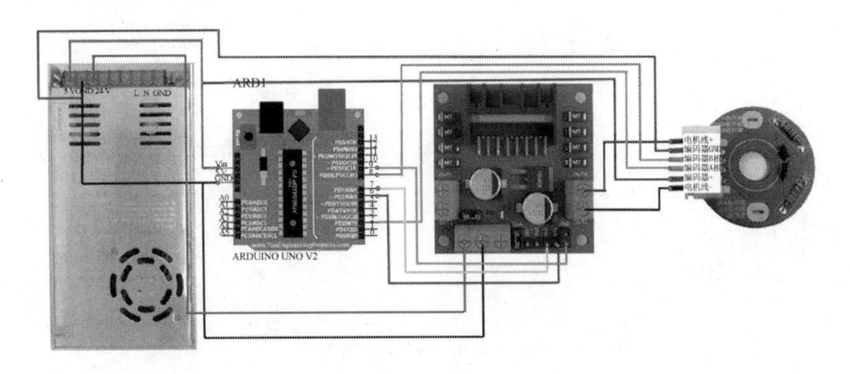

图 8-1-5　硬件电路图

3. 软件流程图

图 8-1-6 所示为软件流程图。

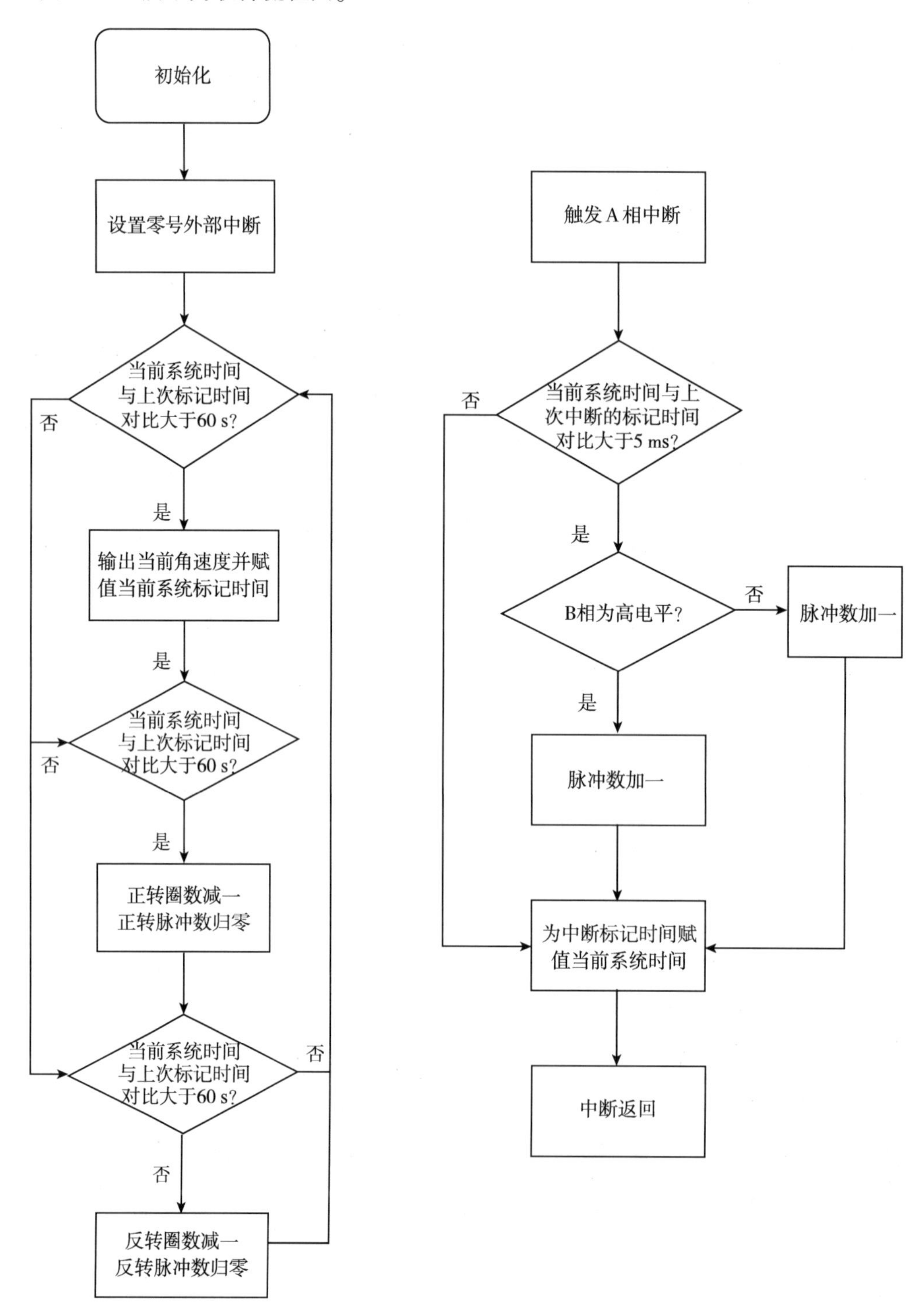

图 8-1-6　软件流程图

4. 程序编写

```
#define PinA 2                        //编码器 A 相连接 0 号外部中断
#define PinB 8                        //编码器 B 相连接到数字端口 8
#define pinEB 9                       //电机使能引脚
#define pinI1 6                       //电机控制引脚 IN1
#define pinI2 7                       //电机控制引脚 IN2
void motor_action();                  //电机驱动程序
void Velocity_measurement();          //编码器测速程序
unsigned long time1 = 0;              //时间标记
unsigned long time = 0;               //时间标记
int num = 0;                          //圈数
long count = 0;                       //脉冲数
void setup() {
  pinMode(pinI1,OUTPUT);
  pinMode(pinI2,OUTPUT);
  pinMode(pinEA,OUTPUT);
  digitalWrite(pinI1,0);
  digitalWrite(pinI2,1);              //控制电机正转
  analogWrite(pinEA,200);             //控制电机转速
  pinMode(PinA,INPUT_PULLUP);  //由于编码器信号为开漏输出,因此需要上拉电
阻,此处采用 Arduino 的内部上拉输入模式,置高
  pinMode(PinB,INPUT_PULLUP);  //同上
  attachInterrupt(0,Code,FALLING); //脉冲中断函数用于记录脉冲数
  Serial.begin(9600);
  time = millis();                    //时间初值
}
void loop() {
  Velocity_measurement();             //测速程序
}
void Velocity_measurement() {
  if ((millis() - time) > 60000) {    //计算一分钟内电机的角速度
    Serial.print(num);
    Serial.print("rad/min");
    time = millis();
    num = 0;
  }
  if (count == 360) {                 //正转一圈后输出当前一分钟内转的圈数
    num++;
```

```
    Serial. print( num) ;
    Serial. print( " rad " ) ;
    count = 0;
  }
  if (count == -360) {              //反转一圈后输出当前一分钟内转的圈数
    num--;
    Serial. print( num) ;
    Serial. print( " rad " ) ;
    count = 0;
  }
}
void Code( ) {
  //为了不计入噪声干扰脉冲,
  //当两次中断之间的时间大于 5 ms 时,计一次有效计数
  if ( ( millis( ) - time1) > 5) {
    //当编码器码盘的 OUTA 脉冲信号下跳沿每中断一次时,
    if ( ( digitalRead( PinA) == LOW) && (digitalRead( PinB) == HIGH) )
{
      count--;                      //单签脉冲数减一
    } else {
      count++;                      //单签脉冲数加一
    }
  }
  time1 == millis( ) ;
}
```

5. 实验结果

打开串口显示(图 8-1-7),电机每转一圈,串口就会打印输出当前一分钟内的圈数,一分钟过后就会打印输出当前电机角速度。

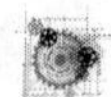

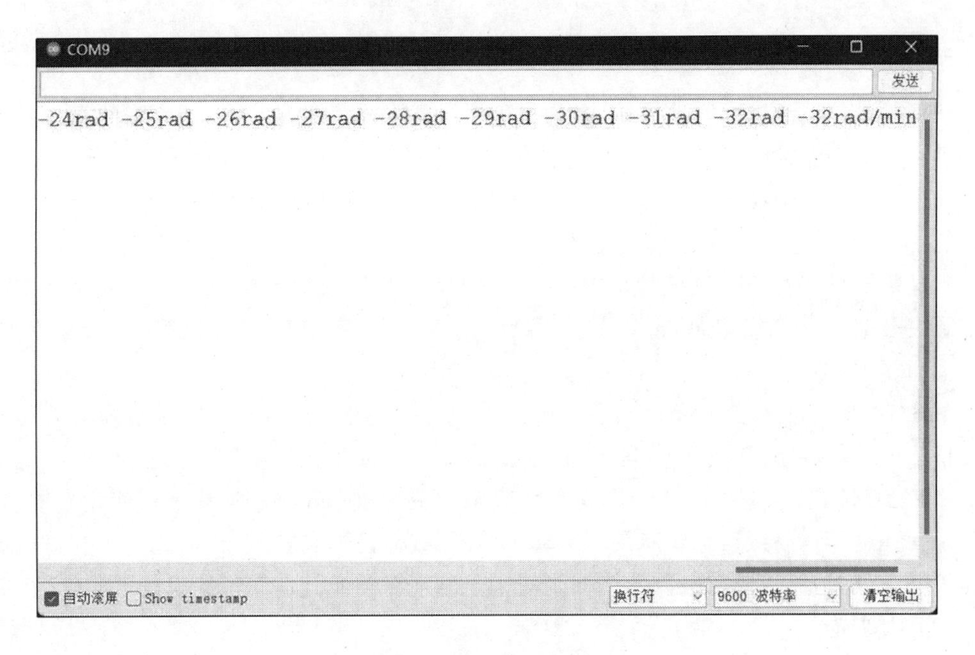

图 8-1-7　串口显示

8.2　简易电流表的设计

在第 3 章中,学习了利用 Arduino UNO 板模拟输入端口的应用,本实验将学习做简易电流表,电流表可以测得电路中的电流,并通过液晶将电流数值显示出来。

1. 实验要求

所测电路电流范围为±3 A,请选择一款合适的电流传感器,结合 Arduino 控制板,测出电路电流,并将其通过液晶显示出来。

实验中选用 ACS712 电流传感器,使用中所测得的电压信号,通过 Arduino 的模拟口进行 A/D 转换,再将所测电流值进行计算并通过液晶显示出来(图 8-2-1)。

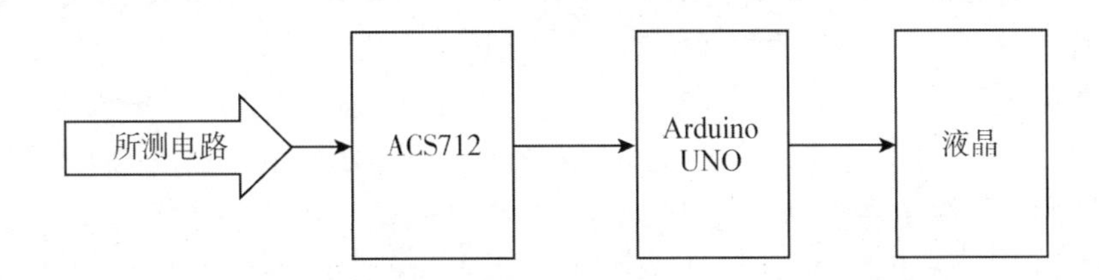

图 8-2-1　简易电流表设计原理图

2. 学用 ACS712 电流传感器

在工业、汽车、商业和通信系统中，为了确保设备安全和人身安全，经常需要对设备的某些关键点进行电流检测，传统的检测方法存在测量精度不高，反应时间长等问题，对于大电流一般采用电流互感器进行检测，电流互感器存在着绝缘困难、成本高、体积大、质量重、易受电磁干扰、输出端不能开路、突发性绝缘击穿等缺点。新型线性电流传感器 ACS712 能有效克服这些缺点，为工业、汽车、商业和通信系统中的交流或直流电流感测提供经济实惠的精密解决方案。

(1)简介。

ACS712 是 Allegro 公司新推出的一种线性电流传感器，该器件内置有精确的低偏执的线性霍尔传感器电路，能输出与检测的交流或直流电流成正比的电压。具有低噪声、响应时间短、50 kHz 带宽、总输出误差最大为 4%、高输出灵敏度(66~185 mV/A)、使用方便、性价比高、绝缘电压高等特点，主要应用于电动机控制、载荷检测和管理、开关式电源和过电流保障保护等，特别是那些要求电气绝缘却未使用光电绝缘器或其他昂贵绝缘技术的应用中。

(2)引脚描述。

ACS712 采用小型的 SOIC8 封装，采用单电源 5 V 供电，其引脚分布图如图 8-2-2 所示，各引脚的功能描述见表 8-2-1，其中引脚 1 和引脚 2、3、4 均内置有保险，为待测电流的两个输入端，当检测直流电流时，1 和 2，3 和 4 分别为待测电流的输入端和输出端。

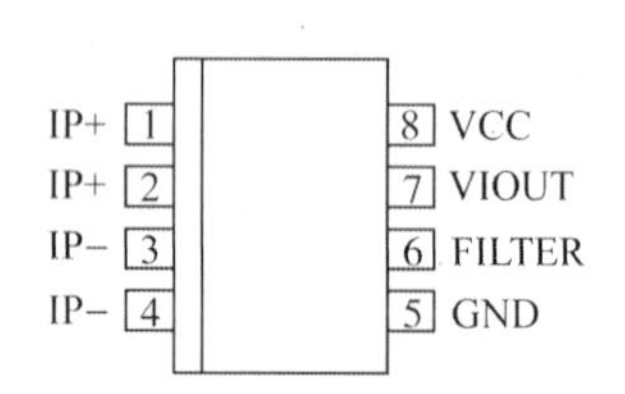

图 8-2-2　ACS712 引脚分布图

表 8-2-1　ACS712 各引脚的功能描述

引脚	名称	功能描述
1 和 2	IP+	被测电流输入或输出
3 和 4	IP−	被测电流输入或输出
5	GND	信号地
6	FILTER	外接电容
7	VIOUT	模拟电压输出
8	VCC	电源电压

(3)内部结构及工作原理。

ACS712 的功能框图如图 8-2-3 所示，该器件主要由靠近芯片表面的铜制的电流通路和精确的低偏置线性霍尔传感器电路等组成。被测电流流经的通路(引脚 1 和 2，3 和 4 之间的电路)的内阻通常是 1.2 mΩ，具有较低的功耗。被测电流的通路与传感器引脚(引脚 5~8)的绝缘电压大于 2.1 kV(有效值)，几乎是绝缘的。流经铜制电流通路的电流所产生的磁场，能够被片内的霍尔 IC 感应并将其转化为成比例的电压。

ASC712 内含一个电阻 $R_{F(INT)}$ 和一个缓冲放大器，用户可以通过 FILTER 引脚(第 6 引脚)外接一个电容和电阻 $R_{F(INT)}$ 组成一个简单的外接 RC 低通滤波器，可进一步降低输出噪声并改善低电流精确度。

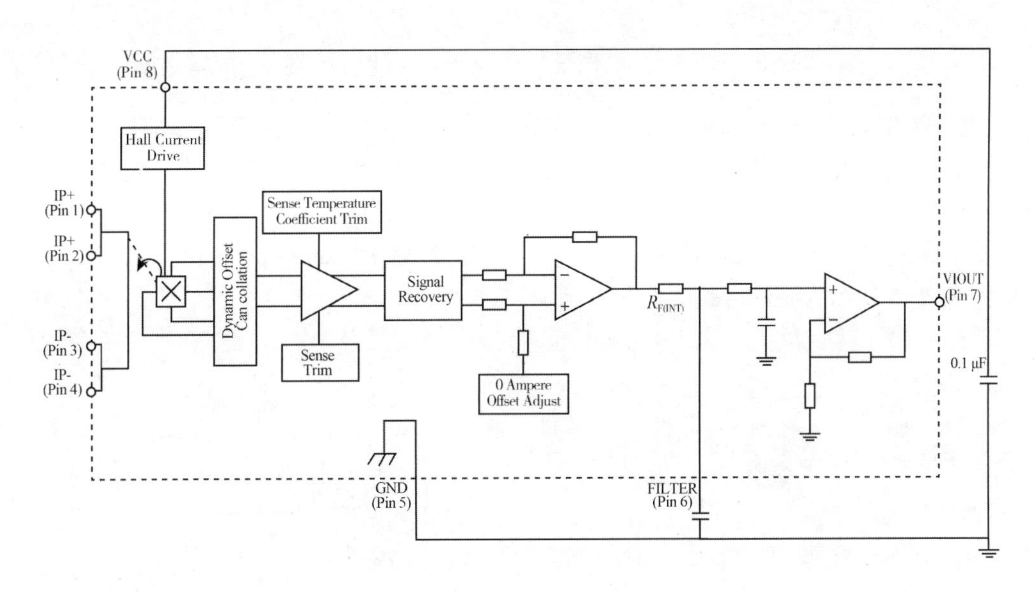

图 8-2-3　ACS712 的功能框图

(4)特性曲线。

ACS712 系列中共有三种型号,具体工作温度及检测电流范围,见表 8-2-2。

表 8-2-2　各型号 ACS712 特性

型号	温度范围/℃	电流范围/A	灵敏度/(mV · A^{-1})
ACS712ELCTR-05B-T	-40~85	±5	186
ACS712ELCTR-20A-T	-40~85	±20	100
ACS712ELCTR-30A-T	-40~85	±30	66

本实验要求所测电流范围是±3 A,所以选择 ACS712ELCTR-05B-T 型号电流传感器,该型号传感器输出电压与检测电流关系如图 8-2-4 所示。

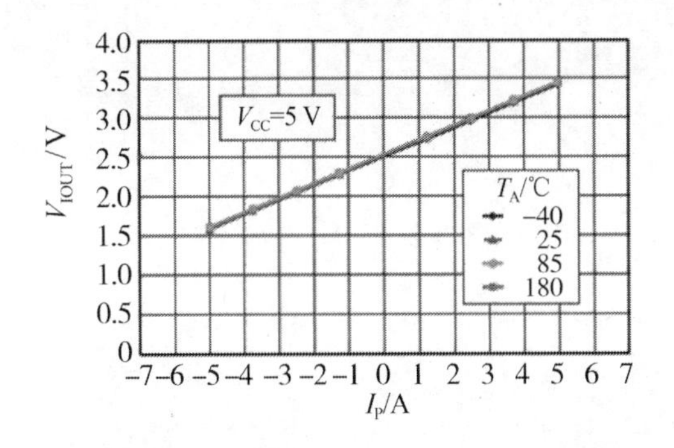

图 8-2-4　ACS712ELCTR-05B-T 输出电压与检测电流关系

从图 8-2-4 中可以看出,输出电压与检测电流成正比,几乎不受温度的影响,根据该图可以得出,ACS712 的电压输出 V_{IOUT} 和被检测的电流 I_P 间的关系为

$$V_{IOUT} = 0.186I_P + 2.5$$

所以 $I_P=\dfrac{V_{IOUT}-2.5}{0.186}$，那么可以将 V_{IOUT} 模拟信号给 Arduino 的模拟端，进行模数转换后计算出 V_{IOUT}，进而根据上述公式算出 I_P。

3. 硬件电路图

本实验所需材料：Arduino UNO、LCD1602、ACS712ELCTR-05B-T、所测电路。
图 8-2-5 所示为硬件电路图。

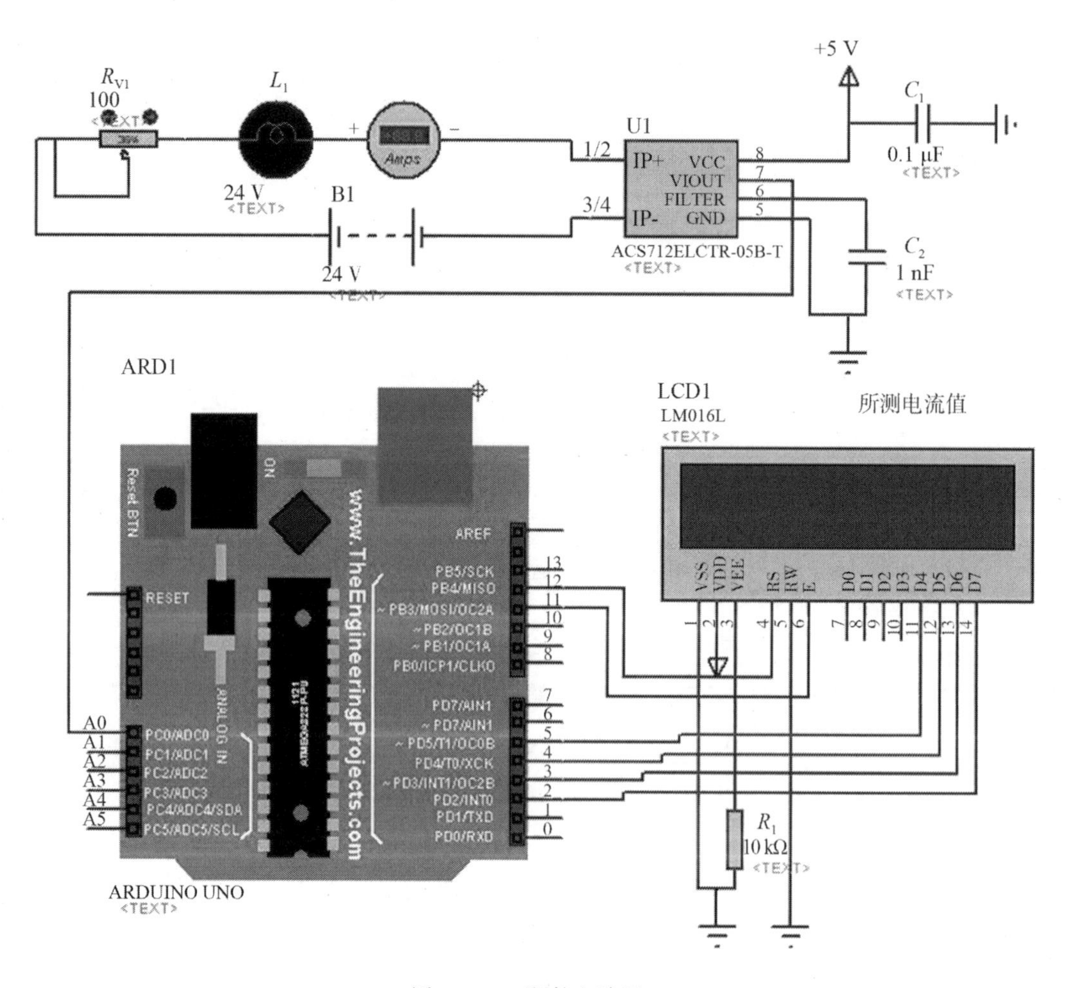

图 8-2-5　硬件电路图

4. 软件流程图

图 8-2-6 所示为软件流程图。

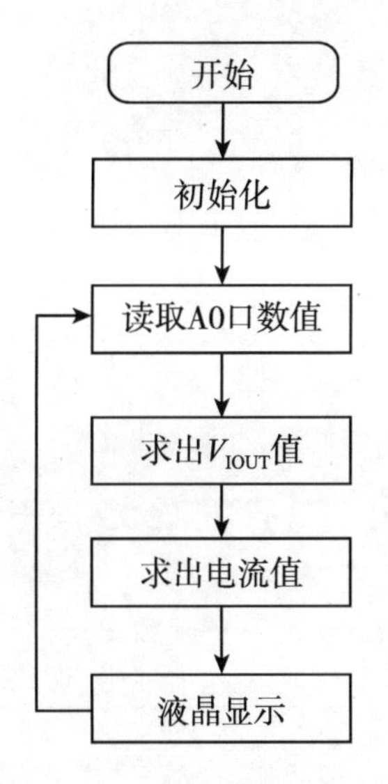

图 8-2-6　软件流程图

在这里 Arduino UNO 的 A/D 转换精度为 10 位,即将 0~5 V 电压,转换为 0~1 023 表示,所以这里"Uout=sensorValue * 5.0/1023",sensorValue 为 A0 口读取的数值(程序中 V_{IOUT} 表示为 Uout)。

5. 程序编写

```
#include <LiquidCrystal.h>
const int rs = 12,en = 11,d4 = 5,d5 = 4,d6 = 3,d7 = 2;
LiquidCrystal lcd(rs,en,d4,d5,d6,d7);
void setup() {
  // 设置 LCD 显示的起始行和列
  lcd.begin(16,2);
  lcd.print("electric current:");
}
void loop() {
  //读取 A0 口数值
  int sensorValue = analogRead(A0);
  //根据公式 Uout=sensorValue * 5.0/1023,计算 Uout 数值
  float Uout=sensorValue * 5.0/1023;
  //根据电路计算公式算出 IP 值
  float Ip=(Uout-2.5)/0.185;
  //液晶显示电流值
  lcd.setCursor(0,1);
  lcd.print(Ip);
  lcd.print("A");
```

}

6. 实验结果

通过调整电阻 R_{V1},改变电路中的电流值,所测电路中串联电流表所显示的电流值与液晶显示所测的电流值基本一致,实验结果如图 8-2-7 所示。

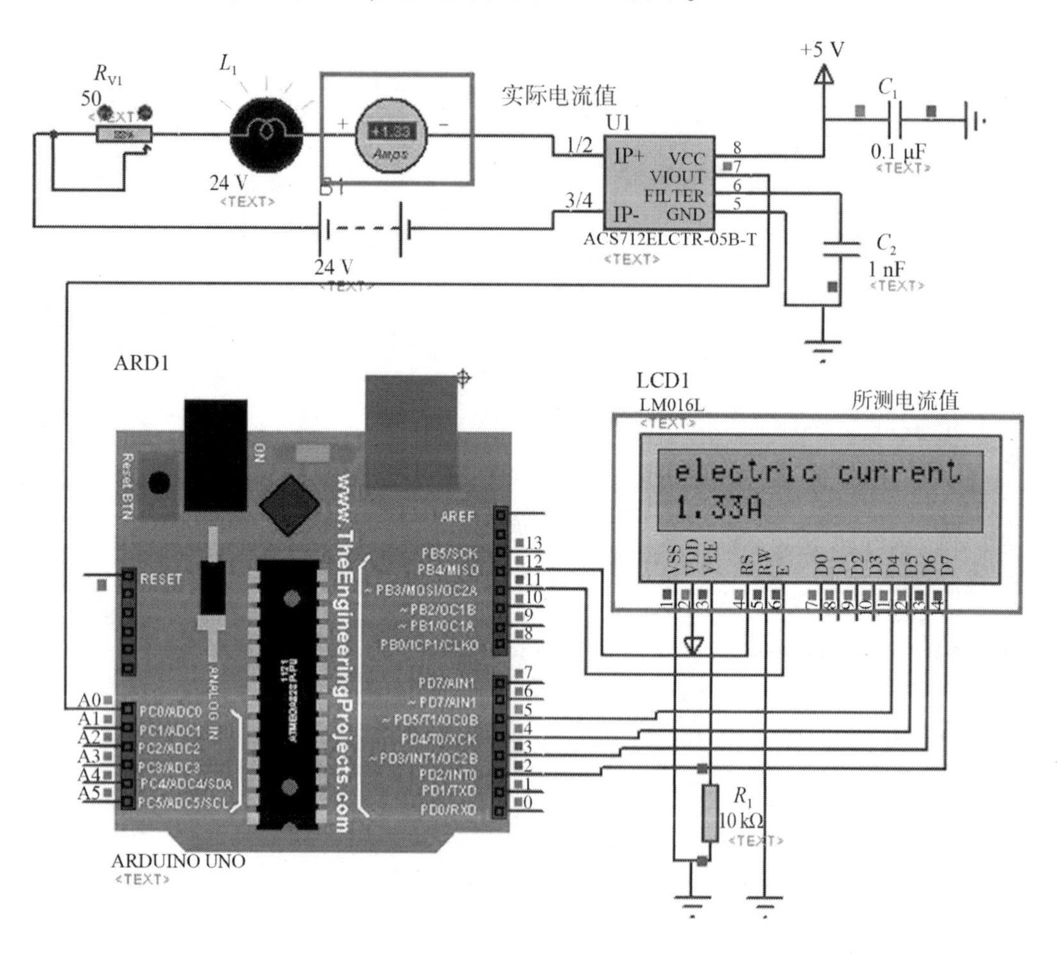

图 8-2-7　实验结果

8.3　物联网控制 LED 灯

第 7 章初识了网络,学习了 IP 地址、网关、子网掩码、客户端、服务器等基础知识,学习了 ESP8266-NodeMCU 开发板的使用方法,并利用其建立了网络服务器,通过网页对这个网络服务器进行浏览,下面的几个实验将对物联网的相关知识做进一步的学习。

1. 实验要求

物联网控制 LED 灯实验中,利用网页对 ESP8266-NodeMCU 开发板建立的服务器进行

浏览,网页中有控制 ESP8266-NodeMCU 开发板上的 LED 按钮,单击按钮控制 LED 灯的亮灭。

2. 硬件电路图

本实验中所需硬件材料:计算机、ESP8266-NodeMCU 开发板、USB 数据线。

图 8-3-1 所示为硬件线路图。

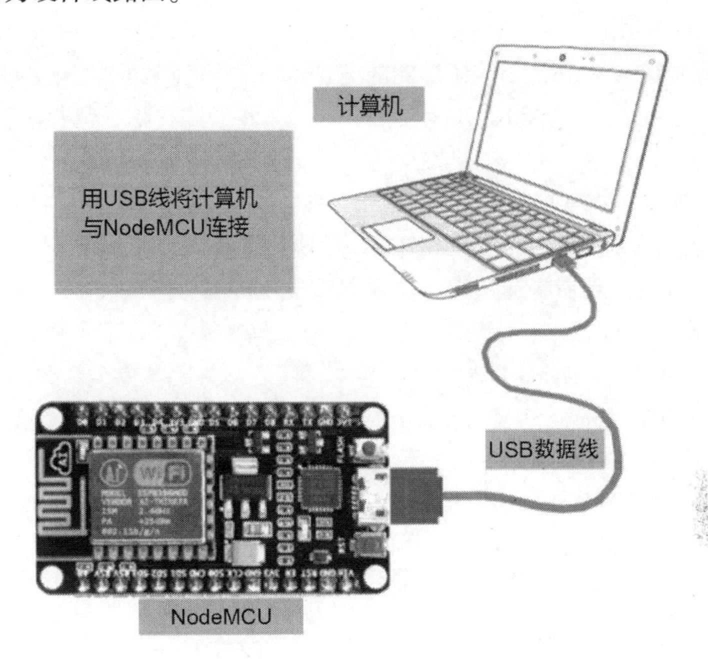

图 8-3-1　硬件线路图

3. 程序编写

```
#include <ESP8266WiFi. h>              //本程序使用 ESP8266WiFi 库
#include <ESP8266WiFiMulti. h>         //ESP8266WiFiMulti 库
#include <ESP8266WebServer. h>         //ESP8266WebServer 库
ESP8266WiFiMultiwifiMulti;             // 建立 ESP8266WiFiMulti 对象,对象名称是 wifiMulti
ESP8266WebServeresp8266_server(80);
// 建立网络服务器对象,该对象用于响应 HTTP 请求。监听端口(80)
voidsetup(void){
Serial. begin(9600);                   // 启动串口通信
pinMode(LED_BUILTIN,OUTPUT);//设置内置 LED 引脚为输出模式,以便控制 LED
wifiMulti. addAP("ssid_from_AP_1","your_password_for_AP_1");
// 将需要连接的一系列 WiFi ID 和密码输入这里
wifiMulti. addAP("ssid_from_AP_2","your_password_for_AP_2");
// ESP8266-NodeMCU 再启动后会扫描当前网络
wifiMulti. addAP("ssid_from_AP_3","your_password_for_AP_3");
```

```
// 环境查找是否有这里列出的 WiFi ID。如果有
Serial.println("Connecting ...");
// 则尝试使用此处存储的密码进行连接
inti=0;
while(wifiMulti.run()! =WL_CONNECTED){
// 此处的 wifiMulti.run()是重点。通过 wifiMulti.run(),NodeMCU 将会在当前
      delay(1000);
// 环境中搜索 addAP 函数所存储的 WiFi。如果搜到多个存储的 WiFi 那么 NodeMCU
  Serial.print(i++);Serial.print(' ');     // 将会连接信号最强的那一个 WiFi 信号
}
// 一旦连接 WiFi 成功,wifiMulti.run()将会返回"WL_CONNECTED"。这也是
// 此处 while 循环判断是否跳出循环的条件
// WiFi 连接成功后将通过串口监视器输出连接成功信息
Serial.println('\n');
Serial.print("Connected to ");
Serial.println(WiFi.SSID());         // 通过串口监视器输出连接的 WiFi 名称
Serial.print("IP address:\t");
Serial.println(WiFi.localIP());      // 通过串口监视器输出 ESP8266-NodeMCU 的 IP
esp8266_server.begin();              // 启动网站服务
esp8266_server.on("/",HTTP_GET,handleRoot);
// 设置服务器根目录即'/'的函数'handleRoot'
esp8266_server.on("/LED",HTTP_POST,handleLED);
// 设置处理 LED 控制请求的函数'handleLED'
esp8266_server.onNotFound(handleNotFound);
// 设置处理 404 情况的函数'handleNotFound'
Serial.println("HTTP esp8266_server started");
//告知用户 ESP8266 网络服务功能已经启动
}
voidloop(void){
esp8266_server.handleClient();       // 检查 Http 服务器访问
}
/ * 设置服务器根目录即'/'的函数'handleRoot'。
```

该函数的作用是每当有客户端访问 NodeMCU 服务器根目录时,NodeMCU 都会向访问设备发送 HTTP 状态 200 (OK) ,这是 send()函数的第一个参数。

同时 NodeMCU 还会向浏览器发送 HTML 代码,以下示例中 send()函数中第三个参数,也就是双引号中的内容就是 NodeMCU 发送的 HTML 代码。该代码可在网页中产生 LED 控制按钮。

当用户按下按钮时,浏览器将会向 NodeMCU 的 LED 页面发送 HTTP 请求,请求方式为 POST。

```
NodeMCU 接收到此请求后将会执行 handleLED()函数内容 */
voidhandleRoot(){
esp8266_server.send(200,"text/html","<form action=\"/LED\" method=\"POST\">
<input type=\"submit\" value=\"Toggle LED\"></form>");
}
//处理 LED 控制请求的函数'handleLED'
voidhandleLED(){
digitalWrite(LED_BUILTIN,! digitalRead(LED_BUILTIN));
// 改变 LED 的点亮或者熄灭状态
esp8266_server.sendHeader("Location","/");          // 跳转回页面根目录
esp8266_server.send(303);                           // 发送 HTTP 相应代码 303 跳转
}
//设置处理 404 情况的函数'handleNotFound'
voidhandleNotFound(){
esp8266_server.send(404,"text/plain","404: Not found");
// 发送 HTTP 状态 404 (未找到页面) 并向浏览器发送文字 "404: Not found"
}
```

4. 实验结果

打开串口显示 IP 地址如图 8-3-2 所示,可知 IP 地址为 192.168.1.10。

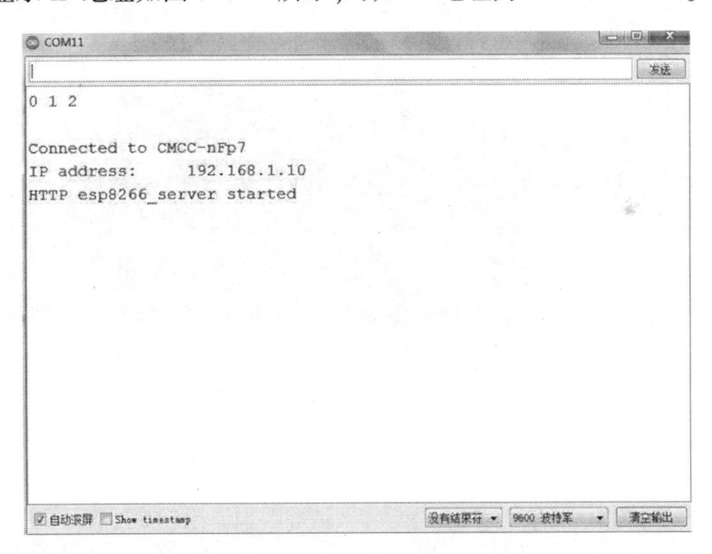

图 8-3-2 串口显示 IP 地址

通过浏览器输入 IP 地址,显示结果如图 8-3-3 所示。

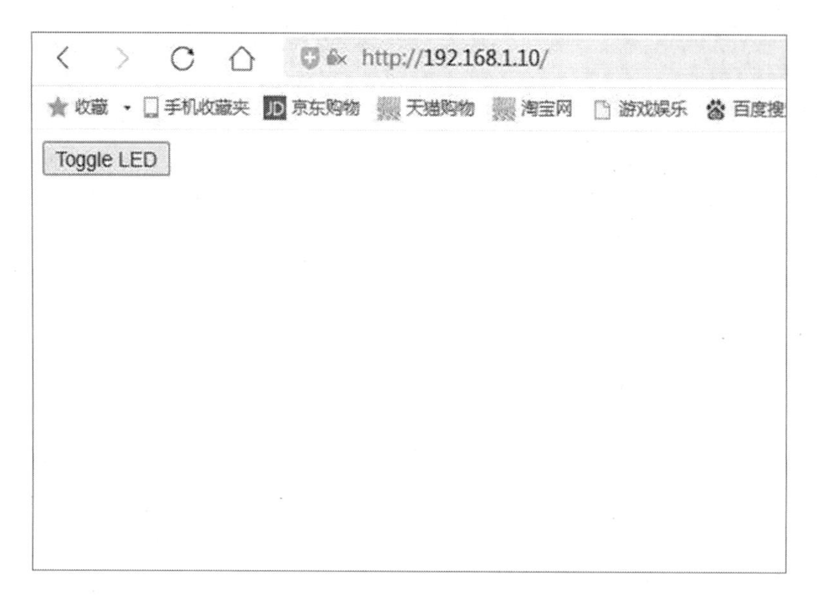

图 8-3-3　浏览器输入 IP 地址显示结果

通过触发网页中的 Toggle LED 按键,可以改变 ESP8266-NodeMCU 开发板上 LED 灯状态(图 8-3-4)。

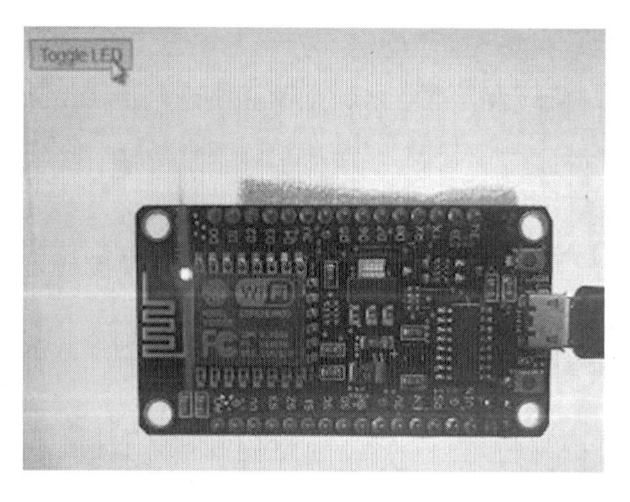

图 8-3-4　实验结果

8.4　NodeMCU 开发板间数据通信

在上一个实验中,ESP8266-NodeMCU 开发板作为服务器与网页端进行通信,本实验中,将利用 ESP8266-NodeMCU 开发板以网络客户端的角色向服务器发送 HTTP 请求,并且获取处理服务器响应信息。通过这一操作,可以实现 ESP8266-NodeMCU 开发板间的物联网数据通信(图 8-4-1)。

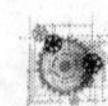

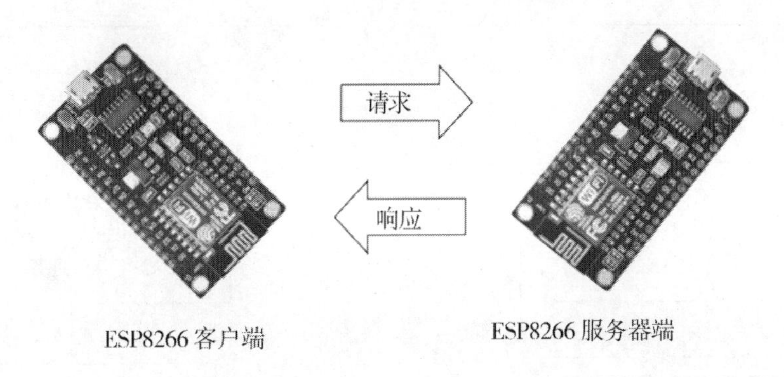

图 8-4-1　ESP8266-NodeMCU 开发板间的物联网数据通信

如图 8-4-1 所示,在本实验中,将需要两块 ESP8266-NodeMCU 开发板,其中一块作为服务器,另一块作为客户端。ESP8266 客户端将会通过 HTTP 协议向 ESP8266 服务器端发送信息。在运行过程中,ESP8266 客户端将会实时检测板上的按键状态,并且把按键状态发送给服务器端。服务器端在接收到客户端按键状态后,可以根据客户端按键状态来控制服务器端板上的 LED 点亮和熄灭。最终实现的效果是,可以通过客户端 ESP8266-NodeMCU 开发板上的按键来“遥控”服务器上的 LED 点亮和熄灭。

1. 硬件电路图

硬件上,两块开发板只要通上电即可,可通过 USB 口通电,或者分别给两块开发板电源引脚输入 5 V 电源,图 8-4-2 所示为硬件电路图。

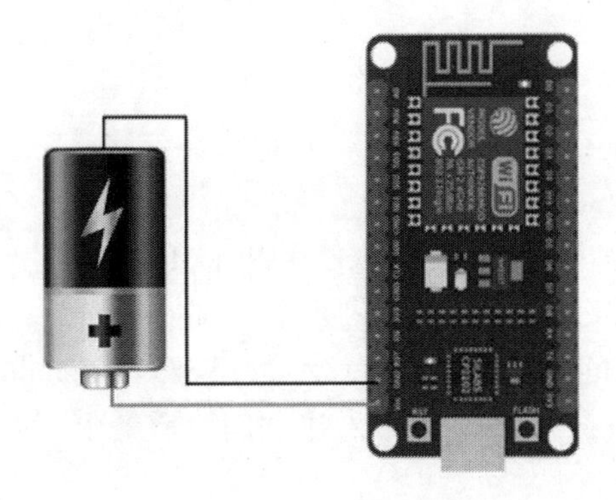

图 8-4-2　硬件电路图

2. 软件流程图

图 8-4-3 所示为软件流程图。

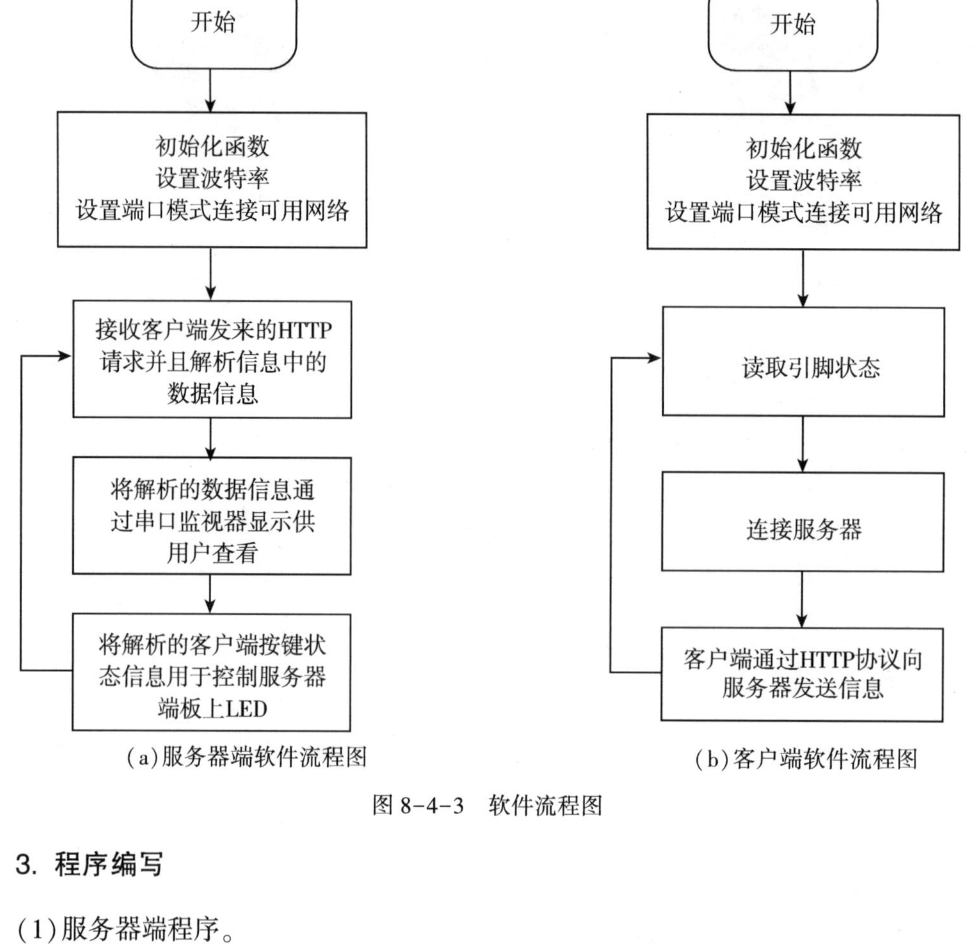

图 8-4-3　软件流程图

3. 程序编写

(1)服务器端程序。

```
#include <ESP8266WiFi.h>
#include <ESP8266WiFiMulti.h>        //使用 WiFiMulti 库
#include <ESP8266WebServer.h>        //使用 WebServer 库
ESP8266WiFiMultiwifiMulti;           // 建立 ESP8266WiFiMulti 对象,对象名称是 wifiMulti
ESP8266WebServerserver(80);          // 建立网络服务器对象,该对象用于响应 HTTP
请求。监听端口(80)
IPAddresslocal_IP(192,168,1,123);// 设置 ESP8266-NodeMCU 联网后的 IP
IPAddressgateway(192,168,1,1);     // 设置网关 IP(通常网关 IP 是 WiFi 路由 IP)
IPAddresssubnet(255,255,255,0);    // 设置子网掩码
IPAddressdns(192,168,1,2);
// 设置局域网 DNS 的 IP(通常局域网 DNS 的 IP 是 WiFi 路由 IP)
voidsetup(void){
Serial.begin(9600);                  // 启动串口通信
Serial.println("");
pinMode(LED_BUILTIN,OUTPUT);
digitalWrite(LED_BUILTIN,HIGH);
```

```
// 设置开发板网络环境
if(! WiFi.config(local_IP,gateway,subnet)){
Serial.println("Failed to Config ESP8266 IP");
}
wifiMulti.addAP("ssid_from_AP_1","your_password_for_AP_1");
// 将需要连接的一系列 WiFi ID 和密码输入这里
wifiMulti.addAP("ssid_from_AP_2","your_password_for_AP_2");
// ESP8266-NodeMCU 再启动后会扫描当前网络
wifiMulti.addAP("ssid_from_AP_3","your_password_for_AP_3");
// 环境查找是否有这里列出的 WiFi ID。如果有
Serial.println("Connecting ...");
// 则尝试使用此处存储的密码进行连接。
// 尝试进行 WiFi 连接。
while(wifiMulti.run()! =WL_CONNECTED){
delay(250);
Serial.print('.');
}
// WiFi 连接成功后将通过串口监视器输出连接成功信息
Serial.println('\n');
Serial.print("Connected to ");
Serial.println(WiFi.SSID());            // 通过串口监视器输出连接的 WiFi 名称
Serial.print("IP address:\t");
Serial.println(WiFi.localIP());         // 通过串口监视器输出 ESP8266-NodeMCU 的 IP
server.on("/update",handleUpdate);      // 处理服务器更新函数
server.begin();                         // 启动网站服务
Serial.println("HTTP server started");
}
voidloop(void){
server.handleClient();                  // 检查 HTTP 服务器访问
}
voidhandleUpdate(){
floatfloatValue=server.arg("float").toFloat();
// 获取客户端发送 HTTP 信息中的浮点数值
intintValue=server.arg("int").toInt();      // 获取客户端发送 HTTP 信息中的整数数值
intbuttonValue=server.arg("button").toInt();
// 获取客户端发送 HTTP 信息中的按键控制量
server.send(200,"text/plain","Received");      // 发送 HTTP 响应
buttonValue = = 0? digitalWrite(LED_BUILTIN,LOW):digitalWrite(LED_BUILTIN,
HIGH);
```

```
// 通过串口监视器输出获取到的变量数值
Serial. print("floatValue = ");  Serial. println(floatValue);
Serial. print("intValue = ");  Serial. println(intValue);
Serial. print("buttonValue = ");  Serial. println(buttonValue);
Serial. println("==================");
}
```

(2)重点指令讲解。

①IP 配置。

```
ESP8266WebServerserver(80);
// 建立网络服务器对象,该对象用于响应 HTTP 请求。监听端口(80)
IPAddresslocal_IP(192,168,1,123);      // 设置 ESP8266-NodeMCU 联网后的 IP
IPAddressgateway(192,168,1,1);         // 设置网关 IP(通常网关 IP 是 WiFi 路由 IP)
IPAddresssubnet(255,255,255,0);        // 设置子网掩码
IPAddressdns(192,168,1,,1);
// 设置局域网 DNS 的 IP(通常局域网 DNS 的 IP 是 WiFi 路由 IP)
```

以上程序是设置服务器的端口号、IP 地址、网关、子网掩码及局域网 DNS 的 IP,服务器通过网关 IP 即现在所在网络的 WiFi 路由 IP,与客户端进行通信,所以要知道现在所在网络的路由 IP,第 7 章介绍了如何获取当前 IP 及网关 IP,即通过 cmd 运行下,输入“ipconfig”指令进行查询(图 8-4-4),可知网关 IP 为 192.168.1.1,那么在设置服务器 IP 地址时的子网地址要和网关一致,这样才能和路由在一个子网中,即前三位必须是 192.168.1,最后一位可以自己设置,但需要确定的是不能和子网中其他设备一样,否则会发生冲突,这里配置的 IP 地址是 192.168.1.123,监听的端口号为 80,如果有多个客户端访问,则可以建立多个端口号进行监听。

图 8-4-4　运行 cmd 命令

②启动服务器及处理服务器更新函数。

```
server. on("/update",handleUpdate);
```

server. begin( );

server. handleClient( );

其中 server. begin( )函数用来启动服务器,server. handleClient( )指令放在主函数中循环执行,用于查询是否有客户端发送请求,一旦有客户端发送请求,而且请求的地址是 server. on("/update",handleUpdate)中的"/update"地址,那么 esp8266 就会调用 server. on("/update",handleUpdate)中的 void handleUpdate( )函数。

这里首先声明一下,客户端发送的 HTTP 信息发送为 192. 168. 1. 123/update? float=1. 5&int=2&button=0,这里 192. 168. 1. 123 为服务器地址,/update 为访问的地址信息,这个地址信息和上面所讲的服务器中请求地址一致。

③获取客户端向 ESP8266 物联网服务器发送的指定参数的数值。

server. arg(Name)

请求体中的参数名(参数类型: String),返回值为指定参数的数值(类型:String)。

在本案例中,客户端向服务器发送的 http 信息为 192. 168. 1. 123/update? float=1. 5&int=2&button=0。

float floatValue=server. arg("float"). toFloat( ), 获取客户端所发送 HTTP 信息中的参数"float"的数值,并将其转换为浮点数值,floatValue 最终赋值为 1. 5。

int intValue =server. arg("int"). toInt( ),获取客户端所发送 HTTP 信息中的参数"int"的数值,并将其转换为整数数值,intValue 最终赋值为 2。

int buttonValue=server. arg("button"). toInt( ),获取客户端所发送 HTTP 信息中的参数"button"的数值,并将其转换为整数数值,buttonValue 最终赋值为 0。

(3)客户端程序。

```
#include <ESP8266WiFi. h>
#include <ESP8266WiFiMulti. h>      //使用 WiFiMulti 库
#define buttonPin D3                //按钮引脚 D3
ESP8266WiFiMultiwifiMulti;          // 建立 ESP8266WiFiMulti 对象,对象名称是 wifiMulti
boolbuttonState;                    //存储客户端按键控制数据
floatclientFloatValue;              //存储客户端发送的浮点型测试数据
intclientIntValue;                  //存储客户端发送的整数型测试数据
constchar * host="192. 168. 1. 123";  // 即将连接服务器网址 IP
constinthttpPort=80;                // 即将连接服务器端口
voidsetup(void){
Serial. begin(9600);                // 启动串口通信
Serial. println("");
pinMode(buttonPin,INPUT_PULLUP);    // 将按键引脚设置为输入上拉模式
wifiMulti. addAP("ssid_from_AP_1","your_password_for_AP_1");
// 将需要连接的一系列 WiFi ID 和密码输入这里
wifiMulti. addAP("ssid_from_AP_2","your_password_for_AP_2");
// ESP8266-NodeMCU 再启动后会扫描当前网络
wifiMulti. addAP("ssid_from_AP_3","your_password_for_AP_3");
```

```
// 环境查找是否有这里列出的 WiFi ID。如果有
Serial.println("Connecting ...");                // 则尝试使用此处存储的密码进行连接
while(wifiMulti.run()! =WL_CONNECTED){   // 尝试进行 WiFi 连接
delay(250);
Serial.print('.');
}
// WiFi 连接成功后将通过串口监视器输出连接成功信息
Serial.println('\n');
Serial.print("Connected to ");
Serial.println(WiFi.SSID());          // 通过串口监视器输出连接的 WiFi 名称
Serial.print("IP address:\t");
Serial.println(WiFi.localIP());       // 通过串口监视器输出 ESP8266-NodeMCU 的 IP
}
voidloop(void){
//获取按键引脚状态
buttonState=digitalRead(buttonPin);
//改变测试用变量数值,用于服务器端接收数据检测
clientFloatValue+=1.5;
clientIntValue+=2;
//发送请求
wifiClientRequest();
delay(1000);
}
voidwifiClientRequest(){
WiFiClientclient;
// 将需要发送的数据信息放入客户端请求
Stringurl="/update? float="+String(clientFloatValue)+
        "&int="+String(clientIntValue)+
        "&button="+String(buttonState);
// 建立字符串,用于 HTTP 请求
StringhttpRequest=   String("GET ")+url+" HTTP/1.1\r\n"+
            "Host: "+host+"\r\n"+
            "Connection: close\r\n"+
            "\r\n";
Serial.print("Connecting to ");
Serial.print(host);
if(client.connect(host,httpPort)){
//如果连接失败,则串口输出信息告知用户,然后返回 loop
Serial.println(" Sucess");
```

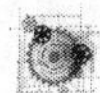

```
client.print(httpRequest);                // 向服务器发送 HTTP 请求
Serial.println("Sending request:");       // 通过串口输出 HTTP 请求信息内容以便查阅
Serial.println(httpRequest);
}else{
Serial.println(" failed");
}
client.stop();
}
```

(4)重点指令讲解。

连接的服务器 IP 及端口号:

```
const char * host = "192.168.1.123";  // 即将连接服务器网址 IP
const int httpPort = 80;              // 即将连接服务器端口
```

192.168.1.123 为即将连接的服务器网址 IP,80 为连接服务器的端口号,这里一定要和服务器所设置的 IP 及端口号一致。

4. 实验结果

按下 esp8266 客户端的 ret 按钮(按钮引脚 D3),esp8266 服务器端的 LED 点亮,松开按钮,LED 熄灭(图 8-4-5)。

图 8-4-5　实验结果

8.5　物联网多点烟雾报警系统设计

多年以来,火灾一直是人们所遭遇的最主要灾害之一,火灾一旦发生会对人们的生活造成很大的影响。随着科技的不断发展,不论在工业上还是在人们的日常生活上,火灾发生的频率都变得越来越高,控制火灾的发生也成了人们的研究方向。本章的物联网多点烟雾报警系统实验项目可以给大家一些启示。

1. 实验要求

本实验项目要求使用两个 ESP8266-NodeMCU 开发板进行物联网多点烟雾报警系统设计,其中一个作为客户端,主要任务是完成温湿度传感器与烟雾传感器的数据采集,以及上报给服务端当前温度、湿度和烟雾的数值;另一个作为服务端读取客户端上报信息,并且把读到的信息发送到网页的端口。

2. 学用温湿度传感器

本小节主要讲解温湿度传感器的信息读取,首先介绍本实验用到的 XY-WTH1(温湿度传感器)。XY-WHT1 使用串口设置温湿度的启动或停止。根据 XY-WHT1 的说明可以了解到,此模块的波特率为 9 600 bit/s,当输入串口输入为 start 时,模块将启动温度上报,启动温度上报后 XY-WHT1 会以“H,26.8 ℃,OP\n\rE,48.9%\n\r”的格式发送给 esp8266。由此就可以写出以下程序。

```
typedef struct {            //温湿度数据的结构体
  float myhum;              // 湿度数值
  float mytem;              // 温度数值
  int yanwu;                //烟雾数值
} WEZTHER;
WEZTHER weather;
String STR;
void setup() {
  Serial.begin(9600);  //设置波特率
}
void loop() {
  Serial.read();
  Serial.println("start");
  while (Serial.available() > 0) {
    if (Serial.peek() != '\n') {              //在没接收到回车换行的条件下
      STR += (char)Serial.read();             //这段代码是在把字符串联成字符串
    }
    else {
    //这段代码实现从缓冲区读取数据,并将数据发送到计算机显示和软串口发送
      delay(10);
      if (STR.startsWith("H")) {
        String humidity1 = STR.substring(2,6);          //温湿度分行显示
        weather.mytem = humidity1.toFloat();            //字符串转浮点型
      }
      if (STR.startsWith("E")) {
        String temperture1 = STR.substring(2,6);
```

 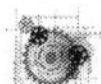

```
          weather. myhum = temperture1. toFloat( );
        }
        STR = "";
      }
    }
  delay(500);
}
```

3. 硬件电路图

图 8-5-1 所示为硬件电路图。

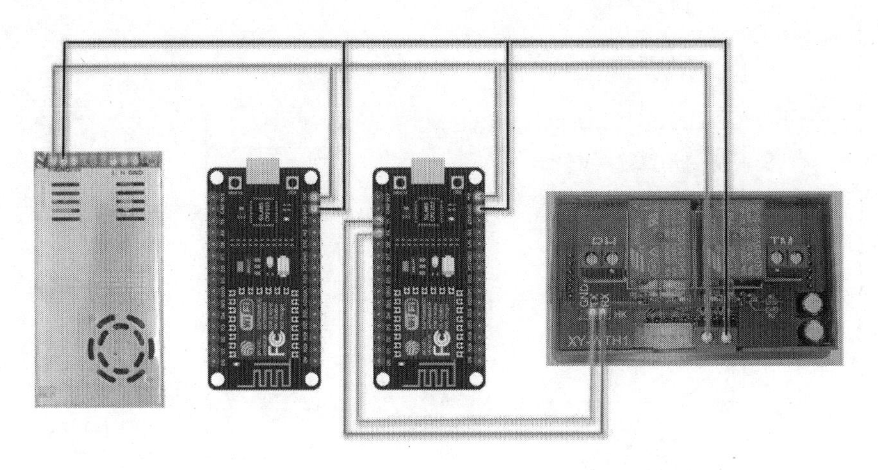

图 8-5-1　硬件电路图

4. 软件流程图

图 8-5-2 所示为软件流程图。

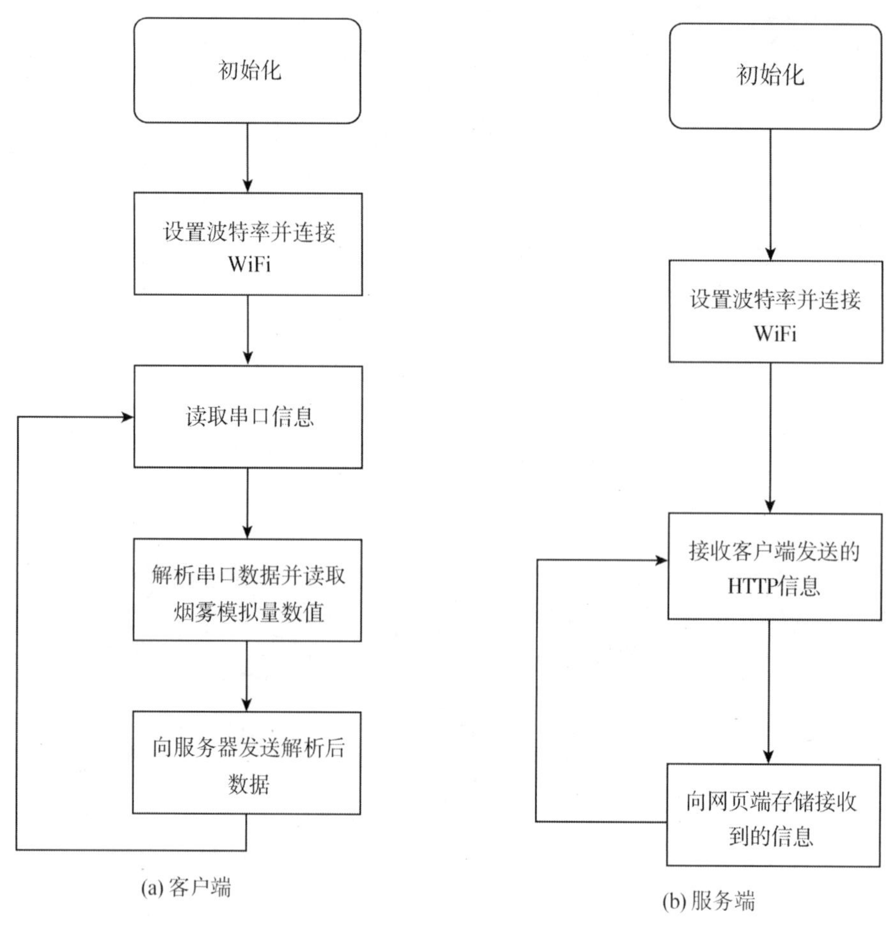

图 8-5-2　软件流程图

5. 程序编写

(1)客户端程序。

```
#include <ESP8266WiFi.h>                //使用 WiFi 库
#include <ESP8266WiFiMulti.h>           // 使用 WiFiMulti 库
ESP8266WiFiMultiwifiMulti;
// 建立 ESP8266WiFiMulti 对象,对象名称是 wifiMulti
const char * host = "192.168.43.51";   // 即将连接服务器网址 IP
const int httpPort = 81;                // 即将连接服务器端口
typedef struct {
  float myhum;                          // 室内湿度
  float mytem;                          // 室内温度
  int yanwu;
} WEZTHER;
WEZTHER weather;                        // 数据存储结构体
const int fumes_A = A0;                 // 烟雾报警器接口
```

```
String STR;                                    // 接收到的字符串单行
void setup() {
  pinMode(fumes_A,INPUT);
  Serial1.begin(9600);
  Serial.begin(9600);                          //设置波特率
  wifiMulti.addAP("dengle1","20000215");
  Serial.println("Connecting ...");            // 尝试使用此处存储的密码进行连接
  while (wifiMulti.run() != WL_CONNECTED) {        // 尝试进行 WiFi 连接
    delay(100);
  Serial.print('.');
  }
  Serial.println('\n');          // WiFi 连接成功后将通过串口监视器输出连接成功信息
  Serial.print("Connected to ");
  Serial.println(WiFi.SSID());         // 通过串口监视器输出连接的 WiFi 名称
  Serial.print("IP address:\t");
  Serial.println(WiFi.localIP());      // 通过串口监视器输出 ESP8266-NodeMCU 的 IP
}
void loop() {
  Weather_information();
  wifiClientRequest();
  delay(500);
}
void Weather_information() {
  weather.yanwu = analogRead(fumes_A);
  Serial.read();
  Serial.println("start");
  while (Serial.available() > 0) {
    if (Serial.peek() != '\n') {          //在没接收到回车换行的条件下
      STR += (char)Serial.read();         //这段代码是在把字符串联成字符串
    }
    else {
    //这段代码实现从缓冲区读取数据,并将数据发送到计算机显示和软串口发送
      Serial.read();
      delay(10);
      if (STR.startsWith("H")) {
          String humidity1 = STR.substring(2,6);          //温湿度分行显示
          weather.mytem = humidity1.toFloat();            //字符串转浮点型
      }
      if (STR.startsWith("E")) {
```

```
                String temperture1 = STR. substring(2,6);
                weather. myhum = temperture1. toFloat();
        }
        STR = "";
      }
  }
}
void wifiClientRequest() {
  WiFiClient client;                    // 将需要发送的数据信息放入客户端请求
  String url = "/update? float1=" + String(weather. mytem) +
"&float2=" + String(weather. myhum) +
&yanwu=" + String(weather. yanwu);     // 建立字符串,用于 HTTP 请求
  String httpRequest =  String("GET ") + url + " HTTP/1. 1\r\n" +
"Host: " + host + "\r\n" +
"Connection: close\r\n" +
"\r\n";
  Serial. print("Connecting to ");
  Serial. print(host);
  if (client. connect(host,httpPort)) {
  //如果连接失败则串口输出信息告知用户然后返回 loop
    Serial. println(" Sucess");
    client. print(httpRequest);           // 向服务器发送 HTTP 请求
    Serial. println("Sending request: ");
    //通过串口输出 HTTP 请求信息内容以便查阅
    Serial. println(httpRequest);
  } else {
    Serial. println(" failed");
  }
  client. stop();
}
```

(2)服务器端程序。

```
#include <ESP8266WiFi. h>
#include <ESP8266WiFiMulti. h>          // 使用 WiFiMulti 库
#include <ESP8266WebServer. h>          // 使用 WebServer 库
ESP8266WiFiMulti wifiMulti;
// 建立 ESP8266WiFiMulti 对象,对象名称是 wifiMulti
ESP8266WebServer server(80);
// 建立网络服务器对象,该对象用于响应 HTTP 请求。监听端口(C)
ESP8266WebServer server1(81);
```

```
// 建立网络服务器对象,该对象用于响应 HTTP 请求。监听端口(C1)
IPAddress local_IP(192,168,43,51);   // 设置 ESP8266-NodeMCU 联网后的 IP
IPAddress gateway(192,168,43,1);     // 设置网关 IP(通常网关 IP 是 WiFi 路由 IP)
IPAddress subnet(255,255,255,0);     // 设置子网掩码
IPAddress dns(192,168,43,1);
// 设置局域网 DNS 的 IP(通常局域网 DNS 的 IP 是 WiFi 路由 IP)
float temp_hum_yw[3];                //4 个温度、4 个湿度、4 个烟雾、4 个连接检测
unsigned long time_s = 0;
void setup(void) {
  Serial.begin(9600);
  if (! WiFi.config(local_IP,gateway,subnet)) {     // 设置开发板网络环境
    Serial.println("Failed to Config ESP8266 IP");
  }
  wifiMulti.addAP("dengle1","20000215");
  // 将需要连接的一系列 WiFi ID 和密码输入这里
  Serial.println("Connecting ...");
  // 尝试使用此处存储的密码进行连接
  // 尝试进行 WiFi 连接。
  while (wifiMulti.run() ! = WL_CONNECTED) {
    delay(250);
    Serial.print('.');
  }
  // WiFi 连接成功后将通过串口监视器输出连接成功信息
  Serial.println('\n');
  Serial.print("Connected to ");
  Serial.println(WiFi.SSID());            // 通过串口监视器输出连接的 WiFi 名称
  Serial.print("IP address:\t");
  Serial.println(WiFi.localIP());         // 通过串口监视器输出 ESP8266-NodeMCU 的 IP
  server.on("/",handleUpdate);            // 处理服务器更新函数
  server.begin();                         // 启动网站服务
  server1.on("/update",handleUpdate1);    // 处理服务器更新函数
  server1.begin();                        // 启动网站服务
}
void loop(void) {
  server.handleClient();                  // 检查 HTTP 服务器访问
  server1.handleClient();                 // 检查 HTTP 服务器访问
}
void handleUpdate1() {
  temp_hum_yw[0] = server1.arg("float1").toFloat();
```

```
    // 获取客户端所发送 HTTP 信息中的浮点数值
    temp_hum_yw[1] = server1.arg("float2").toFloat();
    // 获取客户端所发送 HTTP 信息中的整数数值
    temp_hum_yw[2] = server1.arg("yanwu").toInt();
    // 获取客户端所发送 HTTP 信息中的按键控制量
    }
void handleUpdate() {
    String jsonCode ="temperature: ";
    jsonCode += String(temp_hum_yw[0]);
    jsonCode += ",humidity: ";
    jsonCode += String(temp_hum_yw[1]);
    jsonCode += ",smog: ";
    jsonCode += String(temp_hum_yw[2]);
    server.send(200,"text/plain",jsonCode);    // NodeMCU 将调用此函数。
}
```

6. 实验结果

计算机与 esp8266 连接同一个 WiFi 后,查询 192.168.43.51 就可以在网页上得到对应的温度湿度和烟雾的数值(图 8-5-3)。

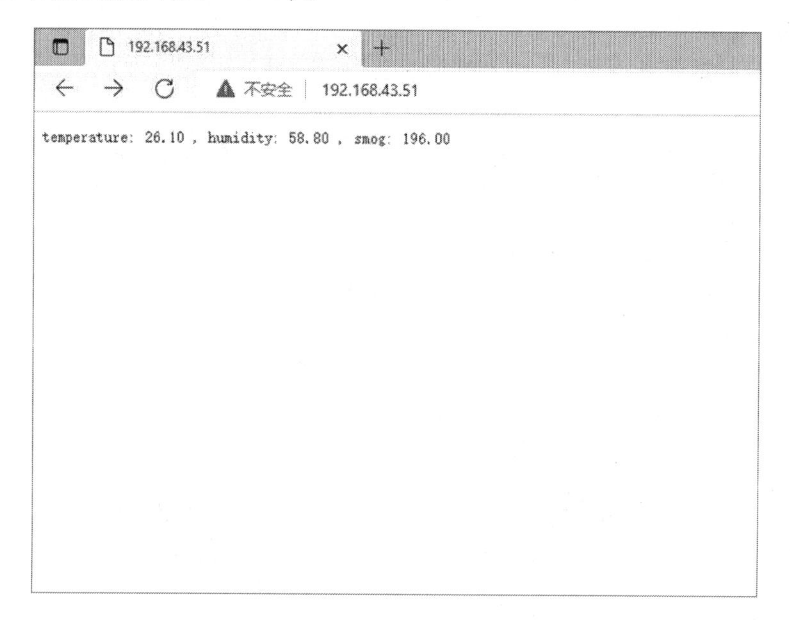

图 8-5-3 网页显示数值结果

附录　直流一体化力矩伺服

1. Modbus 控制方式

（1）硬件连接(图 1)。

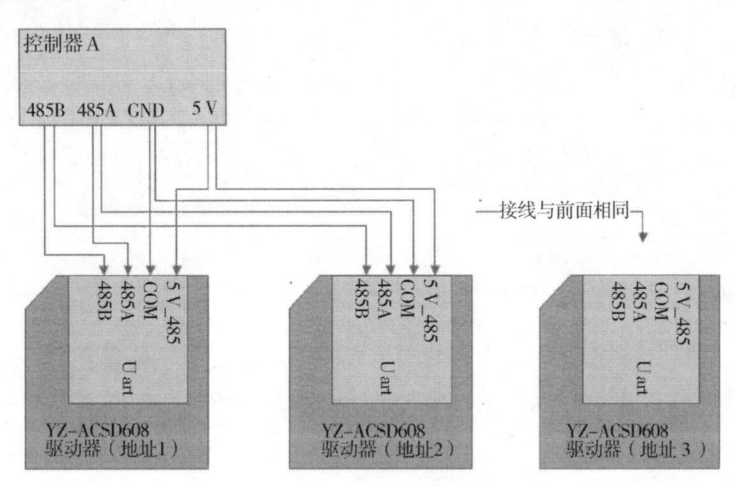

图 1　Modbus 控制伺服电机接线图

驱动器内部 485 都通过光耦隔离,解决了一台主机连接多台从机容易被干扰和损坏的问题。

（2）寄存器说明。

驱动器可以通过 Modbus(RTU 模式)来控制驱动器。主机可以通过 Modbus 的读写寄存器功能来设置驱动器参数和控制运行。驱动器支持的功能码为 0x3(读寄存器)、0x6(写寄存器)、0x78(写目标位置)、0x7a(修改设备地址)。

寄存器列表见表 1。

表 1　寄存器列表

地址	参数名称	只读/读写	参数范围	参数说明
0x00	Modbus 使能	读写	0~1	0:Modbus 禁止 1:Modbus 使能
0x01	驱动器输出使能	读写	0~1	0:驱动器输出禁止 1:驱动器输出使能
0x02	电机目标速度	读写	0~3 000 r/min	速度模式时,目标速度 位置模式时,最大速度
0x03	电机加速度	读写	0~65 535 $r \cdot min^{-1} \cdot s^{-1}$	参数小于 60 000 时,驱动器内部产生加减速曲线, 参数大于 60 000 时,驱动器内部不产生加减速脉冲
0x04	弱磁角度	读写	0~306 $r \cdot min^{-1}$	内部参数不需要另外设置
0x05	速度环比例系数	读写	0~10 000	代表 0.0~10.0 数值越大刚性越强
0x06	速度环积分时间	读写	2~2 000 ms	积分时间为 2~2 000 ms 数值越小刚性越强
0x07	位置环比例系数	读写	60~30 000	位置 KP,数值越大,刚性越强 个位为偶数:报警输出常开(正常为常开,报警常闭) 个位为奇数:报警输出常闭(正常为常闭,报警常开)
0x08	速度前馈	读写	0~12.0 V/KRPM	327 代表 1 V/KRPM,不需要自行设置
0x09	DIR 极性	读写	0~1	0:外部 DIR 不导通顺时针旋转 1:外部 DIR 导通顺时针旋转
0x0A	电子齿轮分子	读写	0~65 535	16 位电子齿轮分子 如果电子齿轮分子为 0,可以实现特殊功能,具体看前面介绍
0x0B	电子齿轮分母	读写	1~65 535	16 位电子齿轮分母
0x0C	目标位置低 16 位	只读		需要走步数的高 16 位
0x0D	目标位置高 16 位	只读		需要走步数的低 16 位
0x0E	报警代码	只读		—
0x0F	系统电流	只读	0~32 767	实际电流为 $x/2\ 000$(A)
0x10	电机当前速度	只读	−30 000~ 30 000 r/min	实际电机转速=电机当前速度/10
0x11	系统电压	只读	0~32 767	实际电压为 $x/327$(V)

(续表)

地址	参数名称	只读/读写	参数范围	参数说明
0x12	系统温度	只读	0~100	摄氏度
0x13	系统输出的 PWM	只读	-32 768~32 767	代表-100%~100%
0x14	参数保存标志	读写	0~1	0:参数未保存 1:保存参数中 2:保存完毕
0x15	设备地址	只读	0~255	设备地址
0x16	绝对位置低 16 位	读写		走过步数的高 16 位
0x17	绝对位置高 16 位	读写		走过步数的低 16 位
0x18	静止最大允许输出	读写	0~609	0~609 对应允许最大输出 0~60.9%,个位 1~9 对应堵转报警时间。个位 0 堵转不报警 个位为偶数:报警输出信号正常使用(为报警输出) 个位为奇数:报警输出复用为堵转输出(堵转出现延时 0.3 s 即输出信号,电机不停机,堵转到设定的时间,报警信号依然输出,电机停机)
0x19	特殊功能	读写	0~100	0:脉冲+方向模式 1:自动找机械原点并正转 36°(上电自动反转到机械零点,并正向走 36°停下) 2:编码器跟随模式 3:速度模式,占空比调速(10%~90%对应 0~1 000 r/min) 10~32 768:上电自动转到的角度,算法为 x360°/32 768 4:自动找机械原点并正转到编码器零点(上电自动反转到机械零点,并正向走到编码器零点停下)

(3)Modbus 通信格式。

①Modbus 主机读取数据及从机应答格式(功能码 03)(表 2)。

表 2　主机发送与从机应答加速格式

主机读取数据格式							
设备地址	功能码	第一个寄	第一个寄	寄存器个	寄存器个	CRC 高位	CRC 低位
0x01	0x03	0x00	0x00	0x00	0x01	0x84	0x0a

从机应答						
设备地址	功能码	数据长度	第一个数据高字节	第一个数据低字节	CRC 高位	CRC 低位
0x01	0x03	0x02	0x00	0x01	0x79	0x84

串口接收到的数据都是无符号数,如果寄存器是有符号数,发送的则是二进制补码的格式,转换成有符号数的算法如下(VB 代码):

```
If modbus. data(11) > 32767 Then
  disp_modbus_data. PU = (modbus. data(11) - 32768) * 65536 + modbus. data(10)
  disp_modbus_data. PU = -((&H7FFFFFFF - disp_modbus_data. PU) + 1)
Else
  disp_modbus_data. PU = dmodbus. data(11) * 65536 + modbus. data(10)
End If
```

注:modbus. data(11)为目标位置高 16 位,modbus. data(10)为目标位置低 16 位。

②Modbus 主机写数据及从机应答格式(功能码 06)(表 3、表 4)。

表 3　主机发送速度积分时间格式

主机写数据格式							
设备地址	功能码	第一个寄存器的高位地址	第一个寄存器的低位地址	数据高位	数据低位	CRC 高位	CRC 低位
0x01	0x06	0x00	0x00	0x00	0x01	0x48	0x0a

表 4　从机应答速度积分时间格式

从机应答格式							
设备地址	功能码	第一个寄存器的高位地址	第一个寄存器的低位地址	数据高位	数据低位	CRC 高位	CRC 低位
0x01	0x06	0x00	0x00	0x00	0x01	0x48	0x0a

③Modbus 主机写脉冲数(功能码 0x10)(表 5、表 6)。

表 5　主机发送脉冲格式

主机写双字节数据(写 PU 脉冲数)						
设备地址	功能码	第一个寄存器的高位地址	第一个寄存器的低位地址	寄存器个数高位	寄存器个数低位	数据长度
0x01	0x10	0x00	0x0c	0x00	0x02	0x04
PU:8~15 位	PU:0~7 位	PU:24~31 位	PU:16~23 位	CRC 高位	CRC 低位	—
0x27	0x10	0x00	0x00	0xf8	0x8b	—

表 6　从机应答脉冲格式

从机应答格式							
设备地址	功能码	第一个寄存器的高位地址	第一个寄存器的低位地址	寄存器个数高位	寄存器个数低位	CRC 高位	CRC 低位
0x01	0x10	0x00	0x0c	0x00	0x02	0x81	0xcb

脉冲数是有符号数,一个负数(假设此数为 X)转换成 32 位 16 进制数的算法如下(VB 代码):

```
If X < 0 Then
  X = &H7FFFFFFF + (X + 1)
  PU24_31 = Fix(X / (256 * 65536)) + &H80
Else
  PU24_31 = Fix(X / (256 * 65536))
End If
  PU16_23 = Fix(X / 65536) mod 256
PU8_15 = Fix(X / 256) mod 256
PU0_7 = X mod 256
```

注:Fix() 为取整函数。

④Modbus 主机写增量脉冲数(特殊功能码 0x78)(表 7、表 8)。

表 7　主机发送增量脉冲格式

主机特殊功能码 0x78 格式(写 PU 脉冲数)							
设备地址	功能码	PU:24~31 位	PU:16~23 位	PU:8~15 位	PU:0~7 位	CRC 高位	CRC 低位
0x01	0x78	0x00	0x00	0x27	0x10	0xbb	0xfc

表 8　从机应答增量脉冲格式

从机应答格式							
设备地址	功能码	PU:8~15 位	PU:0~7 位	PU:24~31 位	PU:16~23 位	CRC 高位	CRC 低位
0x01	0x78	0x27	0x0e	0x00	0x00	0xca	0xb7

⑤Modbus 主机写绝对位置(特殊功能码 0x7b)(表 9、表 10)

表 9　主机发送绝对位置格式

主机特殊功能码 0x78 格式(写 PU 脉冲数)							
设备地址	功能码	PU:24~31 位	PU:16~23 位	PU:8~15 位	PU:0~7 位	CRC 高位	CRC 低位
0x01	0x7b	0x00	0x00	0x27	0x10	0xff	0xfc

表 10　从机应答绝对位置格式

从机应答格式							
设备地址	功能码	PU:8~15 位	PU:0~7 位	PU:24~31 位	PU:16~23 位	CRC 高位	CRC 低位
0x01	0x7b	0x27	0x10	0x00	0x00	0xee	0xb1

(4)CRC 校验示例代码。

```
unsigned short CRC16(puchMsg, usDataLen)
unsigned char *puchMsg ;                /* 要进行 CRC 校验的消息 */
unsigned short usDataLen ;              /* 消息中字节数 */
{
unsigned char uchCRCHi = 0xFF ;         /* CRC 高位字节初始化 */
unsigned char uchCRCLo = 0xFF ;         /* CRC 低位字节初始化 */
unsigned uIndex ;                       /* CRC 循环中的索引 */
while (usDataLen--)                     /* 传输消息缓冲区 */
{
uIndex = uchCRCHi ^ *puchMsgg++ ;       /* 计算 CRC */
uchCRCHi = uchCRCLo ^ auchCRCHi[uIndex} ;
uchCRCLo = auchCRCLo[uIndex] ;
}
return (uchCRCHi << 8 | uchCRCLo) ;
}
/* CRC 高位字节值表 */
static unsigned char auchCRCHi[] = {
0x00, 0xC1, 0x81, 0x40, 0x01, 0xC0, 0x80, 0x41, 0x01, 0xC0, 0x80, 0x41, 0x00,
0xC1, 0x81, 0x40, 0x01, 0xC0, 0x80,0x41, 0x00, 0xC1, 0x81, 0x40, 0x00, 0xC1, 0x81,
0x40, 0x01, 0xC0,0x80, 0x41, 0x01, 0xC0, 0x80, 0x41, 0x00, 0xC1, 0x81, 0x40, 0x00,
0xC1, 0x81, 0x40, 0x01, 0xC0, 0x80, 0x41, 0x00,0xC1, 0x81, 0x40, 0x01, 0xC0, 0x80,
0x41, 0x01, 0xC0, 0x80, 0x41,0x00, 0xC1, 0x81, 0x40, 0x01, 0xC0, 0x80, 0x41, 0x00,
0xC1, 0x81, 0x40, 0x00, 0xC1, 0x81, 0x40, 0x01, 0xC0, 0x80,0x41, 0x00, 0xC1, 0x81,
0x40, 0x01, 0xC0, 0x80, 0x41, 0x01, 0xC0,0x80, 0x41, 0x00, 0xC1, 0x81, 0x40, 0x00,
```

0xC1, 0x81, 0x40, 0x01, 0xC0, 0x80, 0x41, 0x01, 0xC0, 0x80, 0x41, 0x00,0xC1, 0x81, 0x40, 0x01, 0xC0, 0x80, 0x41, 0x00, 0xC1, 0x81, 0x40,0x00, 0xC1, 0x81, 0x40, 0x01, 0xC0, 0x80, 0x41, 0x01, 0xC0, 0x80, 0x41, 0x00, 0xC1, 0x81, 0x40, 0x00, 0xC1, 0x81, 0x40, 0x01, 0xC0, 0x80, 0x41, 0x00, 0xC1, 0x81, 0x40, 0x01, 0xC0,0x80, 0x41, 0x01, 0xC0, 0x80, 0x41, 0x00, 0xC1, 0x81, 0x40, 0x00, 0xC1, 0x81, 0x40, 0x01, 0xC0, 0x80, 0x41, 0x01,0xC0, 0x80, 0x41, 0x00, 0xC1, 0x81, 0x40, 0x01, 0xC0, 0x80, 0x41,0x00, 0xC1, 0x81, 0x40, 0x00, 0xC1, 0x81, 0x40, 0x01, 0xC0, 0x80, 0x41, 0x00, 0xC1, 0x81, 0x40, 0x01, 0xC0, 0x80,0x41, 0x01, 0xC0, 0x80, 0x41, 0x00, 0xC1, 0x81, 0x40, 0x01, 0xC0,0x80, 0x41, 0x00, 0xC1, 0x81, 0x40, 0x00, 0xC1, 0x81, 0x40, 0x01, 0xC0, 0x80, 0x41, 0x01, 0xC0, 0x80, 0x41, 0x00,0xC1, 0x81, 0x40, 0x00, 0xC1, 0x81, 0x40, 0x01, 0xC0, 0x80, 0x41,0x00, 0xC1, 0x81, 0x40, 0x01, 0xC0, 0x80, 0x41, 0x01, 0xC0, 0x80, 0x41, 0x00, 0xC1, 0x81, 0x40

}；

/* CRC 低位字节值表 */

static char auchCRCLo[] = {

0x00, 0xC0, 0xC1, 0x01, 0xC3, 0x03, 0x02, 0xC2, 0xC6, 0x06, 0x07, 0xC7, 0x05, 0xC5, 0xC4, 0x04, 0xCC, 0x0C, 0x0D,0xCD, 0x0F, 0xCF, 0xCE, 0x0E, 0x0A, 0xCA, 0xCB, 0x0B, 0xC9, 0x09, 0x08, 0xC8, 0xD8, 0x18, 0x19, 0xD9, 0x1B,0xDB, 0xDA, 0x1A, 0x1E, 0xDE, 0xDF, 0x1F, 0xDD, 0x1D, 0x1C, 0xDC, 0x14, 0xD4, 0xD5, 0x15, 0xD7, 0x17, 0x16,0xD6, 0xD2, 0x12, 0x13, 0xD3, 0x11, 0xD1, 0xD0, 0x10, 0xF0, 0x30, 0x31, 0xF1, 0x33, 0xF3, 0xF2, 0x32, 0x36, 0xF6,0xF7, 0x37, 0xF5, 0x35, 0x34, 0xF4, 0x3C, 0xFC, 0xFD, 0x3D, 0xFF, 0x3F, 0x3E, 0xFE, 0xFA, 0x3A, 0x3B, 0xFB, 0x39, 0xF9, 0xF8, 0x38, 0x28, 0xE8, 0xE9, 0x29, 0xEB, 0x2B, 0x2A, 0xEA, 0xEE, 0x2E, 0x2F, 0xEF, 0x2D, 0xED, 0xEC, 0x2C,0xE4, 0x24, 0x25, 0xE5, 0x27, 0xE7, 0xE6, 0x26, 0x22, 0xE2, 0xE3, 0x23, 0xE1, 0x21, 0x20, 0xE0, 0xA0, 0x60, 0x61,0xA1, 0x63, 0xA3, 0xA2, 0x62, 0x66, 0xA6, 0xA7, 0x67, 0xA5, 0x65, 0x64, 0xA4, 0x6C, 0xAC, 0xAD, 0x6D, 0xAF,0x6F, 0x6E, 0xAE, 0xAA, 0x6A, 0x6B, 0xAB, 0x69, 0xA9, 0xA8, 0x68, 0x78, 0xB8, 0xB9, 0x79, 0xBB, 0x7B, 0x7A,0xBA, 0xBE, 0x7E, 0x7F, 0xBF, 0x7D, 0xBD, 0xBC, 0x7C, 0xB4, 0x74, 0x75, 0xB5, 0x77, 0xB7, 0xB6, 0x76, 0x72,0xB2, 0xB3, 0x73, 0xB1, 0x71, 0x70, 0xB0, 0x50, 0x90, 0x91, 0x51, 0x93, 0x53, 0x52, 0x92, 0x96, 0x56, 0x57, 0x97,0x55, 0x95, 0x94, 0x54, 0x9C, 0x5C, 0x5D, 0x9D, 0x5F, 0x9F, 0x9E, 0x5E, 0x5A, 0x9A, 0x9B, 0x5B, 0x99, 0x59, 0x58,0x98, 0x88, 0x48, 0x49, 0x89, 0x4B, 0x8B, 0x8A, 0x4A, 0x4E, 0x8E, 0x8F, 0x4F, 0x8D, 0x4D, 0x4C, 0x8C, 0x44, 0x84,0x85, 0x45, 0x87, 0x47, 0x46, 0x86, 0x82, 0x42, 0x43, 0x83, 0x41, 0x81, 0x80, 0x40 }

(5) Modbus 方式主机控制过程。

通过拨码开关 SW1 置于 OFF 再上电即为位置模式。

先上电可以通过所提供上位机软件设置如下参数：

(1) Modbus 使能发送 1(只有 Modbus 使能为 1 才能修改其他参数,且外部脉冲信号无效)。

HEX 源码命令：01 06 00 00 00 01 48 0A

(2) 电机加速度发送 5 000（根据实际需要设置加速度，不设置即使用默认参数 20 000）。

HEX 源码命令：01 06 00 03 13 88 74 9C

(3) 目标转速发送 1 500（根据实际运行需要设置运行速度，不设置即使用默认参数 2 800）。

HEX 源码命令：01 06 00 02 05 DC 2A C3

(4) 电子齿轮分子发送 0（电子齿轮分子保存为 0 后，下次上电 Modbus 使能默认是 1）。

HEX 源码命令：01 06 00 0A 00 00 A9 C8

(5) 参数保存标志发送 1（发送此参数后，前面设置的参数保存到内部）。

HEX 源码命令：01 06 00 14 00 01 08 0E

(6) 重新上电，看参数是否已经正确保存。以上设置只需要用提供的上位机设置即可，HEX 源码不需要自己通过串口发送。

参数设置完以后，就可以通过 PLC 或者单片机或者自己设计的上位机软件发送位置命令。发送位置命令只需要通过 0x10 命令发送需要走的位置即可。

(1) 发送增量位置(增量位置的含义是，发送的数据即为电机需要向前或者向后走的位置)。

例如，需要向前走一圈(假设电机编码器为 1 000 线编码器，一圈脉冲数即为 4 000)。

HEX 源码命令：01 10 00 0C 00 02 04 0F A0 00 00 F0 CC

例如，需要向前后一圈(假设电机编码器为 1 000 线编码器，一圈脉冲数即为-4 000)-4 000，二进制计算方法如下：

4 000 的二进制为 00 00 0F A0(注：0= FF FF FF FF +1)，则-4 000 即为 0 - 00 00 0F A0 = FF FF FF FF - 00 00 0F A0 +1=FF FF F0 5F +1 = FF FF F0 60

HEX 源码命令：01 10 00 0C 00 02 04 F0 60 FF FF C1 54

(2)发送绝对位置(绝对位置的含义是，刚刚上电或者绝对位置清零或者自动找原点后定义位置为 0，绝对位置就是走到新发的位置，如第一次发送 4 000 为走一圈，第二次发送已经走到了 4 000 的位置，再发送相同命令电机不走)。

例如，需要电机走到 2 圈位置(假设电机编码器为 1 000 线编码器，2 圈脉冲数即为 8 000)。

HEX 源码命令：01 10 00 16 00 02 04 1F 40 00 00 74 89

例如，需要电机走回原点(当电子齿轮分子为 0 时，发送 0 为清除当前位置，所以走回原点发送 1，此时一个脉冲并不会影响精度)。

HEX 源码命令：01 10 00 16 00 02 04 00 01 00 00 23 49

注：控制电机只需要先发送需要的位置(尽量用绝对位置指令，因为可以重复发多次，依然会走到相同位置)，然后可以通过读取绝对位置对比是否走到设置位置，来判断是否执行下一条指令(注意判断时需要允许±2 的误差)。或者可以通过接 PF 信号，走到位后，驱动器会给出一个光耦输出的开关量信号。

读取绝对位置指令：01 03 00 16 00 02 25 CF

 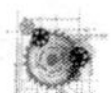

2. 上位机软件使用说明

本驱动器提供一个上位机软件,用于监测和测试驱动器。可以通过软件查看和设置驱动器内部参数(图 2)。

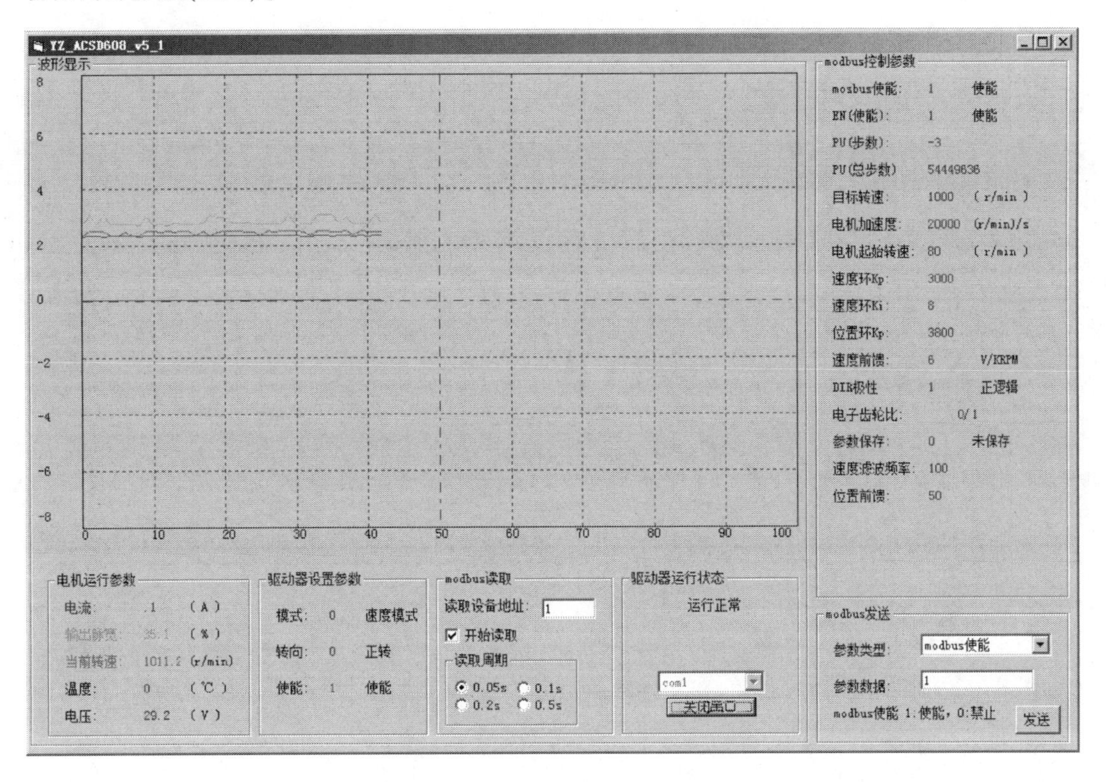

图 2　伺服电机控制主界面

如图 2 所示,软件分为波形显示、电机运行参数等几个部分。下面介绍一下各个部分的功能和作用。

波形显示:一共有 4 个通道,分别用 4 种颜色表示。颜色和电机运行参数内的字体颜色相同,即蓝表示电流,绿表示输出的脉宽,红表示当前转速,黑表示电压。

电机运行参数:表示电机运行的实时数据。

驱动器设置参数:显示驱动器的拨码开关和方向使能设置。如果是 Modbus 模式,此栏无效。

驱动器运行状态:此栏会显示驱动器的报警状态,如果没有报警会显示运行正常。

“modbus 控制参数”:此栏内的参数是驱动器内部的参数,如果要修改这些参数,必须先对 Modbus 使能写 1。具体的参数含义参考寄存器说明。

“modbus 读取”:此栏可设定驱动器的地址,读取驱动器数据的周期和是否读取。

“modbus 发送”:此栏用于修改驱动器参数,首先选定参数类型,再设定好参数数据,然后单击发送即可。